T0255753

Kombinatorik

Peter Berger

Kombinatorik

Einführung in die Theorie des intelligenten Zählens

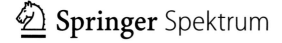 Springer Spektrum

Prof. Dr. Peter Berger
Düsseldorf, Deutschland

ISBN 978-3-662-67395-9   ISBN 978-3-662-67396-6   (eBook)
https://doi.org/10.1007/978-3-662-67396-6

Die Deutsche Nationalbibliothek verzeichnet diese Publikation in der Deutschen Nationalbibliografie; detaillierte bibliografische Daten sind im Internet über http://dnb.d-nb.de abrufbar.

Planung/Lektorat: Nikoo Azarm

Springer Spektrum ist ein Imprint der eingetragenen Gesellschaft Springer-Verlag GmbH, DE und ist ein Teil von Springer Nature.

Die Anschrift der Gesellschaft ist: Heidelberger Platz 3, 14197 Berlin, Germany

für Louise

> If you only read the books
> that everyone else is reading,
> you can only think what
> everyone else is thinking.
>
> *Haruki Murakami*

Diese Einführung in die Kombinatorik ist als begleitender Text zu Vorlesungen für Studierende der Lehrämter entstanden. In ihrer jetzigen Form ist sie vor allem zum Selbststudium gedacht. Studieren Sie Mathematik in einem frühen Semester? Sind Sie Lehrerin oder Lehrer, oder interessieren Sie sich einfach für Mathematik? Dann gehören Sie zu den Menschen, an die der Autor beim Schreiben gedacht hat. Für eine erfolgreiche Lektüre des Buchs ist Ihr Interesse die einzige Voraussetzung. Was Sie an Vorkenntnissen brauchen, haben Sie. Diese Einführung leistet sich den Luxus jeder Einführung: ganz am Anfang anfangen zu dürfen.

Der Autor hat versucht, elementare aber zentrale Konzepte und Methoden der Kombinatorik so zu vermitteln, dass im Idealfall Motivation zum Mitdenken und zu aktiver Mitarbeit entstehen kann. Formalisierung, Genauigkeit und strenge Begriffsbildung gehören zum mathematischen wie zu jedem wissenschaftlichen Denken. Daher spielen sie auch in diesem Buch eine wichtige Rolle. Sie stehen hier aber zu Beginn eines neuen Themas nie im Vordergrund. Begriffsbildung ist immer ein kreativer und konstruktiver Prozess, der allmählich, Schritt für Schritt, meist über Umwege und stets vom Speziellen zum Allgemeinen führt. Vom ersten Denkanstoß durch eigenes Beobachten bis zur Ausformung eines präzisen, perspektivisch reichhaltigen und auf der Basis eigener Anschauung konstruierten Begriffs. Das Buch ist in der Überzeugung geschrieben worden, dass dieser Prozess Ihnen am besten gelingen kann in einer zwar begleiteten, aber stets selbstaktiven individuellen Auseinandersetzung mit dem Text. Nach dem Motto: *Wir können nur satt werden, wenn wir selbst essen, und wir können nur klug werden, wenn wir selbst denken.*

Damit Ihr eigenes Denken während des Lesens wach bleibt, finden Sie immer wieder kurze Beispiele, erläuternde Abbildungen und ‚Sofort-Übungen' im Text. Wenn Sie das Hand-

Zeichen sehen, dann wäre es eine gute Idee, beim Lesen eine Pause einzulegen und über eine wichtige Frage erst einmal selbst nachzudenken oder eine Aufgabe zu lösen, an der Sie vorab etwas selbst entdecken können, das im folgenden Text ausführlich erläutert wird. Eine weitere gute Idee wäre es, wenn Sie sich dafür Zeit nehmen. Um etwas zu verstehen, muss man es immer selbst neu erfinden, im eigenen Kopf neu konstruieren. Dafür muss man genügend lange genügend intensiv nachdenken.

Leider erlaubt der Seitenumbruch nur selten, die Sofort-Übungen an das Ende einer Seite zu platzieren, wo sie eigentlich hingehören. Oft ist daher schon unmittelbar darunter die Lösung zu sehen. Es ist viel verlangt, aber schauen Sie nicht hin. Versuchen Sie, der Versuchung zu widerstehen, es zahlt sich aus.

Zur Themenauswahl: Eine elementare Einführung wie diese kann nicht auch nur annähernd alle zentralen Begriffe und Methoden der Kombinatorik vermitteln. Eine kommentierte Formelsammlung sollte sie nicht sein. Daher war es das Ziel, anhand ausgewählter Themen typische Ideen und Denkweisen der Kombinatorik exemplarisch zu vermitteln, in der für eine Einführung erforderlichen Ausführlichkeit, mit den zum Verständnis immer nötigen Redundanzen. Eine detaillierte Darstellung von Basics wie *Grundlegende Zählprinzipien*, *Urnenmodell* und *Pascalsches Dreieck* erschien unverzichtbar; eine aufschlussreiche Parallele zu letzterem bot das Stirling-Dreieck beim Thema *Mengenpartitionen*, mit sehr ähnlichen Formeln und Beweisen; die große Problemfamilie im Umkreis der *Catalan-Zahlen* erlaubte einen tieferen Einblick in kombinatorische Zusammenhänge und Vielfalt; ergänzend eine Übersicht über *Kombinatorische Zahlenfolgen* mit einer kurzen Einführung in die Fibonacci-Zahlen.

Auf den ersten Blick ungewöhnlich mag das letzte Kapitel *Die Entdeckung des Unendlichen* sein. Einerseits ist es aber Aufgabe der Kombinatorik, Mächtigkeiten zu bestimmen, und es gibt keinen Grund, darunter nur endliche zu verstehen. Zum andern sind zentrale Resultate zum Thema unendliche Mengen, Abzählbarkeit und Überabzählbarkeit, die zu den bedeutendsten Leistungen der Mathematik gehören, so elementar, dass davon Ahnung haben sollte, wer immer Kindern Mathematik nahebringen will. Daher wurde in diesem Kapitel eine Darstellungsform gewählt, die sich in Teilen unmittelbar in eigenen Unterricht umsetzen lässt, vom Gedankenexperiment in ‚Hilberts Hotel' bis zu den Diagonal-Tricks in Cantors Beweisen von Abzählbarkeit und Überabzählbarkeit. Eine kurze historische Einleitung zu den Verständnisproblemen, die Cantors Entdeckungen bei seinen damaligen Kollegen auslöste, schien das beste Mittel, die Leser zu trainieren, diesen Fallen selbst aus dem Wege zu gehen.

Dieses Buch ist geschrieben worden mit einer Perspektive auf die Mathematik, die der Autor seinen Leserinnen und Lesern nahebringen möchte, und die heute von immer mehr Menschen geteilt wird. Zum Glück, denn sie ist gut für alle, die Mathematik betreiben, egal wie alt sie sind und wie fortgeschritten – ob sie neulich die Schultüte in der Hand hielten oder die Fields-Medaille:

Mathematik ist Problemlösen. Mathematik lernen heißt lernen, Probleme zu lösen. Mathematik *gut* zu lernen heißt, *gerne* Probleme zu lösen. Schlechte Problemlöser:innen (und schlechte Mathematiklehrer:innen) sind ergebnisorientiert. Gute sind *prozessorientiert*. Natürlich sind Ergebnisse wichtig, aber wir erreichen sie nur, wenn wir den Prozess dorthin aufmerksam (und durchaus genießend) so gestalten, dass wir motiviert und kreativ bleiben. Problemlösen ist wie Wandern: Wer nur am Ziel interessiert ist, hat Schwierigkeiten dorthin zu kommen. Das Ziel erreicht am besten, wer den Weg liebt und gern unterwegs ist.

Mathematik können heißt daher nicht, einen fertig vorgegebenen Werkzeugkasten von Formeln und Methoden benutzen zu können. Es heißt vielmehr, aktiv und kreativ Entdeckungen zu machen, die uns helfen, die Struktur der beteiligten Objekte zu verstehen und die Probleme mathematisch zu modellieren.

Eine Bitte zum Schluss: Falls Ihr Denken beim Lesen doch nicht wach bleiben sollte, dann muss das ja nicht unbedingt an Ihnen liegen. In diesem Fall, oder wenn Sie Fehler entdecken: Schreiben Sie kurz eine Mail und geben Sie Ihrem Autor die Chance, den Text zu verbessern. *Danke!*

kombinatorik@prof-dr-berger.de

Inhalt

Wozu Kombinatorik?

Wenn Sie einen Blick auf das folgende Bild werfen, dann sehen Sie Farben. Genauer: verschiedene Muster aus Farben. Noch genauer: alle Farbmuster einer bestimmten Art. Nein, nicht ganz: alle bis auf eines, das versteckt wurde. Wie muss dieses Muster aussehen? Sagen Sie einfach drei Wörter.

Wie viele verschiedene Muster gibt es bei diesem ‚Blau-Rot-Grün-System‘ also insgesamt? Und wie viele, wenn Sie drei andere Farben wählen? Klar, die Zahl ändert sich nicht. Sie haben sie vermutlich ermittelt, indem Sie einfach die Muster abgezählt haben. Sie sehen sie ja vor sich (bis auf eines). Könnten wir die Zahl auch herausfinden, wenn wir die Muster nicht vor uns sehen? Nun, wie viele Möglichkeiten gibt es für die erste Farbe? Drei. Und für die zweite und die dritte? Was machen Sie mit diesen drei Zahlen? Warum addieren Sie hier nicht? Welche Zahl erhalten Sie bei vier Farben, welche bei zehn (Taschenrechner)?

Haben Sie 24 $(= 4!)$ und 3.628.800 $(= 10!)$ herausbekommen? – Willkommen in der *mathematischen Theorie des intelligenten Zählens!* Warum war Ihre Methode intelligent? Weil Sie zur Bestimmung der letzten Zahl nicht drei Millionen sechshundertachtundzwanzigtausendachthundert Muster gezeichnet und diese dann abgezählt haben. Wenn wir annehmen, dass Sie pro Muster nur eine Sekunde brauchen, dann haben Sie soeben auf die Sekunde genau 42 Tage Arbeit gespart. Denn ‚zufällig‘ haben 42 Tage $42 \cdot 24 \cdot 60 \cdot 60 = 10!$ Sekunden. Und wenn Sie sicher sein wollen, dass Sie kein Muster übersehen und auch keines mehrfach notieren, dann müssen Sie sich vor dem Zeichnen bzw. Aufschreiben ein cleveres System dafür überlegen: Regeln, mit denen Sie jedes Muster wirklich genau einmal notieren. Auch für dieses System brauchen Sie wieder Kombinatorik. Ohne Kombinatorik ist Zählen also sehr zeitaufwendig – und unsicher.

© Der/die Autor(en), exklusiv lizenziert an
Springer-Verlag GmbH, DE, ein Teil von Springer Nature 2023
P. Berger, *Kombinatorik*, https://doi.org/10.1007/978-3-662-67396-6_1

Leitmotiv und Leitfrage der Kombinatorik

Damit haben Sie die zentrale Aufgabe der Kombinatorik, das eigentliche Motiv für alles kombinatorische Denken:

> **Leitmotiv der Kombinatorik**
>
> Die Mächtigkeit (Anzahl der Elemente) einer Menge bestimmen zu können, *ohne* alle ihre Elemente einzeln durchzählen zu müssen.

Das Abzählen von Objekten ist eine der großartigsten Erfindungen, die unser Gehirn im Lauf seiner Evolution gemacht hat. Und es ist eine der frühesten mathematischen Leistungen, die wir als Kinder lernen, sobald wir die Folge der Zahlwörter aufzusagen gelernt haben.[1]

Allerdings kommt das Abzählen Stück für Stück schnell an seine praktischen Grenzen, wenn die Menge zu groß ist, als dass man ihre Elemente alle hinschreiben könnte. Denken Sie an die 42 Tage, und das bei nur *zehn* Farben. Wie lang würde das Notieren aller Farbmuster wohl bei *zwanzig* Farben brauchen? Was schätzen Sie: Doppelt so lang, weil es ja doppelt so viele Farben sind, also 84 Tage? Oder ein Jahr, zehn Jahre, hundert? Nein, etwas länger. Es wären 77 Milliarden Jahre. Das entspricht etwa dem 5,6-fachen Alter des Universums und ist rund 17-mal so lang, wie es unser Sonnensystem gibt. Und auch 17-mal so lang, wie es voraussichtlich noch existieren wird. Das können Sie nicht glauben? Das ist nachvollziehbar, aber der Grund ist einfach, dass Fakultäten so rasant wachsen: Da $20! = 670.442.572.800 \cdot 10!$ ist, wächst die benötigte Zeit auf $670.442.572.800 \cdot 42$ Tage ≈ 77 Milliarden Jahre.

Das sollte uns davon überzeugen, dass sich Kombinatorik lohnt. Wenn sie ihrem Leitmotiv folgt und Mächtigkeiten, also Kardinalzahlen bestimmen will – zum Beispiel die Anzahl von Farbmustern, von Sitzordnungen an einem runden Tisch oder von Zerlegungen einer Menge in genau 10 Teilmengen – dann muss sie Probleme ganz unterschiedlicher Art lösen. Doch im Kernbereich der Kombinatorik (der sogenannten *abzählenden* Kombinatorik) geht es im Wesentlichen stets um eine Frage:

> **Leitfrage der Kombinatorik**
>
> Auf wie viele Arten kann man eine Teilmenge von Objekten aus einer Grundmenge *auswählen* sowie evtl. *anordnen* – unter Beachtung gewisser *Vorgaben*?

---

1 In dieser frühen Erfahrung liegt allerdings auch die Ursache für das tiefgreifende Missverständnis der meisten Menschen vom Wesen der Mathematik, sie habe nur etwas mit Zahlen zu tun, sei also die ‚Wissenschaft der Zahlen'. Unter diesem Missverständnis leiden auch die meisten Lehrenden. D.h. leiden tun eigentlich andere: die Kinder und der Mathematikunterricht. Was Mathematik wirklich ist? Sie ist die *Wissenschaft der Muster*, der *numerischen*, vor allem aber auch der *figurativen Muster*.

Dann müsste diese Leitfrage auch auf unser Problem mit den Blau-Rot-Grün-Mustern passen? Gut, vermutlich haben Sie eben nicht genau so gedacht. Aber Sie hätten so denken können (und werden es bald vielleicht auch tun). Schauen wir noch einmal etwas formaler auf unser Problem: Die Grundmenge bestand eben aus den drei Farben blau, rot, grün. Um daraus jedes mögliche Farbmuster zu konstruieren, können wir in zwei Schritten vorgehen: Erstens *wählen* wir eine *Teilmenge* der Grundmenge aus. Bei uns war diese Teilmenge jedes Mal dieselbe, nämlich die gesamte Menge, denn wir haben immer alle drei Farben genommen. Zweitens *ordnen* wir diese Farben nebeneinander an. Und zwar nach der *Vorgabe*: Jede Farbe muss im Muster vorkommen, aber keine mehrmals.

Die Mengen der Kombinatorik: Alle endlich oder abzählbar unendlich

Die Kombinatorik beschäftigt sich also mit Methoden, mit denen sie die Mächtigkeit von Mengen bestimmen kann. Von *beliebigen* Mengen? Nun, in den allermeisten Fällen geht es um *endliche* Mengen. Die können, wie wir gesehen haben, ja schon riesig genug sein. Manchmal geht es aber auch um unendliche Mengen. Allerdings immer nur um die gewissermaßen kleinsten unendlichen Mengen, nämlich um die, die wir *abzählbar unendlich* nennen. Was ist damit gemeint?

‚Abzählbar' bedeutet genau das, was das Wort schon sagt: Abzählbare Mengen sind die, deren Elemente abgezählt werden können. Ganz so, wie auch die Brötchen in einer Tüte abgezählt werden: Man nimmt Brötchen für Brötchen aus der Tüte und sagt jedes Mal, der Reihe nach, ein Zahlwort. *Eins, zwei, drei …* . Auf allgemeine Mengen übertragen: Man durchläuft die Menge Element für Element und ordnet dem nächsten Element jeweils die nächste natürliche Zahl zu. Jedes Element erhält so seine eigene, ganz spezielle Nummer, die nur einmal verwendet wird, nur für dieses eine Element. Anders gesagt: Dass eine Menge abzählbar ist, heißt einfach, dass ihre Elemente *durchnummeriert* werden können. Endliche Mengen können immer durchnummeriert werden, aber auch viele unendliche.

Die Menge $\mathbb{N}$ der natürlichen Zahlen ist abzählbar, denn ihre Elemente sind ja gerade die Zahlen, mit denen wir durchnummerieren. Ebenso alle Teilmengen von $\mathbb{N}$, nicht nur die endlichen: Wenn man ihre Elemente der Größe nach anordnet, dann gibt es in jeder Teilmenge immer eine erste, eine zweite, eine dritte Zahl usw. Jedes Element erhält seine Nummer. Doch auch Mengen, die auf den ersten Blick viel größer zu sein scheinen als $\mathbb{N}$, können abzählbar sein: Die Menge $\mathbb{Z}$ der ganzen Zahlen, die Menge $\mathbb{Q}$ der rationalen, die Menge $\mathbb{N} \times \mathbb{N} = \mathbb{N}^2$ der Paare natürlicher Zahlen – sie sind zwar unendlich, aber abzählbar. Weil die Kombinatorik sich mit dem Abzählen beschäftigt, gehört in ihren Bereich alles, was abzählbar ist, ob endlich oder unendlich

Kontinuierlich oder diskret: Die beiden Kontinente der Mathematik

Der Planet Mathematik besteht aus zwei großen Kontinenten, von denen jeder sein eigenes charakteristisches ‚Universum' hat: eine spezifische Grundstruktur, die alle Objekte des Kontinents gewissermaßen von ihm erben. Der eine dieser beiden Kontinente ist der Kontinent der *kontinuierlichen Mathematik*; sein Universum ist die Struktur der *reellen* Zahlen $\mathbb{R}$, das sogenannte *Kontinuum*. Der andere ist der Kontinent der *diskreten Mathematik*, sein Universum ist die Struktur der *natürlichen* Zahlen $\mathbb{N}$.

Auf dem Kontinent der kontinuierlichen Mathematik liegen Gebiete wie die Analysis (Differential- und Integralrechnung), die Stochastik (Wahrscheinlichkeitsrechnung und Statistik) oder auch die klassische euklidische Geometrie. Denn dass ihr Universum die reellen Zahlen sind, besagt keineswegs, dass es in der kontinuierlichen Mathematik nur um Zahlen gehen würde. Es sagt nur, dass ihre Objekte – ebenso wie ihr Universum $\mathbb{R}$ – stets aus *überabzählbar* vielen Elementen bestehen, die zudem ebenso wie die reellen Zahlen *kontinuierlich* liegen, gewissermaßen ‚fließend ineinander übergehen'. Zwischen zwei verschiedenen reellen Zahlen oder zwei Punkten der euklidischen Ebene (bzw. des euklidischen Raumes), so eng sie auch beieinander liegen mögen, liegen immer überabzählbar viele weitere.

Die Wertemenge der Sinusfunktion zum Beispiel besteht aus den überabzählbar vielen reellen, kontinuierlich liegenden Zahlen, die das Intervall von -1 bis $+1$ bilden. Ihr Graph besteht aus überabzählbar vielen ‚fließend ineinander übergehenden' Punkten, ebenso wie auch eine Kreislinie, ein Dreieck oder eine Strecke. Alle kann man durchgehend (‚stetig') zeichnen, ohne jemals absetzen zu müssen. Auch dann, wenn die Strichbreite beliebig klein wird, wenn sie gegen Null geht. Wegen dieser besonders engen Lage der reellen Zahlen bezeichnet man die Struktur von $\mathbb{R}$ als ‚Kontinuum' (lat. ‚Das Zusammenhängende').

Auf dem Kontinent der diskreten Mathematik liegen Gebiete wie Zahlentheorie, Graphentheorie und Kombinatorik. Aber auch weniger bekannte wie Spieltheorie, Informationstheorie, Kodierungstheorie oder Kryptographie (die Wissenschaft von der Verschlüsselung von Information). Ihre Objekte bestehen – ebenso wie ihr Universum $\mathbb{N}$ – stets aus *abzählbar* vielen Elementen, die nicht dicht gepackt sind, sondern einzeln und separat liegen.

In der Mathematik hat die Bezeichnung ‚diskret' eine andere Bedeutung als in der Alltagssprache. Hier ist damit nicht ‚taktvoll, rücksichtsvoll, unaufdringlich, zurückhaltend' gemeint, wie es der Duden verzeichnet. Das ursprüngliche lateinische Wort, von dem das mathematische ‚diskret' herstammt, ist ‚discernere', was so viel bedeutet wie ‚absondern, trennen, unterscheiden'. Und das beschreibt in der Tat sehr gut, wie es auf dem Kontinent der diskreten Mathematik aussieht.

Denn wie die Elemente ihres Universums, die natürlichen Zahlen, stehen in der diskreten Mathematik auch die Bausteine der übrigen Objekte alle *separat*: getrennt, abgegrenzt, jedes für sich. So hat jede natürliche Zahl einen genau bestimmten Nachfolger und bis auf die erste auch einen genau bestimmten Vorgänger. Jedes Feld auf dem Schachbrett außer denen am Rand, jeder Gitterpunkt in einem unendlichen quadratischen Gitter hat direkte obere, untere, linke und rechte Nachbarn. Jede diskrete Struktur besteht aus einzelnen Bausteinen – wie ein digitales Foto aus einzelnen Pixeln. In der diskreten Mathematik gilt die große Devise: *Alles steht für sich!*

Auf dem Kontinent der diskreten Mathematik gibt es nirgendwo ein *Kontinuum*. Das gibt es nur auf dem anderen Kontinent: In der kontinuierlichen Mathematik ist jedes Objekt ein solches Kontinuum. Darunter verstehen wir eine Struktur, in der es überall einen *fließenden Übergang* gibt: zwischen zwei Zahlen auf dem reellen Zahlenstrahl oder zwei Punkten auf einer Geraden, einem Kreisrand, in einer Ebene, in einem Kreis. So eng sie auch beieinander liegen mögen, immer liegen dazwischen noch *unendlich viele weitere*. Nirgendwo liegen sie *diskret*, also separat, strikt einzeln. Sie sind überall *kontinuierlich*: dicht gepackt. Zu keiner reellen Zahl gibt es so etwas wie einen direkten Vorgänger oder einen direkten Nachfolger, wie natürliche Zahlen sie haben. Zu keinem Punkt der klassischen euklidischen Geometrie gibt es so etwas wie einen direkten Nachbarpunkt, wie Gitterpunkte sie haben. In der kontinuierlichen Mathematik gilt die große Devise: *Alles fließt!*

Dass es in diskreten Strukturen stets solche direkten Nachbarn gibt, heißt auch, dass es *zwischen ihnen nichts sonst* gibt. Jedenfalls lässt man in der diskreten Mathematik alles Sonstige weg: die zwischen den natürlichen Zahlen auf dem Zahlenstrahl liegenden reellen Zahlen ebenso wie die Punkte der reellen Ebene, die um die Gitterpunkte herum eigentlich ja auch noch vorhanden sind.

Die Kreise und Quadrate, die Kugeln und Würfel der klassischen euklidischen Geometrie gibt es nur auf dem kontinuierlichen Kontinent, sie liegen in der Ebene $\mathbb{R}^2$ bzw. im Raum $\mathbb{R}^3$ der Punkte mit reellen Koordinaten. Doch auch auf dem diskreten Kontinent gibt es Geometrie: die *diskrete Geometrie*. Ihre Objekte liegen im ebenen Gitter $\mathbb{N}^2$ bzw. im räumlichen Gitter $\mathbb{N}^3$ der Punkte mit natürlichen Koordinaten (oder in Verformungen dieser Gitter). Diese Objekte sind z.B. die unendlichen Mosaike, Parkette, Ornamente oder endliche Figuren aus Würfeln wie die Pentakuben und der SOMA-Würfel.

Wie das diskrete Universum $\mathbb{N}$ haben diskrete Strukturen (auch dann, wenn sie aus unendlich vielen Elementen bestehen) immer viel weniger Elemente als kontinuierliche Strukturen und das kontinuierliche Universum $\mathbb{R}$. Diskrete Strukturen sind immer *endlich* oder höchstens *abzählbar unendlich*, kontinuierliche Strukturen dagegen stets *überabzählbar unendlich*. Wir halten fest:

> **Verortung der Kombinatorik**
>
> Die Kombinatorik beschäftigt sich mit *abzählbaren* Objekten. Daher gehört sie zur *diskreten Mathematik*.

Wie ist die Kombinatorik entstanden?

Die Kombinatorik, wie wir sie heute kennen, ist in demselben historischen Kontext entstanden, dem auch die Wahrscheinlichkeitsrechnung ihren Start verdankt (auf den Beitrag von Leibniz gehen wir noch ein): Im 17. Jahrhundert kam in Kreisen der ‚besseren Gesellschaft' – unter Leuten also, die gewissermaßen ohne Arbeit waren und aus naheliegenden Gründen auch keine suchten, so dass sie über viel freie Zeit verfügten, die zu füllen war – bei diesen also kam die Leidenschaft für eine neue Mode auf, eine neuartige Weise, sich die Zeit zu vertreiben: die *Glücksspiele*.

Besonders beliebt waren sie in der *französischen* besseren Gesellschaft. Und so kam es, dass es vor allem französische Gelehrte waren, die damit begannen, eine neue Wissenschaft zu etablieren: die *Wissenschaft vom Zufall*. Aus dem Französischen übernahm man damals übrigens auch im deutschsprachigen Raum den Namen für diese Spiele: Hasardspiele (das französische ‚hasard', Zufall, stammt seinerseits aus dem alten arabischen Wort ‚az-zahr', die Würfel).

Den Anstoß zu der neuen Wissenschaft vom Zufall gaben aber nicht die Gelehrten, sondern die Spieler selbst, die bei ihrem Zeitvertreib oft Anlass hatten, sich zu wundern. Es ist nicht überraschend, dass sie in einer so motivierenden mathematischen Lernumgebung wie dem Glücksspiel bald Erfahrungen machten, die *durchaus* überraschend waren. Und durchaus nicht immer erfreulich. So gewannen manche mit einer Spielweise, die auf den ersten Blick alles andere als optimal schien. Während die meisten auf Chancen setzten, bei denen ihre Intuition ihnen sagte, dass sie auf Dauer unbedingt gewinnen mussten – und trotzdem beachtliche Vermögen verloren. Zur Klärung solcher rätselhaften Enttäuschungen wandte man sich schließlich an renommierte mathematische Fachleute und bat sie dringend um Erklärung.

Wir wissen heute davon, weil diese Fragen Thema eines berühmten Briefwechsels waren, den zwei große französische Denker, die auch bedeutende Mathematiker waren, im Jahr 1654 miteinander führten: *Blaise Pascal* (1623-1662) und *Pierre de Fermat* (1607-1665). Seit diesem Briefwechsel gibt es die Wahrscheinlichkeitsrechnung.

Alle Spieler wussten, dass bei Glücksspielen wie dem Würfeln, Kartenziehen oder dem Roulette die möglichen elementaren Ausfälle alle völlig *gleichberechtigt* sind. Keine Karte ist beim Kartenziehen, keine Zahl beim Würfeln oder beim Werfen der Kugel in den Roulettekessel gegenüber den übrigen bevorzugt oder benachteiligt. Jedenfalls dann nicht, wenn das Spiel fair verläuft, Spielmaterial und -ablauf also nicht manipuliert wurden. Was aber erst die Fachleute erkannten, und auch sie nicht sofort: Diese Chancengleichheit gilt für die elementaren *Ausfälle* – beim einfachen Würfelwurf sind das die Zahlen 1 bis 6; beim französischen Roulette die Zahlen 0 bis 36 (das amerikanische hat zusätzlich noch die ‚Doppelnull' 00); beim Kartenziehen z.B. ‚Pik-Zehn', ‚Kreuz-Ass' oder ‚Herz-Dame'. Doch die aus bestimmten Ausfällen (bei denen sie eintreten) zusammengesetzten *Ereignisse* können sehr wohl höchst unterschiedliche Chancen haben – die noch dazu ganz erheblich von der intuitiven Einschätzung, vom ‚Bauchgefühl' der Spielenden abweichen können.

Wirklich klar wurde das Ganze erst weit mehr als ein Jahrhundert später, als ein anderer französischer Zufallsforscher herausfand, dass man die Chancen von *Ereignissen* durch eine Zahl zwischen 0 und 1 ausdrücken kann, indem man die Anzahl der *positiven* Ausfälle (bei denen das Ereignis eintritt) durch die Anzahl *aller* möglichen Ausfälle teilt. Je näher dieser Quotient bei 1 liegt, desto größer die Chance, dass das Ereignis eintritt. Das funktioniert aber natürlich nur bei Zufallsexperimenten, deren Ausfälle wirklich alle völlig chancengleich sind, wie es bei vielen Glücksspielen ja der Fall ist.

Beim Roulette ist die 0 genauso wahrscheinlich wie die 17 oder die 32. Dies sind *Ausfälle*. Doch eine ungerade Zahl (‚Impair') wird auf lange Sicht deutlich häufiger kommen als eine Zahl vom ersten Dutzend (‚Premier'). Denn ein Dutzend sind nur 12, von ungeraden Zahlen gibt es beim Roulette aber 18. ‚Impair' und ‚Premier' sind eben keine Ausfälle, sondern *Ereignisse*; und zwar mit den unterschiedlichen Wahrscheinlichkeiten $\frac{18}{37}$ bzw. $\frac{12}{37}$.

Zufallsexperimente mit lauter gleichwahrscheinlichen Ausfällen nennen wir heute *Laplace-Experimente* und den Quotienten ‚Anzahl der positiven durch Anzahl sämtlicher Ausfälle' die *Laplace-Wahrscheinlichkeit* des Ereignisses – nach ihrem Entdecker *Pierre-Simon Laplace* (1749-1827): Astronom, Mathematiker und ein paar erfolglose Wochen lang französischer Innenminister unter Napoleon. Es ist ideengeschichtlich vielleicht kein Zufall, dass diese mathematische Theorie der Chancengleichheit zu eben jener Zeit vollendet wurde, als *Égalité* eine der Leitideen der Französischen Revolution war.

So begann die Wahrscheinlichkeitsrechnung also – und mit ihr zugleich auch die Kombinatorik. Wieso auch die? Nun, um Laplace-Wahrscheinlichkeiten berechnen zu können, muss man zwei Anzahlen kennen: die aller Möglichkeiten und die der positiven. Wie würden Sie diese Zahlen zum Beispiel bestimmen, wenn es um das Glücksspiel geht, drei Karten, eine blaue, eine rote und eine grüne, die verdeckt vor Ihnen liegen, so nebeneinander anzuordnen, dass beim Aufdecken genau das Muster Blau-Rot-Grün daliegt? Wenn Sie kombinatorisch denken, dann wissen Sie diese Zahlen sofort, erinnern Sie sich an unsere Anfangsfrage. Die Anzahl aller möglichen Fälle ist $3 \cdot 2 \cdot 1 = 3! = 6$, die der positiven ist 1. Die Wahrscheinlichkeit ist also $\frac{1}{6}$.

Die ‚Laplace-Brücke‘

Die enge Beziehung zwischen Wahrscheinlichkeitsrechnung und Kombinatorik können Sie jedes Mal erleben, wenn Sie Vorlesungen zu beiden besuchen: Dem Thema *Urnenmodell*, Gegenstand des vierten Kapitels dieses Buchs, werden Sie in beiden Vorlesungen in ähnlicher Form begegnen. Wer z.B. Gewinnwahrscheinlichkeiten im Lotto bestimmen möchte, muss die Anzahl aller 6-elementigen Teilmengen einer 49-elementigen Menge kennen. Bei Laplace-Experimenten wie dem Lotto ist die Kombinatorik immer sofort mit im Spiel, denn die zugehörigen Wahrscheinlichkeiten sind Quotienten aus Anzahlen, und diese sind eben Gegenstand der Kombinatorik.

Beide Gebiete sind verwandt, aber sie liegen nicht auf demselben Kontinent: Die Kombinatorik liegt auf dem der diskreten Mathematik, die Wahrscheinlichkeitsrechnung auf dem der kontinuierlichen. Denn die Wahrscheinlichkeiten, also die reellen Zahlen von 0 bis 1, bilden ebenso wie $\mathbb{R}$ ein Kontinuum; beide Mengen haben gleich viele Elemente (was wir im Kapitel *Die Entdeckung des Unendlichen* noch zeigen werden).

Wir haben bereits gesehen, dass die beiden Mathe-Kontinente durch die Geometrie wie durch eine Brücke verbunden sind; neben der kontinuierlichen ‚Standardversion‘ gibt es mit der diskreten Geometrie ja auch eine ‚abzählbare Version‘. Eine zweite wichtige Brücke erkennen wir nun hier: Sie wird durch die enge Beziehung zwischen Wahrscheinlichkeitsrechnung und Kombinatorik hergestellt. Wir könnten sie die *Laplace-Brücke* nennen.

Woher die Kombinatorik ihren Namen hat: Einige philosophische Hintergründe

Wenn wir der Bezeichnung ‚Kombinatorik‘ nachforschen, landen wir bald nicht in der Mathematik, sondern in der Philosophie. Hier und da kann man lesen, der Name gehe auf *Gottfried Wilhelm Leibniz* (1646-1716) zurück. Das ist nicht falsch, aber auch nicht die ganze Wahrheit: Der eigentliche Ursprung liegt im Mittelalter. Bereits da gab es eine philosophische Theorie, die sich ‚*Ars combinatoria*‘ nannte, was so viel heißt wie die Kunst bzw. Wissenschaft der Kombinationen, Kombinationslehre oder eben kurz Kombinatorik. Auf diese alte Theorie bezog sich der erst neunzehnjährige Leibniz mit seiner Abhandlung *Dissertatio de arte combinatoria* schon im Titel. Es handelte sich dabei um eine erweiterte Fassung seiner ersten Doktorarbeit (in

Philosophie; seinen zweiten Doktortitel, in Rechtswissenschaft, erhielt er bald darauf mit zwanzig). Weil er sich damit um eine Stelle als Philosophiedozent an der Universität Leipzig bewerben wollte, ließ Leibniz sie kurz nach seiner Promotion im Jahr 1666 im Druck erscheinen. (Er schrieb natürlich auf Latein, über mehr als tausend Jahre die Sprache der Gelehrsamkeit; es war *die* europäische Bildungssprache, die benutzte, wer in der Wissenschaft international verstanden werden wollte.)

In dem schmalen Band aus dem Bereich der philosophischen Logik stellt Leibniz auf rund 80 Seiten zwölf Probleme mit Lösungen vor, die mehr oder weniger deutlichen kombinatorischen Bezug haben. So stellt etwa Problem 4 die Aufgabe, „die Variationen der Reihenfolge (*variationes ordinis*) einer gegebenen Anzahl von Dingen zu finden". Wir würden heute sagen: die Permutationen einer gegebenen n-elementigen Menge zu bestimmen. Die Lösung gibt der Autor nicht als Formel an (es gibt überhaupt keine Formeln in seinem Buch), sondern als Tabelle der ausgerechneten Fakultäten von 1 bis 620448401733239439360000 ($= 24!$). Rein sprachlich beschreibt er auch das Additionsgesetz des Pascalschen Dreiecks (vgl. S. 61), für dessen Entdecker er sich hielt; doch Pascal hatte das Gesetz wenige Jahre zuvor bereits in seinem Buch *Traité du triangle arithmétique* (Paris 1655) publiziert, das Leibniz offenbar noch nicht kannte. Die in der Kombinatorik lange gebräuchlichen Bezeichnungen *Variationen* für geordnete und *Kombinationen* für ungeordnete Auswahlen gehen ebenfalls auf dieses Buch zurück. Leibniz fasst beide unter dem Oberbegriff *Komplexionen* zusammen, den er vom Erfinder der ursprünglichen *Ars combinatoria* übernommen hat.

Dies war der katalanische Philosoph, Theologe, Missionar, Mystiker und Dichter *Ramon Llull* (1235-1313), der sich latinisiert *Raimundus Lullus* nannte. Er hatte einen einfachen mechanischen Apparat mit drei konzentrischen drehbaren Scheiben unterschiedlicher Größe konstruiert, auf deren Rändern Buchstaben und Begriffe standen, die sich ähnlich einer Parkscheibe durch Drehen zueinander einstellen ließen. Auf diese Weise, so glaubte Llull, würden sich rein mechanisch logische Schlüsse zwischen den Begriffen vollziehen lassen und Wahrheiten hergeleitet werden können. Ja mehr noch: Nach Überzeugung seines Erfinders sollte der Apparat, sollten die Begriffe und Buchstaben auf seinen Scheiben eine magische Fernwirkung auf die reale Welt ausüben können, so dass die zwischen ihnen eingestellten Kombinationen die Realität in ihrem Sinne zu verändern vermochten. Kombinatorik war bei dieser ‚Deduktionsmaschine' sofort im Spiel, weil es natürlich interessant war, auf wie viele Weisen sie sich überhaupt einstellen ließ. (Eine simple Frage heute, damals durchaus nicht. Wir dürfen nicht vergessen, wie leicht eine einmal errungene Erkenntnis von nachfolgenden Generationen übernommen und als selbstverständlich erlebt wird, obwohl sie über Jahrhunderte auch für die Besten zunächst unentdeckbar war.)

Llulls *Ars combinatoria* wurde bereits zu seinen Lebzeiten von manchen Kollegen abgelehnt; sie war aber in ihrer Zeit keineswegs so abstrus, wie sie auf uns heute wirken mag. Llull war ein hochgebildeter, weithin anerkannter Gelehrter, in der christlichen Kultur ebenso bewandert wie in der jüdischen und islamischen, Autor von annähernd 300 Werken in lateinischer, katalanischer und arabischer Sprache. Er war ein fähiger Denker, er dachte nur anders als wir. Auch Leibniz distanzierte sich zwar von Llulls *Ars combinatoria*, doch nicht wegen der Maschine selbst, sondern weil die auf ihren Scheiben dargestellten Begriffe ihm falsch gewählt erschienen.

Leibniz war schon damals von einer Vorstellung fasziniert, die ihn zeitlebens nicht losgelassen hat, und die nicht so weit von der Llulls entfernt ist: Für das Denken eine formale Sprache zu finden, eine ‚Universalsprache‘, ein Alphabet des menschlichen Denkens (*alphabetum cogitationum humanarum*), mit dem sich eine Methode gewinnen ließe, um Ideen und Begriffe in ihre kleinsten Bausteine zu dekonstruieren, in die Atome allen Denkens gewissermaßen, die einfachsten möglichen Ideen, aus denen auch die komplexesten Gedanken und Überlegungen zusammengesetzt werden könnten. So nahe waren sich der geniale, hellsichtige Leibniz und der dunkle Mystiker Llull (der für Leibniz übrigens ebenso tief in der Vergangenheit lag wie Leibniz heute für uns).

Leibniz stand in einer langen Denktradition, die seit dem frühen Mittelalter, seit dem großen persischen Mathematiker *al-Chwārizmī* (um 800) dem Traum einer Formalisierung, Mechanisierung und Automatisierung menschlichen Denkens nachhing. Einem Traum, der über die Jahrhunderte vielen als nicht weniger abstrus erschienen sein dürfte als uns Llulls Scheibenkombinatorik, der aber in der Epoche des maschinengestützten Universums namens Internet und der Wissen produzierenden (oder nur simulierenden?) Algorithmen der Künstlichen Intelligenz schließlich doch noch Wirklichkeit geworden ist. (Und kurzerhand ein ganzes Zeitalter abwickelt. Das Anthropozän geht wohl gerade zu Ende. Für das neue Zeitalter haben wir noch keinen Namen. Vielleicht sollten wir die Algorithmen um einen Vorschlag bitten ...)

Warum kann es sich für Sie lohnen, Kombinatorik zu lernen?

Einige Motivationsgründe für Ihren Einstieg in die Kombinatorik sind auf den vorigen Seiten vielleicht bereits erkennbar geworden. Wichtiger dürfte aber vermutlich ein ganz unmittelbarer, persönlicher Grund sein: Haben Sie Spaß an Denksportaufgaben? Oder hatten Sie den einmal, und er ist Ihnen nur im Laufe der Zeit abhandengekommen, möglicherweise in der einen oder anderen wenig erhellenden Mathematikvorlesung? Dann sind Sie hier richtig. Denn das kombinatorische Denken ist ziemlich genau das Denken, mit dem Sie bereits viele der Denksportaufgaben gelöst haben. Und wenn Ihnen das gefallen hat, dann lesen Sie doch einfach weiter. Kombinatorik ist wie vieles (nicht alles) in der Mathematik zuallererst ein spannendes Denkabenteuer.

1 Mit Mengen und Ereignissen rechnen

In der Zahlenalgebra (Arithmetik) für die natürlichen Zahlen rechnen wir mit den vier *zweistelligen Operationen* $+$, $\cdot$, $-$, $:$. Wenn wir das $-$ als Vorzeichen(wechsel) gebrauchen, dann ist es eine *einstellige Operation*, weil es sich dann nur auf eine Zahl bezieht. Unter den Zahlen spielen die beiden *Konstanten* 1 und 0 eine besondere Rolle: als die neutralen Elemente von $\cdot$ und $+$. Als fünfte Grundrechenart können wir das Potenzieren betrachten, eine zweistellige Operation. Auch beim Operieren mit Mengen gibt es solche ‚Grundrechenarten‘, und es gibt ebenfalls Konstanten, die eine besondere Rolle spielen. Es macht darum Sinn, auch das Operieren mit Mengen als eine Algebra zu sehen, als *Mengenalgebra*. Man sagt auch *Ereignisalgebra*, weil die Ereignisse der Wahrscheinlichkeitsrechnung ebenfalls Mengen sind.

> In der **Mengen- bzw. Ereignisalgebra** rechnen wir mit drei Operationen und zwei Konstanten. Dies sind
> - die zweistelligen Operationen $\cap$ (Durchschnitt, *und*) sowie $\cup$ (Vereinigung, *oder*),
> - die einstellige Operation $^{-}$ (Komplement, *nicht*),
> - die beiden Konstanten Ω (Gesamtmenge, *sicheres Ereignis*) sowie $\varnothing$ (leere Menge, *unmögliches Ereignis*).

Ob wir lieber von *Mengen* sprechen (die aus Elementen bestehen) oder von *Ereignissen* (die aus den Ausfällen eines Zufallsexperiments bestehen, bei denen sie eintreten), ist eigentlich egal: Nehmen wir zum Beispiel die Mengen $\{1,2\}$ und $\{2,3,5\}$. Wir können sagen, der Durchschnitt dieser Mengen besteht nur aus der Zahl 2; dann reden wir in der Mengen-Sprache. Wir könnten aber auch an ein Würfelspiel denken, bei dem man für ‚kleiner 3‘ den Gewinn 5 Euro und für ‚Primzahl‘ 7 Euro erhält; hier würden wir sagen, dass wir für die 2 beide Gewinne einstreichen können, weil die 2 zum einen Gewinnereignis *und* zum anderen gehört; dann reden wir in der Ereignis-Sprache. In beiden Fällen geht es mathematisch um dieselbe Sache. Im ersten Fall nennen wir sie *Mengenalgebra*, im zweiten Fall *Ereignisalgebra*. In beiden Fällen geht es darum, dass wir mit den Objekten ‚Menge‘ bzw. ‚Ereignis‘ *rechnen* können. Ganz ähnlich wie mit Zahlen, aber natürlich nicht genau so.

P. Berger, *Kombinatorik*, https://doi.org/10.1007/978-3-662-67396-6_2

Der grundlegende Fall: zwei Mengen

Die meisten von Ihnen werden damit vertraut sein, Mengenoperationen mit Hilfe von *Venn-Diagrammen* zu veranschaulichen. Bei nur zwei Mengen ist eine andere Darstellungsform oft noch übersichtlicher, die *Vierfeldertafel*.

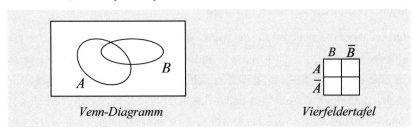

Beide Darstellungsformen sehen verschieden aus, stellen im Prinzip aber exakt dasselbe dar. Alle Felder des einen Diagramms sind auch im anderen vorhanden. Die Vierfeldertafel ist gewissermaßen die standardisierte, platzsparende Version des Venn-Diagramms. Sollten Sie im letzteren nur *drei* Felder sehen, dann haben Sie vermutlich den Bereich übersehen, der weder zu A noch zu B gehört; in der folgenden Abbildung gehört die Nummer 4 zu ihm. Übertragen Sie zur Übung die vier Nummern in die entsprechenden Felder des Venn-Diagramms:

Auf der nächsten Seite sehen Sie die Vierfeldertafel im Einsatz: in einem Überblick über die grundlegenden Mengen- bzw. Ereignisverbindungen. *Übrigens:* Das *Oder* ist in der Mathematik (wie auch in der korrekten Alltagssprache) immer ein *einschließendes Oder*, der Fall *Und* ist dabei stets eingeschlossen. Wenn man das nicht ausdrücken will, muss man *Entweder–oder* gebrauchen. Wenn Sie Ihrem Kind versprechen: ‚Morgen gehen wir ins Kino oder Eis essen‘, dann haben Sie die Möglichkeit, *beides* zu tun, nicht ausgeschlossen.

2 Mengenalgebra: Rechengesetze für Mengen

Weil die Bezeichnungen *Mengenalgebra* und *Ereignisalgebra* nur verschiedene Sprechweisen für die gleiche Sache sind, wollen wir hier zur Vereinfachung allein ‚*Mengenalgebra*‘ verwenden. Damit wird wie gesagt ausgedrückt, dass wir mit Mengen *rechnen* können. Wie für das Rechnen mit Zahlen gelten auch für das Rechnen mit Mengen spezielle *Rechengesetze* oder *Axiome*. Als besonderes Charakteristikum treten die Gesetze der Mengenalgebra stets paarweise auf (*duale Formen*). Ein solches *Dualitätsprinzip* gibt es in der Zahlenalgebra nicht.

Mengen-Sprache	Term	Ereignis-Sprache	Vierfelder-tafel
Menge A	A	Ereignis A	
Menge B	B	Ereignis B	
Komplement	$\overline{A}$	nicht A (Gegenereignis)	
Durchschnitt	$A \cap B$	A und B	
Vereinigung	$A \cup B$	A oder B	
Differenz	$A \smallsetminus B = A \cap \overline{B}$	A ohne B	
symmetrische Differenz	$A \triangle B = (A \cap \overline{B}) \cup (\overline{A} \cap B)$	entweder A oder B	
	$\overline{A} \cap \overline{B} = \overline{A \cup B}$	weder A noch B	
	$\overline{A} \cup \overline{B} = \overline{A \cap B}$	höchstens eines von beiden	
Gesamtmenge	Ω	sicheres Ereignis	
leere Menge	$\varnothing$	unmögliches Ereignis	

Definition *Standardform, duale Gleichung*

Eine Gleichung der Mengenalgebra ist in *Standardform*, wenn sie außer Variablen, Klammern und Gleichheitszeichen nur die Zeichen $\cap$, $\cup$, $^{-}$, Ω, $\varnothing$ enthält.

Aus einer Gleichung in Standardform erhält man die *duale Gleichung*, indem man gleichzeitig alle Zeichen $\cap$ und $\cup$ sowie Ω und $\varnothing$ paarweise miteinander vertauscht (d.h. jeweils $\cap$ mit $\cup$ und Ω mit $\varnothing$).

Zu einer Gleichung, die *nicht* in Standardform ist, erhält man die *duale Gleichung*, indem man die Gleichung zuerst in eine äquivalente Gleichung in Standardform umformt und davon dann die duale Gleichung bildet. Für die Umformung einer Gleichung in Standardform gibt es in der Regel mehrere Möglichkeiten, wobei man aber nur unterschiedlich geschriebene Standardformen erhält, die alle zueinander äquivalent sind.

Dualitätsprinzip der Mengenalgebra

Wenn eine Gleichung der Mengenalgebra gültig ist, dann ist die dazu *duale Gleichung* ebenfalls gültig.

   Daher kann man auch formulieren:

Eine Gleichung der Mengenalgebra ist *genau dann* gültig, wenn ihre duale Gleichung gültig ist.

In der Mengenalgebra gelten folgende *Rechengesetze* (jeweils in zwei dualen Formen):

Gesetze der Mengenalgebra

Kommutativgesetze	$A \cap B = B \cap A$ $A \cup B = B \cup A$
Assoziativgesetze	$(A \cap B) \cap C = A \cap (B \cap C)$ $(A \cup B) \cup C = A \cup (B \cup C)$
Distributivgesetze	$A \cap (B \cup C) = (A \cap B) \cup (A \cap C)$ $A \cup (B \cap C) = (A \cup B) \cap (A \cup C)$
Idempotenzgesetze	$A \cap A = A$ $A \cup A = A$
Absorptionsgesetze	$A \cap (A \cup B) = A$ $A \cup (A \cap B) = A$

Gesetze von *De Morgan*	$\overline{A} \cap \overline{B} = \overline{A \cup B}$ $\overline{A} \cup \overline{B} = \overline{A \cap B}$
Neutralitätsgesetze	$A \cap \Omega = A$ $A \cup \varnothing = A$
Dominanzgesetze	$A \cap \varnothing = \varnothing$ $A \cup \Omega = \Omega$
Komplementgesetze	$A \cap \overline{A} = \varnothing$ $A \cup \overline{A} = \Omega$

3 Mengenalgebra und Wahrscheinlichkeitsrechnung

Das bekannteste Gebiet der Mathematik, in dem man sich mit Ereignissen beschäftigt, ist die Wahrscheinlichkeitsrechnung. Beim Zufallsexperiment ‚einfacher Würfelwurf' zum Beispiel gibt es sechs mögliche *Ausfälle* (manchmal auch *Ergebnisse* genannt), nämlich die Zahlen 1 bis 6. Wir sagen: Dieses Experiment hat die Ausfallmenge $\Omega = \{1,2,3,4,5,6\}$. Dass einer der Ausfälle 1 bis 6 eintritt, ist sicher. Anders formuliert: Das Ereignis Ω ist das *sichere Ereignis*. Andere Ereignisse müssen nicht unbedingt eintreten, zum Beispiel das Ereignis ‚ungerade Zahl'. Auch dieses Ereignis kann man als Menge schreiben: *ungerade Zahl* $= \{1,3,5\}$. Ein Ereignis ist ganz ausgeschlossen, dass nämlich überhaupt keine der Zahlen 1 bis 6 kommt. In der Sprache der Mengen ausgedrückt: $\{\ \} = \varnothing$ ist das *unmögliche Ereignis*. – Statt ‚Das Ereignis A tritt bei jedem der Ausfälle $a_1,\dots,a_k$ ein' können wir ebenso gut sagen: ‚Das Ereignis A ist die Menge $\{a_1,\dots,a_k\}$'. Das hat den Vorteil, dass wir nun formal präzise angeben können, was Ereignisse sind: Ereignisse sind stets Mengen, genauer Teilmengen der Ausfallmenge Ω, die zum jeweiligen Zufallsexperiment gehört. Einprägsam, wenn auch tautologisch formuliert: *Ein Ereignis ist die Teilmenge der Ausfälle, bei denen das Ereignis eintritt.* – Es gibt bei jedem Zufallsexperiment also stets ebenso viele Ereignisse wie es Teilmengen der Ausfallmenge Ω gibt, diese Teilmengen *sind* ja die Ereignisse. Beim einfachen Würfelwurf sind die Ereignisse die Teilmengen von $\Omega = \{1,2,3,4,5,6\}$; insgesamt gibt es 2^6 davon. Allgemein hat eine Menge mit n Elementen stets 2^n verschiedene Teilmengen. Bei einem Zufallsexperiment mit n Ausfällen gibt es also stets 2^n Ereignisse.

Vorsicht: Verwechseln Sie nicht die Begriffe ‚Ereignis' und ‚Ausfall/Ergebnis'! Ein Ereignis ist eine *Menge*, ein Ausfall/Ergebnis aber ein *Element* in einer solchen Menge. Wenn man die Bezeichnung ‚Ergebnis' verwendet (wie leider in den meisten deutschsprachigen Büchern zur Wahrscheinlichkeitsrechnung üblich), dann ist die Verwechslung schon programmiert, weil die Wörter ,Ereignis' und ,Ergebnis' sehr ähnlich klingen. Zur Sicherheit sollten Sie daher sprachlich entferntere Bezeichnungen verwenden und statt ,Ergebnis' das synonyme Wort ,Ausfall' verwenden, das man nicht so leicht mit ,Ereignis' verwechseln kann.

4 Mengenalgebra und Aussagenlogik

Wenn das Ereignis A *und* das Ereignis B eintreten (kurz: das Ereignis ,*A und B*' tritt ein), heißt dies: Das Zufallsexperiment liefert einen Ausfall, der zu *beiden* Ereignissen gehört. Dieser Ausfall liegt also im Durchschnitt der Mengen A, B. Das Ereignis A *und* B ist folglich die Menge $A \cap B$. Entsprechend ist die Vereinigung $A \cup B$ das Ereignis A *oder* B. Dass das Ereignis A *nicht* eintritt (kurz: ,*nicht A*'), bedeutet, dass das Komplement $\overline{A}$ eintritt.

Das war gerade in der Sprache der Mengen gedacht. Die drei Begriffe *und, oder, nicht* sind aber auch die Grundbegriffe der *Aussagenlogik*. Der einzige Unterschied der Aussagenlogik zur Ereignis- bzw. Mengenalgebra besteht darin, dass hier nicht Ereignisse/Mengen verknüpft werden, sondern Aussagen. Das ist aber kein grundsätzlicher Unterschied, sondern nur einer der Sprechweise. Das sehen wir, wenn wir an unser Beispiel ,einfacher Würfelwurf' zurückdenken. Dass das <u>Ereignis</u> ,*ungerade Zahl*' eintritt, meint doch dasselbe wie die <u>Aussage</u> ,*Es wird eine ungerade Zahl gewürfelt*'. Jedes Ereignis können wir sofort als eine Aussage umformulieren. Daher gilt alles, was wir über den Zusammenhang zwischen Ereignissen und Mengen gesagt haben, sofort auch für den Zusammenhang zwischen Aussagen und Mengen. Mit Ereignissen kann man rechnen wie mit Mengen. Darum ist die Ereignisalgebra nichts anderes als die Mengenalgebra. Nun sehen wir: Auch mit Aussagen kann man rechnen wie mit Mengen. Darum ist auch die Aussagenlogik nichts anderes als die Mengenalgebra.

Traditionell sind nur die Symbole unterschiedlich, doch sie sind sehr ähnlich: Für *und, oder, nicht* verwendet die Ereignis- bzw. Mengenalgebra die Symbole $\cap, \cup, \overline{}$. Die Aussagenlogik schreibt sie bewusst sehr ähnlich: $\wedge, \vee, \neg$. Die später entstandene Mengenlehre hat ihre Symbole einfach ganz eng an das Design der schon bestehenden Logiksymbole angelehnt – nicht aus mangelnder Kreativität, sondern um den engen Zusammenhang zwischen Mengenalgebra und Aussagenlogik auch graphisch abzubilden. Exakt dieselben Symbole hat man nur deshalb nicht genommen, weil die Verknüpfungen von Mengen formal etwas anderes sind als die Verknüpfungen von Aussagen, auch wenn sie denselben Regeln gehorchen.

In der Mengenalgebra gibt es noch zwei weitere Symbole: Ω und $\varnothing$. Gibt es Entsprechendes auch in der Aussagenlogik? Das sehen wir, wenn wir inhaltlich denken: In der Ereignisalgebra ist Ω das sichere Ereignis. Beim einfachen Würfelwurf zum Beispiel das Ereignis $\Omega = \{1,2,3,4,5,6\}$. Die Übersetzung dieses Ereignisses in eine Aussage lautet: ,Es kommt eine der Zahlen 1 bis 6.' Da eine der sechs Zahlen kommen *muss*, ist diese Aussage *sicher wahr.* Für das unmögliche Ereignis $\emptyset$ lautet die Übersetzung in eine Aussage: ‚Es kommt keine Zahl.' Wenn wir aber korrekt würfeln, dann ist diese Aussage *sicher falsch.* Wir sehen: Dem sicheren Ereignis Ω entspricht in der Aussagenlogik die *sicher wahre Aussage* (symbolisch: W); und ebenso dem unmöglichen Ereignis $\emptyset$ die *sicher falsche Aussage* (symbolisch: F).

Wie in der Mengenalgebra gibt es auch in der Aussagenlogik außer den Grundoperationen *Durchschnitt, Vereinigung, Komplement* bzw. *und, oder, nicht* noch weitere Operationen. So etwa in der Mengenalgebra die *Differenz* $A \setminus B = A \cap \bar{B}$, die in die Aussagenlogik übersetzt werden kann als ‚*A und nicht B*', wie man unmittelbar am rechten Term ablesen kann. Ein anderes Beispiel ist die *symmetrische Differenz* $A \triangle B = (A \cap \bar{B}) \cup (\bar{A} \cap B)$, die dem logischen ‚*entweder A oder B*' entspricht. Denn dies bedeutet ja ausführlich formuliert: ‚*(A und nicht B) oder (B und nicht A)*'. Umgekehrt entspricht das logische ‚*weder A noch B*' in der Mengenalgebra dem Term $\bar{A} \cap \bar{B}$, der denselben Wert hat wie der Term $\overline{A \cup B}$ (diese Gleichheit ist eines der Gesetze von De Morgan). Wenn Sie Symbole mögen, könnten Sie sich auch dafür eines ausdenken und zum Beispiel definieren: $A \boxtimes B = \bar{A} \cap \bar{B}$. Die Mengenoperation $\boxtimes$ wäre dann also die Entsprechung des *weder–noch* in der Aussagenlogik.

Doch welche Operationen zusätzlich zu den drei Grundoperationen $\cap, \cup, ^-$ in der Mengenalgebra oder zusätzlich zu $\wedge, \vee, \neg$ in der Aussagenlogik Sie auch betrachten – immer können Sie einen genau gleichwertigen Term dazu finden, der allein mit den drei Grundoperationen aufgebaut ist. Sie werden jetzt sagen, klar, darum heißen sie ja auch Grundoperationen! Stimmt. Und stimmt auch wieder nicht. Denn man braucht nicht einmal alle drei Grundoperationen unbedingt, man kommt sogar mit nur zwei von ihnen aus (siehe Übung 7).

Die Rechengesetze der Mengenalgebra gelten ebenso auch für die Aussagenlogik. Man muss nur die mengenalgebraischen Symbole $\cap, \cup, ^-, \Omega, \emptyset$ in die entsprechenden aussagenlogischen Symbole $\wedge, \vee, \neg, W, F$ übersetzen. Mengen-/Ereignisalgebra und Aussagenlogik sind also eigentlich dasselbe, denn sie funktionieren nach exakt denselben Regeln. Nur die Schreibweisen unterscheiden sich – sowie das, was wir uns unter den Variablen vorstellen: Hier sind dies Mengen bzw. Ereignisse, dort Aussagen.

5 Übungen

1. Zeigen Sie die Gültigkeit der Gesetze von De Morgan sowie der Absorptionsgesetze mit Hilfe von Vierfeldertafeln. (D.h. zeigen Sie, dass beide Gleichungsseiten jeweils dieselbe Vierfeldertafel haben.)

2. Zeigen Sie ebenso: $A \triangle B = (A \cup B) \cap \overline{(A \cap B)}$.

3. Zeigen Sie durch Anwenden der Gesetze der Mengenalgebra, dass die symmetrische Differenz $\triangle$ kommutativ ist.

4. Drücken Sie für die drei Ereignisse A, B, C die folgenden Aussagen durch einen Term der Mengenalgebra aus: Es treten/tritt ein ...

   (a) A und B, aber nicht C (b) alle drei   (c) nur A

   (d) höchstens eines   (e) mindestens eines   (f) nur C nicht

5. Man kann das Konzept der Vierfeldertafeln auf drei Mengen A, B, C erweitern. Man kommt dann nicht mehr mit Quadraten aus. Beschreiben Sie dies an den beiden Beispielen $A \cap B \cap C$ und $(A \cup B) \cap C$ (mit Skizzen). Welches Problem entsteht bei vier Mengen?

6. In der Aussagenlogik schließt die logische Implikation $A \Rightarrow B$ („wenn A, dann B') nur einen Fall (ein Feld der Vierfeldertafel) aus. Welcher ist das? Und warum ist das so? (Betrachten Sie dazu ein Beispiel. Sie versprechen: „Wenn ich in Berlin ankomme, rufe ich Dich an." Wann würden Sie Ihr Versprechen gebrochen haben? Was ist, wenn Sie wegen eines Streiks nicht nach Berlin kommen und nur von unterwegs anrufen? Haben Sie dann schon gelogen?) Drücken Sie anschließend die Implikation allein mit $\wedge, \neg$ und ein weiteres Mal allein mit $\vee, \neg$ aus.

7. Zeigen Sie, dass man in der Mengenalgebra eigentlich nur eine der beiden Operationen $\cap, \cup$ braucht (analog in der Aussagenlogik nur eine der Operationen $\wedge, \vee$). Tipp: Es gibt Regeln, mit denen man $A \cup B$ gleichwertig allein mit $\cap$ und $^{-}$ ausdrücken kann; ebenso $A \cap B$ allein mit $\cup$ und $^{-}$. (Wie schreibt man diese Regeln in der Aussagenlogik?)

8. Bilden Sie jeweils die duale Gleichung:

   (a) $(\overline{A} \cup C) \cap \left((\overline{A} \cup C) \cup \overline{(B \cap C)}\right) = \overline{A} \cup C$ (b) $A \cap (B \triangle C) = (A \cap B) \triangle (A \cap C)$

9. Das Dualitätsprinzip folgt unmittelbar aus einer oben erwähnten charakteristischen Eigen-schaft des Systems der Mengenalgebra-Gesetze. Zeigen Sie das. Tipp: Wenn Sie für eine Gleichung eine Herleitung aus den Gesetzen haben – wie können Sie daraus ganz leicht eine Herleitung für die dazu duale Gleichung machen?

(Jedes bei der Herleitung benutzte Gesetz durch sein duales ersetzen!)

3 Grundlegende Zählprinzipien

Methoden des geschickten Zählens

Nun kommen wir endlich zum eigentlichen Zählen. Wenn wir das im Alltag tun und dabei geschickt vorgehen – also die Anzahlen irgendwelcher Objekte bestimmen, ohne diese mühsam alle abzuzählen –, dann machen wir oft von einfachen Regeln Gebrauch, über die sich die meisten von uns für gewöhnlich keinerlei Gedanken machen, weil sie so unmittelbar einleuchtend sind. In diesem Kapitel wollen wir uns diese Regeln anhand von suggestiven Beispielen bewusst machen und ihren Charakter als *grundlegende Zählprinzipien* verstehen. Zugleich geben wir jeder dieser Regeln einen einprägsamen Namen; so können wir jedes Mal, wenn wir wieder einmal geschickt zählen, bequem begründen, warum unsere Zählung richtig ist, indem wir einfach den Namen der Regel nennen, die wir gerade benutzt haben.

Von diesen grundlegenden Zählprinzipien gibt es nur fünf. Vier davon sind wirklich ganz elementar: die *Gleichheitsregel*, die *Produktregel*, die *Summenregel* und das *Schubfachprinzip*. Etwas komplizierter ist nur die fünfte, die *Inklusion-Exklusion-Regel*, eine Verallgemeinerung der Summenregel. Wirklich kompliziert wird es bei ihr aber auch nur, wenn man sie ganz allgemein formuliert.

1 Die Gleichheitsregel (Bijektionsregel)

Beispiele

1. Unter den Gästen eines Balls zählen Sie 85 Damen. Alle Gäste tanzen Walzer. Wie viele Herren sind unter den Gästen? (Diesen Ball besuchen nur sehr konservative Gäste ...)
2. Wie können Sie überprüfen, ob Sie noch gleich viele Tassen wie Untertassen im Schrank haben, ohne sie alle abzuzählen?

> **Gleichheitsregel (Bijektionsregel)**
>
> Zwei (endliche oder unendliche) Mengen sind genau dann *gleichmächtig*, wenn es eine *Bijektion* zwischen ihnen gibt.

Wenn Sie jede Tasse auf eine Untertasse stellen und kein Teil übrig bleibt, dann müssen es von beiden gleich viele sein. Sie haben Paare gebildet, wie es die Walzer tanzenden Ballgäste auch gemacht haben. Eine solche Paarbildung zwischen allen Elementen einer Menge und allen einer anderen Menge nennen wir eine *Bijektion* zwischen den beiden Mengen. Jedes Element der ersten Menge wird mit genau einem der zweiten ‚verpaart‘, und umgekehrt auch

© Der/die Autor(en), exklusiv lizenziert an
Springer-Verlag GmbH, DE, ein Teil von Springer Nature 2023
P. Berger, *Kombinatorik*, https://doi.org/10.1007/978-3-662-67396-6_3

jedes der zweiten mit genau einem der ersten. Nichts drückt unser Verständnis von ‚gleich viele' besser aus als eine solche Bijektion. Das gilt für endliche wie für unendliche Mengen.

2 Die Produktregel

Beispiele

1. Den Tanzkurs besuchen 22 Mädchen und 15 Jungen. Wie viele Möglichkeiten gibt es, aus ihnen ein gemischtes Paar zu bilden?

2. Der Clown Tristelli hat 4 extrabreite Hüte, 7 extrabunte Jacken, 6 extraschluffige Hosen und 19 Paar extralange Schuhe. In wie vielen verschiedenen Outfits kann er auftreten?

Produktregel

Für zwei beliebige endliche Mengen A, B gilt: $|A \times B| = |A| \cdot |B|$

Allgemein: Für n beliebige endliche Mengen $A_1, A_2, ..., A_n$ gilt:

$$|A_1 \times A_2 \times ... \times A_n| = |A_1| \cdot |A_2| \cdot ... \cdot |A_n|$$

- $|A|$ bezeichnet die Mächtigkeit (Anzahl der Elemente) der Menge A.

- $A \times B = \{(a,b) \mid a \in A,\ b \in B\}$ ist die Menge der Paare, die an der ersten Stelle ein Element von A, an der zweiten ein Element von B haben.

- $A_1 \times A_2 \times ... \times A_n = \{(a_1, a_2, ..., a_n) \mid a_i \in A_i\}$ ist die Menge der n-Tupel, die an der i-ten Stelle ein Element der Menge A_i haben.

Wenn wir für den Tanzkurs die Namen der Mädchen und Jungen in eine Tabelle eintragen, für jedes Mädchen eine Zeile, für jeden Jungen ein Spalte, dann können wir jedes gemischte Paar einfach dadurch kennzeichnen, dass wir ein Kreuz in das entsprechende Feld machen. Da die Tabelle eine rechteckige Form hat, hat sie bei 22 Mädchen und 15 Jungen $22 \cdot 15$ Felder.

Würden wir beim Clown Tristelli nur zwei Outfit-Kategorien unterscheiden, könnten wir alle möglichen Outfits ebenfalls in einer solchen Tabelle darstellen. Bei drei Kategorien müssten wir schon eine dreidimensionale Darstellung wählen. Wir könnten uns statt der zweidimensionalen Tabellenfelder Schuhkartons vorstellen, die zu einem großen Quader aufgebaut sind, gewissermaßen eine dreidimensionale Tabelle. Die Anzahl der Kartons könnten wir dann wie beim Quadervolumen durch ‚Länge mal Breite mal Höhe' ermitteln, wobei Länge, Breite und Höhe die Anzahlen der Stücke sind, die Tristelli von jeder der drei Kategorien jeweils hat. Wir müssen also auch hier multiplizieren. Leider hat er aber vier Outfit-Kategorien, und eine vierdimensionale Tabelle übersteigt unser Vorstellungsvermögen doch erheblich. Tabellen sind nur praktisch, wenn wir zwei Kategorien miteinander kombinieren wollen. Wenn es mehr sind, verwenden wir ein anderes Modell, das Sie längst kennen: ein *Baumdiagramm*.

Die einzelnen Kategorien werden durch die Stufen des Baumdiagramms repräsentiert. Ein spezielles Outfit, also eine spezielle Kombination von Elementen jeder Outfit-Kategorie, wird im Baumdiagramm dann von einem speziellen *Pfad* repräsentiert. Um die Anzahl all dieser Pfade zu bestimmen, die zugleich der Anzahl der *Blätter* des Baums entspricht, müssen wir nur die einzelnen Anzahlen der Objekte jeder Kategorie miteinander multiplizieren. Sie kennen das längst, wir müssen es hier nicht ausführen.

Die Produktregel ist die Grundregel des Baumdiagramm-Modells; sie liegt auch dem aus der Schule bekannten Schokoladentafel-Modell wie auch dem Zahlenschloss-Modell zugrunde.

3 Die Summenregel

Beispiele

1. Von den Schülerinnen und Schülern der 9. Klassen besuchen 26 den Tanzkurs, 23 den Kochkurs, 10 beide Kurse. Die beiden Kurse veranstalten einen gemeinsamen Ausflug. Wie viele Schüler und Schülerinnen nehmen insgesamt daran teil?
2. Der heute völlig vergessene Komponist Franz Anton Jipsnich hat viele Sinfonien komponiert, die erste im Jahr 1840. Bis 1869 schrieb er ebenso viele wie in den Jahren von 1860 bis zu seinem Tode 1887, nämlich jeweils 27. Jemals aufgeführt worden sind nur die 7 Sinfonien aus den Jahren 1860 bis 1869. Wie viele Sinfonien hat Jipsnich komponiert?

Summenregel

Für zwei beliebige endliche Mengen A, B gilt: $|A \cup B| = |A| + |B| - |A \cap B|$

Spezialfall: Sind A, B disjunkt, so gilt: $|A \dot\cup B| = |A| + |B|$

Die Vereinigung disjunkter Mengen nennt man *disjunkte Vereinigung* und schreibt dann oft $A \dot\cup B$ anstelle von $A \cup B$. Nur in diesem Fall kann man die Mächtigkeiten einfach addieren. Würden wir so bei Herrn Jipsnich vorgehen, kämen wir nicht zum richtigen Ergebnis. Denn die 7 aufgeführten Sinfonien sind ja in den *beiden* Gruppen mit je 27 Sinfonien enthalten. Wir müssen von der Summe $27 + 27$ (in der jede Sinfonie zumindest einmal mitgezählt wird, da sie die gesamte Zeit berücksichtigt, in der Jipsnich Sinfonien schrieb) diese doppelt gezählten 7 Sinfonien also subtrahieren und kommen so auf 47. – *Allgemein:* Wenn zwei Mengen A und B Elemente gemeinsam haben (nicht disjunkt sind), dann zählen wir beim Addieren ihrer Mächtigkeiten die Elemente doppelt, die zu beiden gehören (im Durchschnitt $A \cap B$ liegen). Wir müssen also zur Korrektur die Mächtigkeit $|A \cap B|$ des Durchschnitts subtrahieren. So müssen wir auch beim Ausflug der beiden Kurse von der Summe $26 + 23$ der Kursstärken die Anzahl 10 derjenigen abziehen, die an beiden Kursen teilnehmen. Am Ausflug nehmen also $26 + 23 - 10$ Schülerinnen und Schüler teil.

4 Die Inklusion-Exklusion-Regel (Verallgemeinerung der Summenregel)

Beispiel

Da diese Regel eine Verallgemeinerung der vorigen ist, können wir ein Beispiel von eben verwenden; statt zwei Mengen brauchen wir nun aber mindestens drei: Von den Schülerinnen und Schülern der 9. Klassen besuchen 26 den Tanzkurs, 23 den Kochkurs, 21 den Erste-Hilfe-Kurs. 10 besuchen sowohl den Tanz- als auch den Kochkurs, 8 den Tanz- und den Erste-Hilfe-Kurs, 8 den Koch- und den Erste-Hilfe-Kurs, 5 alle drei Kurse. Die drei Kurse veranstalten einen gemeinsamen Ausflug. Wie viele Schüler und Schülerinnen nehmen daran teil?

> **Inklusion-Exklusion-Regel** *für 3 oder 4 Mengen*
>
> Für drei beliebige endliche Mengen A, B, C gilt:
> $$|A \cup B \cup C| = |A| + |B| + |C| - |A \cap B| - |A \cap C| - |B \cap C| + |A \cap B \cap C|$$
> Für vier beliebige endliche Mengen A, B, C, D gilt:
> $$\begin{aligned} |A \cup B \cup C \cup D| = &|A| + |B| + |C| + |D| \\ &- |A \cap B| - |A \cap C| - |A \cap D| - |B \cap C| - |B \cap D| - |C \cap D| \\ &+ |A \cap B \cap C| + |A \cap B \cap D| + |A \cap C \cap D| + |B \cap C \cap D| \\ &- |A \cap B \cap C \cap D| \end{aligned}$$

Bei der Summenregel (2 Mengen) muss die Mächtigkeit des Durchschnitts wieder subtrahiert werden, weil Elemente, die zu beiden Mengen gehören, in der Summe $|A| + |B|$ doppelt gezählt werden. Bei 3 Mengen erhöht sich die Zahl der zu berücksichtigenden Durchschnitte von 1 auf 4 (s. die Abbildung auf der nächsten Seite).

In der Summe $|A| + |B| + |C|$ wird jedes Element, das nur zu einer Menge gehört (z.B. zu B), korrekt gezählt, nämlich einmal (in der Zahl $|B|$). Ein Element, das zu zwei Mengen gehört (z.B. zu B und zu C, es liegt dann also im Durchschnitt $B \cap C$), wird aber zweimal mitgezählt (bei $|B|$ und bei $|C|$), also einmal zu oft. Wir können die doppelte Zählung aller Elemente von $B \cap C$ auf einen Schlag korrigieren, indem wir ihre Mächtigkeit $|B \cap C|$ von der Summe $|A| + |B| + |C|$ subtrahieren. Wenn wir das auch noch mit den beiden anderen Durchschnitten tun, also $|A \cap B|$ und $|B \cap C|$ subtrahieren, dann haben wir alle Doppeltzählungen korrigiert: $|A| + |B| + |C| - |A \cap B| - |A \cap C| - |B \cap C|$.

Nun kann es aber auch noch Elemente geben, die zu allen drei Mengen gehören, also im Durchschnitt $A \cap B \cap C$ liegen. Diese sind bei jeder Menge mitgezählt worden, gehen also dreifach in die Summe $|A| + |B| + |C|$ ein. Da sie aber auch zu jedem der drei Durchschnitte $|A \cap B|$, $|B \cap C|$, $|B \cap C|$ gehören, haben wir sie eben dreimal subtrahiert. Zu Anfang dreifach gezählt, dann dreimal subtrahiert – das bedeutet: sie werden beim aktuellen Stand der Zählung überhaupt nicht mitgezählt. Wir können das korrigieren, indem wir sie alle jeweils einmal wieder hinzufügen, also ihre Gesamtzahl $|A \cap B \cap C|$ wieder addieren. Jetzt ist die Zählung korrekt, die Mächtigkeit von $A \cup B \cup C$ ist also

$$|A| + |B| + |C| - |A \cap B| - |A \cap C| - |B \cap C| + |A \cap B \cap C|.$$

Am Ausflug nehmen folglich 49 Schülerinnen und Schüler teil (rechnen Sie nach).

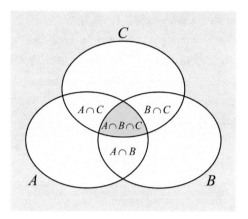

Inklusion-Exklusion bei 3 Mengen
(der rote Bereich gehört zu den drei Durchschnitten $X \cap Y$ jeweils hinzu)

Bei 4 Mengen erhöht sich die Zahl der Durchschnitte auf 11: Es gibt 6 Durchschnitte von 2 Mengen, 4 von 3 Mengen, 1 von allen 4 Mengen. Hier müssen im *1. Schritt* zunächst wieder die 2-fach Gezählten *subtrahiert* werden, d.h. alle Mächtigkeiten der Durchschnitte von 2 Mengen. Im *2. Schritt müssen* dann wie eben die 3-fach Gezählten wieder *addiert* werden, d.h. alle Mächtigkeiten der Durchschnitte von 3 Mengen. Da nun die Elemente, die zu allen 4 Mengen gehören, einmal zu oft addiert worden sind, muss im *3. Schritt* die Mächtigkeit des Durchschnitts der 4 Mengen wieder *subtrahiert* werden.

Bei n Mengen $A_1, A_2, ..., A_n$ besteht die Zählung nach dem Grundschritt $|A_1| + |A_2| + ... + |A_n|$ aus $n-1$ Korrekturschritten, in denen zur Korrektur der jeweils zu oft ein- bzw. ausgeschlossenen Elemente abwechselnd subtrahiert und addiert werden muss. Im 1. Korrekturschritt wird immer subtrahiert. Daher wird in jedem Korrekturschritt mit *ungerader* Nummer ebenfalls *subtrahiert*, in jedem mit *gerader* Nummer *addiert*. Nach jedem Schritt, außer dem letzten, ist das Zwischenergebnis entweder zu klein (wenn man gerade subtrahiert hat, also bei einem ‚ungeraden Schritt') oder zu groß (wenn man gerade addiert hat, also bei einem ‚geraden Schritt'). Der Fehler nimmt schrittweise ab, bis er im letzten Schritt schließlich zu 0 wird.

Im k-ten Korrekturschritt werden alle möglichen Durchschnitte von jeweils $k+1$ Mengen verarbeitet. Wenn k gerade ist, also *addiert* wird, sind demnach immer Durchschnitte von $k+1$ Mengen beteiligt, d.h. Durchschnitte einer *ungeraden* Anzahl von Mengen. Ist k ungerade, so wird *subtrahiert*, und zwar immer Durchschnitte einer *geraden* Anzahl von Mengen.

Ein Blick auf die Regel für 3 oder 4 Mengen (s.o.) bestätigt das. Auf den Punkt gebracht: Mächtigkeiten der Durchschnitte einer *ungeraden* Anzahl von Mengen werden immer *addiert*, Mächtigkeiten der Durchschnitte einer *geraden* Anzahl von Mengen werden immer *subtrahiert*. Es gilt also für beliebig (aber endlich) viele Mengen die allgemeine Regel:

Inklusion-Exklusion-Regel *allgemeiner Fall*

Die Mächtigkeit der Vereinigung von endlich vielen endlichen Mengen ist die Summe der Mächtigkeiten aller Durchschnitte einer *ungeraden* Anzahl der Mengen, abzüglich der Summe der Mächtigkeiten aller Durchschnitte einer *geraden* Anzahl der Mengen.

Formal: Für n beliebige endliche Mengen $A_1, A_2, \ldots, A_n$ gilt:

$$\left| \bigcup_{i=1}^{n} A_i \right| = \sum_{k=1}^{n} (-1)^{k-1} \left(\sum_{\substack{I \subseteq \{1,\ldots,n\} \\ |I|=k}} \left| \bigcap_{i \in I} A_i \right| \right)$$

Wie passt der Grundschritt $|A_1| + |A_2| + \ldots + |A_n|$ in diese Regel? Nun, wir betrachten einfach jede Einzelmenge als Durchschnitt *einer* Menge (*ungerade* Anzahl!). Nach der Regel müssen dann alle Mächtigkeiten der Einzelmengen addiert werden, und das ist genau das, was der Grundschritt tut.

Zur Komplexität des Verfahrens

Mit steigendem n nimmt die Komplexität dieses Zählverfahrens schnell zu. Weniger wegen der wachsenden Zahl der Schritte, sondern vor allem, weil die Anzahl der in jedem Schritt zu berücksichtigen Durchschnitte bis zur Mitte der Schritte hin stark zunimmt (wonach sie dann wieder bis auf 1 fällt). Bei n Mengen kann ein Element in verschiedenen Durchschnitten von 2 bis n Mengen liegen. Und zwar jeweils mehrfach: Ein Element, das im Durchschnitt von z.B. 10 Mengen liegt, ist zugleich auch in allen 45 Durchschnitten von je 2 dieser Mengen enthalten. Die Subtraktion im 1. Korrekturschritt umfasst bei 10 Mengen also bereits 45 Durchschnitte. Die Addition im 2. Schritt umfasst 120 Durchschnitte von jeweils 3 Mengen und die erneute Subtraktion im 3. Schritt 210 Durchschnitte von jeweils 4 Mengen!

Erläuterung der Zahlen: Um von 10 Mengen 2 auszuwählen, für die jeweils der Durchschnitt gebildet werden soll, hat man ebenso viele Möglichkeiten, wie man 2-elementige Teilmengen aus einer 10-elementigen Menge zusammenstellen kann. Davon gibt es 45. Für die Durchschnitte von jeweils 3 Mengen ist es die Zahl der 3-elementigen Teilmengen (kurz: 3-Teilmengen) einer 10-elementigen Menge (kurz: 10-Menge), nämlich 120. Für 4-Teilmengen einer 10-Menge sind es 210. Allgemein hat eine n-Menge immer ‚n über k' k-Teilmengen. Was das heißt und warum das so ist, werden wir im folgenden Kapitel untersuchen.

Das Einschluss-Ausschluss-Verfahren hat zum Namen *Inklusion-Exklusion-Regel* geführt (man hat halt nur die entsprechenden Fremdwörter dafür gewählt).

5 Das Schubfachprinzip

Beispiele

1. Sie verteilen Briefe in 40 Postfächer. Ab welcher Briefanzahl wissen Sie schon vor dem Verteilen, dass Sie in mindestens ein Postfach mehr als einen Brief legen werden?
2. Nehmen wir an, Sie zählen die Briefe vor dem Verteilen und kommen auf 121. Als mathematisch denkender Mensch geht Ihnen plötzlich ein Gedanke durch den Kopf: Kein Postfach kann natürlich nach dem Verteilen mehr als 121 Briefe enthalten. Klar, mehr als alle geht nicht. *Aber:* Wenn man die *Maximalzahl* der Briefe, die in einem Postfach (oder in mehreren) liegen, nun möglichst niedrig halten will – wie klein kann man sie machen? Wie groß muss sie *mindestens* sein? Zugegeben, eine ziemlich theoretische Frage, aber mathematisch wirklich interessant. Und daher geht Ihre Frage weiter: Was würde sich an dieser Zahl ändern, wenn es 127 Briefe wären, oder 162? Ab wann steigt diese ‚Mindest-Maximalzahl‘ an? Und wie hängt sie mit der Zahl der Postfächer zusammen?

> **Schubfachprinzip**
> 1. Enthalten n Fächer insgesamt *mehr* als n Objekte, dann enthält mindestens ein Fach *mehr als ein* Objekt.
> 2. Enthalten n Fächer insgesamt *weniger* als n Objekte (Elemente), dann enthält mindestens ein Fach *kein* Objekt.
> 3. Enthalten n Fächer insgesamt mehr als $k \cdot n$ Objekte, dann enthält mindestens ein Fach mehr als k Objekte.

Sobald es mehr als 40 Briefe sind, muss natürlich in mindestens einem der 40 Fächer mehr als ein Brief landen.

Nehmen wir nun an, es sind 121 Briefe, und Sie wollen die Antwort auf Ihre Fragen durch konkretes Handeln finden. Oder, indem Sie sich dieses konkrete Handeln möglichst genau vorstellen. Dann könnten sie die Briefe doch – probehalber, ohne auf die wirklichen Adressaten zu achten – so verteilen, dass Sie bei jedem Schritt Ihrer Aktion dafür sorgen, dass die Maximalzahl der Briefe, die bereits in irgendeinem Fach liegen (evtl. auch in mehreren zugleich), möglichst klein bleibt. Sie suchen ja die *Mindest*-Maximalzahl. Was würden Sie tun?

Nun, Sie würden vermutlich der Reihe nach in jedes Fach zunächst je einen Brief legen und, wenn das letzte Fach erledigt ist, wieder beim ersten neu beginnen und in jedes Fach einen zweiten Brief legen. Und diese ‚Schleife' würden Sie so lange abarbeiten, bis schließlich auch der letzte Brief verteilt ist. Am Ende jeder Schleife können Sie dann sicher sein, dass in jedem Fach die kleinste bisher mögliche Anzahl an Briefen liegt (in jedem dieselbe), denn Sie haben die bisher abgelegten Briefe ja gleichmäßig auf alle Fächer verteilt. Nach der ersten Schleife haben Sie 40 Briefe verteilt, nach der zweiten 80 usw., allgemein nach der k-ten Schleife $k \cdot 40$ Briefe. Bei 121 Briefen haben Sie also nach der 3. Schleife $3 \cdot 40 = 120$ Briefe verteilt, und in jedem Fach liegen gleich viele, nämlich jeweils 3 Briefe. Den letzten Brief legen Sie nun ins erste Fach, so dass dort jetzt 4 Briefe liegen. Dies ist die gesuchte Mindest-Maximalzahl bei 121 Briefen und 40 Fächern.

Wären es 127 Briefe, so müssten Sie weiter verteilen, und es kämen noch weitere Fächer hinzu, in denen ebenfalls diese Mindest-Maximalzahl von 4 Briefen liegen würden. Dieser Wert ändert sich nicht, solange es nicht mehr als 160 Briefe sind; erst ab 161 Briefen steigt er auf 5. An dieser Mindest-Maximalzahl ändert sich nichts, wenn Sie bei Ihrer Schleife die Fächer in irgendeiner anderen Reihenfolge besuchen, sie kann auch variieren. Hauptsache, Sie sorgen dafür, dass am Ende jeder Schleife in allen Fächern dieselbe Anzahl Briefe liegt.

Allgemein formuliert: Wenn Sie *mehr* als $k \cdot n$ Briefe in n Fächer verteilen wollen, dann können Sie zunächst k Schleifen vollständig absolvieren, wonach in jedem Fach k Briefe liegen und genau $k \cdot n$ Briefe verteilt sind. Da Sie aber *mehr* als $k \cdot n$ Briefe haben, können Sie noch nicht aufhören. Sie müssen mindestens noch einen weiteren Brief in ein Fach legen, so dass schließlich in *mindestens einem* Fach *mehr* als k Briefe liegen. Dies ist genau die Aussage des allgemeinen Schubfachprinzips.

Unsere Erkenntnis können wir in zwei einfachen Feststellungen zusammenfassen:

1. Beim Verteilen von *genau* $k \cdot n$ Briefen in n Fächer wird die kleinste Maximalzahl von Briefen (in irgendeinem Fach) erreicht, wenn in jedes Fach gleich viele Briefe gelegt werden. In diesem Fall ist diese kleinste Maximalzahl also die Zahl k.
2. Sind es *mehr* als $k \cdot n$ Briefe, so ist diese kleinste Maximalzahl folglich *größer* als k.

Übrigens: Wir haben hier die Denkstrategie des *vorgestellten Handelns* angewandt (Handeln im Sinne von ‚mit der Hand etwas tun'), die beim Lösen mathematischer Probleme oft zum Erfolg, weil zu größerer Klarheit und tieferem Verständnis des eigenen Lösungswegs führt. Das hängt damit zusammen, dass die Evolution unser Gehirn dafür optimiert hat, über die Augen unsere Hände zu steuern. In seiner elementaren Form ist Begreifen eigentlich immer ‚Be-greifen'.

Eine der Grundfragen der Kombinatorik lautet:

> **Auswahlproblem ‚*k* aus *n*‘**
>
> Auf wie viele verschiedene Arten kann man *k* Objekte aus insgesamt *n* Objekten auswählen?

1 Beispiele

1. Wenn eine Schulklasse von 26 Schüler:innen ihre beiden ***Klassensprecher:innen*** wählt, ist dies eine Auswahl ‚2 aus 26‘. Hier werden 2 verschiedene Personen ausgewählt, denn die Klassensprecherin kann nicht zugleich ihre eigene Stellvertreterin sein. Wir sagen daher, die Auswahl erfolgt hier *ohne Wiederholungsmöglichkeit* (kurz: *ohne Wiederholung*). Hinzu kommt, dass es einen Unterschied macht, wer zuerst gewählt wird und wer danach, denn das entscheidet darüber, wer Sprecher:in und wer Vertreter:in wird. Wir sagen, die *Reihenfolge wird beachtet* (spielt eine Rolle, ist wichtig).

2. Beim ***Pferderennen*** kann man ganz unterschiedliche Wetten darauf abschließen, wer gewinnt. Unter anderem gibt es die ***Dreier-Wette***, bei der die ersten drei Plätze in richtiger Reihenfolge vorhergesagt werden müssen. Man gewinnt also nur, wenn man hinter ‚1. Platz‘, ‚2. Platz‘, ‚3. Platz‘ jeweils den richtigen Namen geschrieben hat. Auch hier gibt es keine Wiederholungsmöglichkeit, denn ein Pferd kann ja nicht zugleich als erstes und als drittes einlaufen. Ob aber die Favoriten ‚Abraxas‘, ‚Baltimore‘ und ‚Caesar‘ in dieser Reihenfolge ABC einlaufen oder in BAC oder CBA oder einer der drei anderen möglichen Reihenfolgen (notieren Sie zur Übung alle sechs), macht bei der Dreier-Wette einen großen Unterschied. Bei dieser Wette ist der Zieleinlauf also formal eine Auswahl ‚3 aus *n*‘ *ohne Wiederholungsmöglichkeit* und *mit Beachtung der Reihenfolge*. Nur bei einer einzigen von den sechs verschiedenen möglichen Reihenfolgen gewinnt man, auch wenn man die Namen der Pferde alle richtig hat.

3. Man könnte sich auch eine ***alternative Dreier-Wette*** vorstellen (die es beim Pferderennen jedoch nicht gibt): Wer die alternative Wette abschließen möchte, würde einen Tippschein mit allen Pferdenamen erhalten, von denen er genau drei ankreuzen muss. Er muss sich

also nicht festlegen, in welcher Reihenfolge die drei ersten Pferde einlaufen, sondern nur, welche drei es sein werden. Was die Vorhersage des Rennausgangs natürlich erheblich vereinfacht gegenüber der echten Dreier-Wette. Bei der alternativen Wette handelt es sich nun formal um eine Auswahl ,3 aus n' *ohne Wiederholung* und *ohne Beachtung der Reihenfolge*. Auswahlen *ohne* Beachtung der Reihenfolge gibt es immer weniger als *mit* Beachtung der Reihenfolge (wenn sich k und n nicht ändern). Bei der alternativen Wette gewinnt man nicht nur bei einer einzigen der sechs möglichen Reihenfolgen ABC, BAC, ... , sondern bei *allen* sechs. Die Gewinnchancen sind also sechsmal so groß. Weshalb bei Gewinn natürlich auch weniger ausbezahlt wird, nämlich fairerweise nur ein Sechstel.

4. Der Tippschein bei der alternativen Dreier-Wette hat Sie vielleicht an die **Lottoscheine** erinnert. Beim Lotto ,6 aus 49' werden 6 verschiedene Zahlen von 1 bis 49 gezogen. Auch hier kann eine Zahl nicht mehrmals gezogen werden. Entsprechend kreuzt man ja eine Zahl auf dem Schein höchstens einmal an. Beim Lotto haben wir es also mit einer Auswahl ,k aus n' *ohne Wiederholungsmöglichkeit* zu tun. Anders aber als bei der Klassensprecher- wahl und bei der (echten) Dreier-Wette, wo es einen Unterschied macht, wer auf welchem Platz landet, spielt beim Lotto die Reihenfolge keine Rolle. Welche Zahl zuerst gezogen wurde, welche als zweite usw., wird daher in den Nachrichten auch nie erwähnt, weil die Reihenfolge für den Gewinn schlicht keine Rolle spielt, wie bei der alternativen Dreier- Wette. Die Ziehung beim Samstagslotto ist also eine Auswahl ,6 aus 49' *ohne Wieder- holung* und *ohne Beachtung der Reihenfolge*.

5. Besitzen Sie einen Koffer mit **Zahlenschloss**? Dann könnten Sie sich fragen, ob Sie damit wirklich sicher sind. Selbst wenn der Verschluss so stabil ist, dass man ihn nicht einfach aufbrechen kann, braucht ein Dieb doch vielleicht nur etwas Glück beim Raten Ihres Zahlencodes. Spätestens wenn er alle Möglichkeiten durchprobiert hat, ist Ihr Koffer doch offen. Wenn das Zahlenschloss zum Beispiel 3 Stellen hat, ist der kleinste einstellbare Code 000, der größte 999, es gibt also nur 1000 verschiedene Codes. Einer davon ist der richtige. Handelt es sich hier also aus kombinatorischer Sicht um eine Auswahl ,1 aus 1000'? Formal könnte man das zwar so sehen, doch es bringt mehr, wenn wir differen- zierter modellieren. Sie (oder der Dieb) stellen ja nicht eine dreistellige Zahl auf einmal ein, sondern drei einzelne Stellen nacheinander. Egal in welcher Reihenfolge Sie das tun, immer wählen Sie dabei dreimal eine der Zahlen 0 bis 9 aus. Und da es auf die Reihenfolge ankommt (wenn Sie 123 als Code gewählt haben, dann öffnet 321 den Koffer ja nicht) und an jeder Stelle alle 10 Zahlen möglich sind, handelt es sich hier also um eine Auswahl ,3 aus 10' *mit Wiederholungsmöglichkeit* und *mit Beachtung der Reihenfolge*.

6. Wenn Sie in einem **Weinladen**, der nur 4 verschiedene Sorten führt, einen Einkauf von 10 Flaschen machen, dann ist die Reihenfolge, in der Sie die Flaschen ausgewählt haben, zu Hause völlig gleichgültig. Wie kompliziert Ihr Kauf auch immer vor sich gegangen sein mag, vielleicht weil Sie sich nicht recht entscheiden konnten, daheim interessiert nur noch die Frage, wie viel von jeder Sorte Sie gekauft haben. Ein solcher Einkauf ist daher eine Auswahl ‚10 aus 4' *mit Wiederholungsmöglichkeit* und *ohne Beachtung der Reihenfolge*. Ohne Wiederholung könnten Sie ‚aus 4' ja auch unmöglich mehr als 4 auswählen; Auswahlen ‚k aus n' mit $k > n$ sind immer nur *mit Wiederholung* möglich.

Vielleicht wundern Sie sich, dass wir so eingehend über formale Aspekte (Modellierung) nachdenken, ohne bislang auch nur ein einziges Mal konkret gerechnet zu haben. Stört Sie das vielleicht ein wenig? Das wäre ein gutes Zeichen. In diesem Fall sind Sie nämlich vermutlich wirklich ‚kombinatorisch gepolt', wie viele Menschen, die gern knobeln. Was die Kombinatorik spannend macht, sind immer die mehr oder weniger kniffligen Zählprobleme, die sie uns stellt. Daher unterbrechen wir die Theorie jetzt am besten erst einmal für einige Übungen.

Übungen

Die folgenden Aufgaben sind einfache Vorübungen. Hier müssen Sie nicht unbedingt nach einer Formel suchen. Vielleicht bringt es Ihnen mehr, einfach einmal alle Möglichkeiten systematisch aufzuschreiben und anschließend zu zählen.

1. Eine Gruppe von 6 Personen soll aus ihren Reihen eine dreiköpfige Delegation bestimmen. Wie viele verschiedene Delegationen sind möglich?

2. Auf wie viele verschiedene Arten können Sie beim Lotto ‚2 aus 6' einen Lottoschein ankreuzen?

3. Auf wie viele verschiedene Arten beim Lotto ‚4 aus 6'?

4. Wie viele Teilmengen hat eine Menge mit 4 Elementen?

5. In wie vielen Reihenfolgen können 6 Personen hintereinander an der Kinokasse anstehen?

6. Auf wie viele Arten können sich dieselben 6 Personen an einen runden Tisch setzen? (Auch hier soll es nur auf die Reihenfolge am Tisch ankommen, nicht darauf, wer bei der Tür sitzt oder einen guten Blick aus dem Fenster hat. Denken Sie den Raum einfach weg.)

7. Die Mitgliedsnummern eines Sportvereins sind nach folgendem Schema aufgebaut: Zuerst kommen 5 Stellen mit beliebigen Ziffern von 0 bis 9. Dann folgen 2 Buchstaben für die beiden Hauptsportarten des Mitglieds (zuerst die liebste, dann die zweitliebste Sportart; 6

Sportarten stehen zur Wahl). Darauf folgt ein W bzw. M zur Geschlechtskennzeichnung, dann ein K (Kinder) bzw. ein J (Jugendliche) bzw. ein E (Erwachsene); zuletzt noch eine Prüfziffer, die sich irgendwie zwangsläufig aus den vorangehenden Stellen ergibt. Eine Mitgliedsnummer könnte also so aussehen: 90155FT-WJ-7 (eine Jugendliche, die am liebsten Fußball, aber auch sehr gern Tennis spielt). Wie viele verschiedene Mitgliedsnummern sind theoretisch möglich?

8. Wie viele ‚Wörter' lassen sich durch Umstellen aus den Buchstaben von RUM bilden?

9. Wie viele ‚Wörter' lassen sich durch Umstellen aus den Buchstaben von TEE bilden?

10. Wie viele Tippreihen gibt es bei der Dreier-Wette bei einem Pferderennen mit 6 Pferden?

 Lesen Sie erst weiter, wenn Sie die Übungen bearbeitet haben.

(Lösungen: 20, 15, 16, 720, 120, 18.000.000, 6, 3, 120)

2 Modellierung: Auswählen = Ziehen aus einer Urne

Die zentrale Frage dieses Kapitels lautet: *Auf wie viele verschiedene Arten kann man k Objekte aus insgesamt n Objekten auswählen?* Die Beispiele haben gezeigt, dass die erste Antwort darauf lauten muss: *Das kommt ganz darauf an.* Nämlich darauf, ob die Auswahl der Objekte

- mit oder ohne *Wiederholungsmöglichkeit*
- mit oder ohne *Beachtung der Reihenfolge*

erfolgt. Diese Alternativen ergeben vier verschiedene Auswahlarten, die je zu einer speziellen Antwort auf die Frage führen, wie viele Möglichkeiten es gibt. In der Kombinatorik interessieren wir uns für die jeweilige *Anzahl der möglichen Auswahlen.* Diese Zahl hängt nicht davon ab, ob wir Menschen, Pferde oder Lottozahlen auswählen. Entscheidend ist nur, wie viele Elemente k wir aus wie vielen Elementen n auswählen, und wie es mit *Wiederholungsmöglichkeit* und Beachtung der *Ziehungsreihenfolge* steht. Den Blick aufs Wesentliche behalten wir am besten, wenn wir von der konkreten Art der auszuwählenden Objekte absehen.

Wir *abstrahieren* also. Andererseits ist es aber immer eine gute Strategie beim mathematischen Problemlösen, wenn wir uns dabei eine *konkrete Handlung* vorstellen (Denken als *vorgestelltes Handeln*). Denn dabei konstruieren wir quasi automatisch ein *mentales Modell* für das Problem, an dem wir ‚im Kopf hantieren' können, wodurch sich unsere Vorstellung selbst korrigieren und optimieren kann. (Das entlastet, weil wir es nicht aktiv steuern müssen; denn wie bereits erwähnt hat die Evolution unser Gehirn dafür optimiert, unsere Hände über die Augen zu steuern.) Aber wie soll das gehen: abstrahieren und zugleich konkret handeln? Nun, wir abstrahieren nur die Objekte (Elemente), die wir auswählen, sowie ihre Gesamtheit (Menge), aus der wir auswählen. Und das so, dass alles zusammen in ein Modell passt, bei dem wir uns möglichst gut vorstellen können, damit zu hantieren: Wir stellen uns einfach vor, dass die *n* Elemente der Menge *Kugeln in einer Urne* sind, und dass wir von den *n* Kugeln in dieser Urne *k* Kugeln auswählen (ziehen). Dies ist das *Urnenmodell.*

3 Auswahl mit Beachtung der Reihenfolge
= Ziehen und geordnetes Ablegen

Auswahlen, bei denen die Reihenfolge beachtet wird, werden auch als *geordnete Auswahlen* oder *Variationen* bezeichnet. Bei diesen sehen wir zwei Auswahlen genau dann als gleich an, wenn sie *exakt dieselben Objekte* umfassen und diese Objekte auch *in exakt derselben Reihenfolge* enthalten. Wie können wir das am Urnenmodell modellieren? Ganz konkret dadurch, dass wir die gezogenen Kugeln nicht irgendwie auf den Tisch legen, sondern so ablegen, dass die Reihenfolge der Ziehung immer erkennbar bleibt: Wir legen die *k* Kugeln in der Ziehungsreihenfolge in *k* durchnummerierte Fächer. Dies nennen wir *geordnetes Ablegen.*

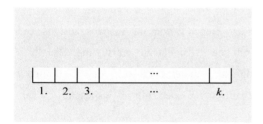
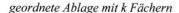

geordnete Ablage mit k Fächern	*geordnete Liste mit k Einträgen*

Alternativ könnten wir die Nummern bzw. Namen der *k* gezogenen Kugeln auch in der Reihenfolge der Ziehung in eine *geordnete Liste* mit *k* Positionen eintragen. *Notieren* ist hier formal gleichwertig zu *Ablegen* (allerdings ist Schreiben nie handlungsorientiert).

Als nächstes müssen wir unterscheiden, ob wir *mit* oder *ohne* Wiederholungsmöglichkeit ziehen. Auch das können wir im Urnenmodell leicht konkret und handlungsorientiert modellieren: Wenn wir eine Kugel aus der Urne ziehen und sie draußen lassen, dann kann sie bei den nächsten Ziehungen nicht noch einmal gezogen werden. Damit haben wir die Wiederholungsmöglichkeit automatisch ausgeschlossen. Wir modellieren eine Auswahl *ohne* Wiederholungsmöglichkeit also durch das *Ziehen ohne Zurücklegen.* Wenn wir dagegen eine Kugel nach dem Ziehen immer wieder zurücklegen, dann kann sie bei jeder weiteren Ziehung erneut gezogen werden. Eine Auswahl *mit* Wiederholungsmöglichkeit wird im Urnenmodell also durch das *Ziehen mit Zurücklegen* realisiert.

3a Auswahl mit Wiederholungsmöglichkeit = Ziehen mit Zurücklegen

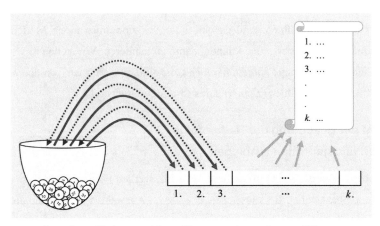

k-maliges Ziehen mit Zurücklegen und geordnetes Ablegen
= Ziehen eines k-Tupels

- Da die gezogenen Kugeln nicht in der Ablage verbleiben, sondern in die Urne zurückgelegt werden, müssen wir ihre Nummern bzw. Namen notieren, und zwar genau in der Reihenfolge der Ziehung (wir schreiben also eine *geordnete Liste* auf).

- Wegen des Zurücklegens ist die Urne nach jedem Ziehen wieder im Ausgangszustand. Bei jedem Ziehen stehen also immer wieder sämtliche n Kugeln zur Verfügung. Da alle n Möglichkeiten der 1. Ziehung mit allen n Möglichkeiten der 2. Ziehung (usw.) mit allen n Möglichkeiten der k-ten Ziehung kombiniert auftreten können, gibt es insgesamt n^k verschiedene Auswahlen.

Beispiel: $n = 4$, $k = 3$, Urne mit den Kugeln a,b,c,d Die möglichen Auswahlen sind sämtliche $4 \cdot 4 \cdot 4 = 4^3 = 64$ *3-Tupel* mit Elementen aus $\{a,b,c,d\}$:

$(a,a,a),(a,a,b),(a,a,c),(a,a,d),(a,b,a),(a,b,b),(a,b,c),(a,b,d),(a,c,a),(a,c,b),(a,c,c),(a,c,d),(a,d,a),$
$(a,d,b),(a,d,c),(a,d,d),(b,a,a),(b,a,b),(b,a,c),(b,a,d),(b,b,a),(b,b,b),(b,b,c),(b,b,d),(b,c,a),(b,c,b),$
$(b,c,c),(b,c,d),(b,d,a),(b,d,b),(b,d,c),(b,d,d),(c,a,a),(c,a,b),(c,a,c),(c,a,d),(c,b,a),(c,b,b),(c,b,c),$
$(c,b,d),(c,c,a),(c,c,b),(c,c,c),(c,c,d),(c,d,a),(c,d,b),(c,d,c),(c,d,d),(d,a,a),(d,a,b),(d,a,c),(d,a,d),$
$(d,b,a),(d,b,b),(d,b,c),(d,b,d),(d,c,a),(d,c,b),(d,c,c),(d,c,d),(d,d,a),(d,d,b),(d,d,c),(d,d,d)$

Allgemein: Urne $U = \{a_1,...,a_n\}$ Die möglichen Auswahlen ,k aus n' mit Wiederholungsmöglichkeit und mit Beachtung der Reihenfolge sind sämtliche *k-Tupel über U*. Also sämtliche *k*-Tupel $(x_1,...,x_k)$ mit *beliebigen* Elementen $x_i \in U$.

3b Auswahl ohne Wiederholungsmöglichkeit = Ziehen ohne Zurücklegen

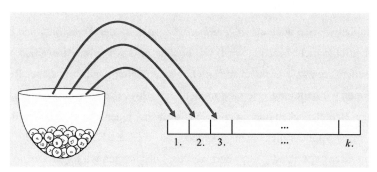

k-maliges Ziehen ohne Zurücklegen und geordnetes Ablegen
= Ziehen einer k-Permutation (= k-Tupel ohne Wiederholung)

▪ Da die gezogenen Kugeln nicht zurückgelegt werden, können sie in der Ablage verbleiben und brauchen nicht notiert zu werden.

▪ Die Urne ist nach dem Ziehen nicht mehr im Ausgangszustand, da die bereits gezogenen Kugeln fehlen. Nur bei der 1. Ziehung stehen alle n Kugeln zur Verfügung, mit jeder Ziehung nimmt diese Zahl um 1 ab: Es gibt n Möglichkeiten bei der 1. Ziehung, $n-1$ Möglichkeiten bei der 2. Ziehung, $n-2$ Möglichkeiten bei der 3. Ziehung usw. bis schließlich nur noch $n-(k-1)=n-k+1$ bei der k-ten Ziehung. Da alle Möglichkeiten jeder Ziehung wieder mit jeder der anderen Ziehungen kombiniert auftreten können, gibt es insgesamt $\underbrace{n\cdot(n-1)\cdot(n-2)\cdot\ldots\cdot(n-k+1)}_{k\text{ Faktoren}}=n^{\underline{k}}$ verschiedene Auswahlen.

Den Term $n^{\underline{k}}$ bezeichnet man als die *fallende Faktorielle (der Länge k) von n*.

$$
\overbrace{\boxed{\begin{array}{c|c|c|c|c} n & n-1 & n-2 & \cdots & n-k+1 \\ \hline 1. & 2. & 3. & \cdots & k. \end{array}}}^{n^{\underline{k}}} \longleftarrow \textit{Möglichkeiten}
$$

Beispiel: $n=4$, $k=3$, Urne mit den Kugeln a,b,c,d Die möglichen Auswahlen sind sämtliche $4\cdot3\cdot2=4^{\underline{3}}=24$ *3-Permutationen* mit Elementen aus $\{a,b,c,d\}$:

$(a,b,c),(a,b,d),(a,c,b),(a,c,d),(a,d,b),(a,d,c),(b,a,c),(b,a,d),(b,c,a),(b,c,d),(b,d,a),(b,d,c),$
$(c,a,b),(c,a,d),(c,b,a),(c,b,d),(c,d,a),(c,d,b),(d,a,b),(d,a,c),(d,b,a),(d,b,c),(d,c,a),(d,c,b)$

Allgemein: Urne $U=\{a_1,\ldots,a_n\}$ Die möglichen Auswahlen ‚k aus n' ohne Wiederholungsmöglichkeit und mit Beachtung der Reihenfolge sind sämtliche *k-Permutationen über U*. Also sämtliche k-Tupel $(x_1,\ldots,x_k)$ mit lauter *verschiedenen* Elementen $x_i \in U$ (d.h. $x_i \neq x_j$ für $i \neq j$).

4 Auswahl ohne Beachtung der Reihenfolge
= Ziehen und ungeordnetes Ablegen

Solche Auswahlen werden auch als *ungeordnete Auswahlen* oder *Kombinationen* bezeichnet. Dass die Reihenfolge nicht beachtet wird, soll heißen, dass wir zwei Auswahlen schon dann als gleich ansehen, wenn sie *exakt dieselben Objekte* enthalten, egal in welcher Reihenfolge. Auch dies können wir handlungsorientiert modellieren. Etwa dadurch, dass wir die gezogenen Kugeln in einen Beutel stecken oder in eine Schale legen – jedenfalls so, dass die Reihenfolge der Ziehung im Nachhinein nicht mehr erkennbar ist, weil die Kugeln durch die neu hinzukommenden in ihrer Lage ständig verändert werden. Dies nennen wir *ungeordnetes Ablegen*.

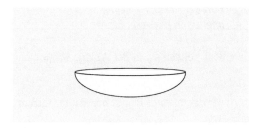

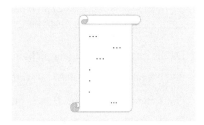

ungeordnete Ablage   *ungeordnete Notierung (keine Liste)*

Alternativ könnten wir die Nummern bzw. Namen der gezogenen Kugeln auch in zufälliger Anordnung (,durcheinander', nicht in einer Liste) auf ein Blatt notieren, so dass die Reihenfolge, in der sie geschrieben wurden, später nicht mehr rekonstruiert werden kann. Dies nennen wir *ungeordnete Notierung*.

Beim Ziehen mit *geordneter* Ablage (Auswahl *mit* Beachtung der Reihenfolge) erzeugen wir *k-Tupel* oder *k-Permutationen*. Welche mathematischen Objekte ergeben sich beim Ziehen mit *ungeordneter* Ablage (Auswahl *ohne* Beachtung der Reihenfolge)? Es sind Objekte, bei denen es nur darauf ankommt, welche Elemente sie enthalten, nicht jedoch, in welcher Reihenfolge diese angeordnet sind (gezogen wurden). Hier denken wir sofort an *Mengen*, bei denen die Reihenfolge der Elemente ja ebenfalls keine Rolle spielt.

Das ist auch richtig, allerdings nur beim Ziehen *ohne* Wiederholung, bei dem also kein Element mehrfach vorkommen (gezogen werden) kann – wie das auch bei Mengen der Fall ist. (Wir könnten zwar ein Element mehrfach in eine Menge schreiben, aber das würde die Menge nicht ändern: $\{a,b,c,d,a\} = \{a,b,c,d\}$. Denn es nicht relevant, *wie oft* ein Element in einer Menge vorkommt, sondern allein, *dass* es vorkommt.) Die Objekte dagegen, die beim Ziehen *mit* Wiederholungsmöglichkeit entstehen, sind gewissermaßen ,Mengen mit Mehrfachoption'; in ihnen können Elemente auch mehr als einmal auftreten. Man hat ihnen daher die Bezeichnung *Multimengen* gegeben. (Wir werden sie später noch näher betrachten, s. S. 39, 49).

4a Auswahl ohne Wiederholungsmöglichkeit = Ziehen ohne Zurücklegen

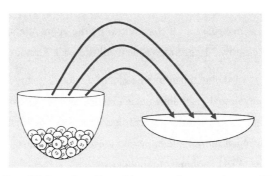

k-maliges Ziehen ohne Zurücklegen und ungeordnetes Ablegen
= Ziehen einer k-Teilmenge

- Da die gezogenen Kugeln nicht zurückgelegt werden, können sie in der Ablage verbleiben und brauchen nicht notiert zu werden.

- Da keine Kugel mehrmals gezogen werden kann, und da egal ist, in welcher Reihenfolge die Kugeln gezogen wurden, entspricht diese Ziehungsart der *Auswahl einer k-Teilmenge aus einer n-Menge* (nämlich aus der Menge der in der Urne vor dem Ziehen vorhandenen n Kugeln.) Zur Vereinfachung wollen wir für eine Menge bzw. Teilmenge mit m Elementen die Kurzbezeichnung ‚m-Menge' bzw. ‚m-Teilmenge' verwenden.

Die kombinatorische Frage *Wie viele Auswahlen ‚k aus n' ohne Wiederholungsmöglichkeit und ohne Beachtung der Reihenfolge gibt es?* können wir daher auch so formulieren: *Wie viele k-Teilmengen hat eine n-Menge?*

Wir können uns die Antwort erst einmal leicht machen, indem wir einfach einen eigenen Namen und ein eigenes Symbol für diese Anzahl definieren:

> **Definition *Binomialkoeffizient***
> Die Anzahl der k-Teilmengen einer n-Menge heißt *Binomialkoeffizient ‚n über k'* oder ‚k aus n', symbolisch: $\binom{n}{k}$.

Aber damit schieben wir die Antwort auf unsere Frage nur ein wenig auf. Wir wollen natürlich wissen, wie wir den Term $\binom{n}{k}$ berechnen können. Wir brauchen für ihn eine *Formel*.

(Manche definieren $\binom{n}{k}$ direkt als Abkürzung dieser Formel. Uns erscheint die Definition als Anzahl und erst im zweiten Schritt die Herleitung einer Formel dafür aber als der natürliche Weg.) Diese Formel können Sie selbst finden, wenn Sie die folgenden Übungen bearbeiten.

Übungen

1. Erklären Sie noch einmal den Unterschied zwischen der *echten Dreier-Wette* beim Pferde-rennen und der *alternativen Dreier-Wette*. Wieso ist die echte Wette 6-mal so schwer zu gewinnen wie die alternative? Begründen Sie ausführlich den Faktor 6.

2. Beim *Lotto ,6 aus 49'* wird eine 6-Teilmenge einer 49-Menge gezogen. Zwar werden die 6 Zahlen nicht ,alle auf einmal', sondern nacheinander gezogen, also in einer bestimmten Reihenfolge. Doch auf diese Ziehungsreihenfolge kommt es nicht an. Wie viele verschie-dene Ziehungsreihenfolgen führen alle auf exakt dieselben Gewinnzahlen?

   Es seien (jeweils ohne Wiederholungsmöglichkeit)

   N_{ohne} = Anzahl der Auswahlen ,6 aus 49' *ohne* Beachtung der Reihenfolge

   N_{mit} = Anzahl der Auswahlen ,6 aus 49' *mit* Beachtung der Reihenfolge

   Geben Sie einen Term für N_{mit} an. Ebenso eine Gleichung zwischen N_{mit} und N_{ohne}. Nun können Sie auch einen Term für N_{ohne} angeben. Denken Sie daran: Dies ist ein Binomialkoeffizient (s.o.).

3. Verallgemeinern Sie nun Ihre Überlegungen: Finden Sie eine Formel für $\binom{n}{k}$.

 Lesen Sie erst weiter, nachdem Sie die Übungen bearbeitet haben.

Lösungen

Zu 1: Bei der *alternativen* Dreier-Wette muss man lediglich die ersten drei einlaufenden Pferde richtig voraussagen; die Reihenfolge, in der sie sich auf die Plätze 1, 2, 3 verteilen, ist unwichtig. Formal formuliert: Man muss die richtige *3-Teilmenge* der Menge aller n am Ren-nen teilnehmenden Pferde angeben. Nach unserer Definition gibt es $\binom{n}{3}$ solcher Teilmengen. Bei der *echten* Dreier-Wette gewinnt man dagegen nur, wenn man die richtigen drei Pferde, und dazu noch in der richtigen *Reihenfolge* angibt. Formal: Wir gewinnen die echte Wette nicht schon dann, wenn wir die richtige 3-Teilmenge $\{A, B, C\}$, sondern nur, wenn wir die richtige unter den sechs *Permutationen* (A, B, C), (A, C, B), (B, A, C), (B, C, A), (C, A, B), (C, B, A) angeben. Wie viele verschiedene Belegungen der Plätze 1, 2, 3 sind bei n Pferden theoretisch möglich? Da es insgesamt $\binom{n}{3}$ verschiedene 3-Teilmengen gibt, und da jede dieser 3-Teil-mengen auf jeweils 3! verschiedene Arten angeordnet werden kann, gibt es dafür insgesamt $3! \cdot \binom{n}{3}$ verschiedene Möglichkeiten.

Zu 2: Auf einem Lottoschein mit ,Sechs Richtigen' ist weder zu erkennen, in welcher Reihenfolge die sechs Zahlen angekreuzt, noch in welcher sie gezogen worden sind. Die

Reihenfolge spielt beim *Lotto '6 aus 49'* einfach keine Rolle. Zum großen Gewinn genügt es völlig, die richtige 6-Teilmenge der Zahlenmenge von 1 bis 49 anzukreuzen. Die Anzahl dieser Teilmengen haben wir in unserer Definition mit $\binom{49}{6}$ bezeichnet; dies ist die Zahl N_{ohne}:

$$N_{ohne} = \binom{49}{6}$$

Diesen Term können wir berechnen, indem wir einen kleinen Umweg gehen: Wir bringen als Trick die Reihenfolge der gezogenen Zahlen ins Spiel, obwohl sie für das Lotto-Spiel irrelevant ist; denn für die kombinatorische Analyse des Terms $\binom{49}{6}$ ist sie nützlich. An dieser Stelle kommt die Zahl N_{mit} ins Spiel. Wir können sie bestimmen, indem wir unsere letzte Überlegung bei der *Dreier-Wette* auf den Fall *Lotto* anpassen: Statt n Pferden gibt es nun 49 Zahlen; statt der Plätze 1, 2, 3 des Pferdeeinlaufs gibt es nun die Plätze 1 bis 6 der gezogenen Zahlen.

Wie viele verschiedene Belegungen der Plätze 1 bis 6 sind bei 49 Zahlen theoretisch möglich? Da es insgesamt $\binom{49}{6}$ verschiedene 6-Teilmengen gibt, und da jede dieser 6-Teilmengen auf jeweils 6! verschiedene Arten angeordnet werden kann, gibt es dafür insgesamt $6! \cdot \binom{49}{6}$ verschiedene Möglichkeiten. (Da wir die Überlegung gleich erneut nutzen werden, wollen wir kurz noch einmal erläutern, wie hier die Zahl 6! zustande kommt: Bei einer Permutation von sechs Objekten stehen für den 1. Platz alle sechs zur Verfügung, für den 2. Platz nur noch die fünf restlichen – Schritt für Schritt eine weniger, bis zum 6. Platz, für den nur noch eine letzte Zahl übrig ist. Nach der Produktregel gibt es mithin $6 \cdot 5 \cdot 4 \cdot 3 \cdot 2 \cdot 1 = 6!$ verschiedene Reihenfolgen für sechs verschiedene Objekte.) Damit gilt für die Zahl N_{mit}, also für die Anzahl der Auswahlen '6 aus 49' *mit* Beachtung der Reihenfolge:

$$N_{mit} = 6! \cdot \binom{49}{6} = 6! \cdot N_{ohne} \quad \text{bzw.} \quad N_{ohne} = \frac{N_{mit}}{6!}$$

N_{ohne} ist die Anzahl der 6-*Teilmengen* der Menge $\{1,...,49\}$, N_{mit} die aller 6-*Permutationen* dieser Menge, also aller 6-*Tupel* mit lauter verschiedenen Elementen aus $\{1,...,49\}$. In der letzten Formel haben wir einen Zusammenhang zwischen beiden Zahlen hergestellt. Erfreulicherweise können wir für N_{mit} eine weitere Formel aufstellen, aus der wir sofort eine Formel für N_{ohne} gewinnen können. Dazu überlegen wir analog zu eben: Um eine 6-Permutation der beschriebenen Art herzustellen, stehen für den 1. Platz alle 49 Zahlen zur Verfügung, für den 2. Platz nur noch 48 usw., immer eine weniger, bis zum 6. Platz, für den noch 44 Zahlen übrig sind. (Beachten Sie bei solchen Schrittfolgen immer die *Invariante*; hier lautet sie: Die Summe aus Platznummer und Anzahl der Restzahlen ist stets 50). Nach der Produktregel ist also $N_{mit} = 49 \cdot 48 \cdot 47 \cdot 46 \cdot 45 \cdot 44 = 49^{\underline{6}}$. Mit der Formel oben gilt daher:

$$\binom{49}{6} = N_{ohne} = \frac{N_{mit}}{6!} = \frac{49^{\underline{6}}}{6!} = \frac{49 \cdot 48 \cdot 47 \cdot 46 \cdot 45 \cdot 44}{6 \cdot 5 \cdot 4 \cdot 3 \cdot 2 \cdot 1}$$

Beachten Sie, dass Binomialkoeffizienten *Anzahlen* (von Teilmengen) sind, also natürliche Zahlen. Daraus folgt, dass der Bruch auf der rechten Seite vollständig kürzbar sein muss. Dies gilt allgemein. Will man Binomialkoeffizienten ‚von Hand' ausrechnen, sollte man daher stets den Nenner ‚wegkürzen', bevor man weiterrechnet; das ist immer möglich.

Zu 3: Unsere Überlegung von Teil 2 können wir leicht verallgemeinern. Vergessen wir Lotto und Pferdewetten und denken wir ganz allgemein an eine *n*-Menge *U* (wie Urne). Wie viele verschiedene *k*-Teilmengen hat sie? Dies ist die Zahl N_{ohne} (Anzahl der Auswahlen ‚*k* aus *n*' ohne Beachtung der Reihenfolge und ohne Wiederholungsmöglichkeit). Nach Definition der Binomialkoeffizienten ist

$$N_{ohne} = \binom{n}{k}$$

Diese Zahl bestimmen wir wieder, indem wir den Weg über N_{mit} (Anzahl der Auswahlen ‚*k* aus *n*' *mit* Beachtung der Reihenfolge und ohne Wiederholungsmöglichkeit) gehen. Die Zahl N_{mit} können wir wieder auf zweierlei Weisen bestimmen. Zum einen wieder mit der Formel

$$N_{mit} = n^{\underline{k}}$$

Zum anderen über unsere schon erprobte Überlegung: N_{mit} ist die Zahl aller *k*-Permutationen $(a_1, a_2, \ldots, a_k)$ über der Menge *U*. Wenn wir die Gesamtheit aller dieser Tupel konstruieren wollen, können wir so vorgehen, dass wir zunächst die *k* Elemente auswählen, d.h. die entsprechende *k*-Teilmenge $\{a_1, a_2, \ldots, a_k\}$ von *U*, und dann diese *k* Elemente in eine von den insgesamt $k! = k \cdot (k-1) \cdot \ldots \cdot 1$ möglichen Reihenfolgen bringen. Die Anzahl der *k-Permutationen ohne Wiederholung über der n-Menge U* muss daher *k*!-mal so groß sein wie die Anzahl der *k-Teilmengen von U*, also

$$N_{mit} = k! \cdot N_{ohne} = k! \cdot \binom{n}{k}$$

Aus beiden Formeln für N_{mit} folgt unmittelbar $n^{\underline{k}} = k! \cdot \binom{n}{k}$ und damit der folgende Satz:

Satz *Explizite Formel für Binomialkoeffizienten*

Für natürliche Zahlen $n \geq k \geq 0$ gilt: $\binom{n}{k} = \dfrac{n^{\underline{k}}}{k!} \left(= \dfrac{n^{\underline{k}}}{k^{\underline{k}}} \right)$

Da nach Definition von $\binom{n}{k}$ die Zahlen *n* und *k* Mächtigkeiten sind und *k* die einer Teilmenge einer *n*-Menge ist, muss $n \geq k \geq 0$ sein. Wegen $k! = k^{\underline{k}}$ gilt auch der alternative Term in der Klammer, der die Symmetrie der Formel betont. Da jede *n*-Menge (für alle $n \geq 0$) genau *eine* 0-elementige Teilmenge hat (nämlich die leere Menge), ist $\binom{n}{0} = 1$. Damit die Formel diesen Wert liefert (und für $k = 0$ überhaupt definiert ist), legen wir fest: $1 = 0! = n^{\underline{0}} \left(= n^{\overline{0}} = n^0 \right)$.

4b Auswahl mit Wiederholungsmöglichkeit = Ziehen mit Zurücklegen

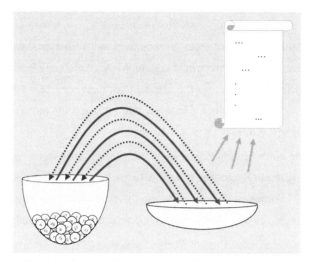

k-maliges Ziehen mit Zurücklegen und ungeordnetes Ablegen
= Ziehen einer k-Multimenge

- Da die gezogenen Kugeln zurückgelegt werden, müssen wir sie notieren. Da die Ziehungs-reihenfolge nicht beachtet wird, muss sie beim Notieren nicht erkennbar bleiben. (Um dies zu unterstreichen, können wir die Namen demonstrativ ‚kreuz und quer‘ auf einem Zettel notieren).

- Die Urne ist nach jedem Ziehen einer Kugel wieder im Ausgangszustand. Da folglich jede Kugel auch mehrmals gezogen werden kann, und da die Reihenfolge der Ziehungen egal ist, handelt es sich bei dieser Ziehungsart um eine Auswahl *mit* Wiederholungsmöglichkeit und *ohne* Beachtung der Reihenfolge. Wenn wir die Menge der Kugeln in der Urne mit U bezeichnen, dann ist die Auswahl also weder eine *Teilmenge* von U (darin dürfte kein Element wiederholt vorkommen) noch ein *Tupel* bzw. eine *Permutation* mit Elementen aus U (dabei wäre die Reihenfolge relevant). Vielmehr ist die Auswahl eine Multimenge; ge-nauer: eine *k-Multimenge über der n-Menge U*.

Multimengen

Liegen in der Urne die vier Kugeln a,b,c,d, so könnten wir bei 6-maligem Ziehen nachein-ander z.B. die Kugeln a,b,a,a,c,b ziehen, oder auch b,b,a,a,a,c. Da die Reihenfolge nicht beachtet werden soll, müssen wir beide Ziehungen als identisch ansehen; denn sie enthalten beide dieselben Elemente a,b,c und jeweils gleich oft: dreimal a, zweimal b und einmal c. Eine andere Ziehung wäre dagegen a,b,a,b,c,b, in der zwar dieselben Elemente vorkommen, jedoch mit abweichenden Häufigkeiten.

Die Auswahlen, die bei diesen drei Ziehungen entstehen, sind mathematische Objekte von der Art, die wir zuvor als ‚Mengen mit Mehrfachoption‘ bezeichnet haben. Präzise formuliert handelt es sich in diesem Fall um *6-Multimengen über der 4-Menge* $\{a,b,c,d\}$. Bei der Mächtigkeit von Multimengen wird jedes Vorkommen jedes Elements einzeln gezählt. Wir schreiben Multimengen hier zur Unterscheidung von Mengen nicht mit geschweiften, sondern mit eckigen Klammern: $[a,b,a,a,c,b], [b,b,a,a,a,c], [a,b,a,b,c,b]$. Zwei Multimengen sind genau dann gleich, wenn sie dieselben Elemente, und zwar jeweils in derselben Anzahl enthalten: $[a,b,a,a,c,b] = [b,b,a,a,a,c] \neq [a,b,a,b,c,b]$.

Treten alle Elemente einer Multimenge jeweils nur einfach auf, so ist sie eine (‚normale‘) Menge: $[a,b,c,d] = \{a,b,c,d\}$, jedoch $[a,b,c,d,a] \neq \{a,b,c,d\}$. Mengen sind also spezielle Multimengen. Als Multimenge *über einer Menge M* bezeichnen wir eine Multimenge, die ausschließlich Elemente von *M* enthält – nicht unbedingt alle und evtl. mehrfach. (Im zusammenfassenden Abschnitt *6 Überblick: Zentrale Begriffe*, S. 48, werden wir auf Multimengen noch einmal näher eingehen.)

Die Definition von Multimengen ist so angelegt, dass der folgende Satz erfüllt ist:

> **Satz *Multimengen im Urnenmodell***
> Das *k*-malige Ziehen aus einer Urne mit *n* Kugeln mit Zurücklegen und ungeordnetem Ablegen (= Auswahl ‚*k* aus *n*‘ mit Wiederholungsmöglichkeit und ohne Beachtung der Reihenfolge) bestimmt eine *k-Multimenge über einer n-Menge*.

Die Anzahl der k-Multimengen einer n-Menge

Die wichtigste Frage dieses Abschnitts ist natürlich: Wie viele Auswahlen ‚*k* aus *n*‘ mit Wiederholungsmöglichkeit und ohne Beachtung der Reihenfolge gibt es? Kurz: *Wie viele k-Multimengen hat eine n-Menge?* Am besten denken Sie auch hier wieder zuerst einmal selbst nach. Werfen Sie dazu einen Blick auf die sechs Beispiele vom Beginn dieses Kapitels – Dreier-Wette, Lotto, Klassensprecherwahl usw. Welches von diesen Beispielen passt hierher? Bei welchem können Sie die Auswahl handlungsorientiert modellieren durch *k*-maliges Ziehen aus einer *n*-Urne mit Zurücklegen und mit ungeordnetem Ablegen?

Da die Antwort hier vielleicht nicht ganz so offensichtlich ist, ein kleiner Tipp: Wenden Sie zunächst die Methode von Sherlock Holmes an: „Wenn du das Unmögliche ausgeschlossen hast, dann ist das, was übrig bleibt, die Wahrheit, wie unwahrscheinlich sie auch ist" (Arthur Conan Doyle: *The Adventure of the Beryl Coronet*). Da eines der Beispiele das passende ist (versprochen!), werden Sie es herausfinden, indem Sie alle Beispiele ausschließen, die sicher *nicht* hierher passen. Beschreiben Sie sodann für dieses Beispiel eine handlungsorientierte Modellierung.

 Lesen Sie erst weiter, nachdem Sie hierüber eingehend nachgedacht haben.

Bei Dreier-Wette, Lotto und Klassensprecherwahl sind, wie wir gesehen haben, Wiederholungen nicht möglich. Beim Kombinationsschloss sind zwar Wiederholungen möglich, aber dort kommt es auf die Reihenfolge an. Alle diese Beispiele passen also nicht hierher. Damit bleibt nur noch der *Einkauf im Weinladen*: Aus dem Angebot von 4 Sorten wählen wir 10 Flaschen aus. Daher muss die Auswahl mit Wiederholungen erfolgen, da wir sonst höchstens 4 Flaschen kaufen könnten. Und wie wir bereits überlegt haben, legen wir die Flaschen zwar in irgendeiner Reihenfolge in den Einkaufswagen, doch spätestens zuhause haben wir diese Reihenfolge vergessen, weil sie für uns eben nicht wichtig ist. Wichtig ist nur, wie viele Flaschen von der jeweiligen Sorte wir gekauft haben. Wir sehen, dieses Beispiel passt. Unser Einkauf ist in jedem Fall eine 10-Multimenge über der 4-Menge der Weinsorten. Wenn wir für jede Flasche, die wir in den Einkaufswagen legen, die Sorte A, B, C bzw. D notieren, so könnte dies zum Beispiel die Multimenge $[A, A, A, B, B, C, C, C, D, D]$ sein oder für denselben Einkauf auch $[A, A, B, B, A, C, D, C, D, C]$, falls wir etwas weniger systematisch ausgewählt hätten und zwischen den Regalen mehrmals hin- und hergegangen wären. Beide Einkäufe sind aber gleich, denn beide umfassen jeweils drei Flaschen von den Sorten A und C sowie je zwei von B und D. Dazu passt, dass die beiden unterschiedlichen Schreibweisen ja auch dieselbe Multimenge $[A, A, A, B, B, C, C, C, D, D] = [A, A, B, B, A, C, D, C, D, C]$ bezeichnen.

Die Frage ist nun: Wie können wir die Gesamtzahl aller verschiedenen Einkaufsmöglichkeiten bestimmen? Eine Idee entsteht auch hier aus konkretem Handeln, zumindest aus der Vorstellung davon (*vorgestelltes Handeln* ist wie gesagt eine oft erfolgreiche Denkstrategie, s. S. 26).

Nehmen wir einmal an, die Flaschen hätten kein Etikett und wären alle nicht voneinander zu unterscheiden, alle in Form und Farbe genau gleich. Wie könnten wir dann sicherstellen, dass wir trotzdem zuhause noch von jeder Flasche genau wissen, zu welcher Sorte sie gehört? Wir könnten für jede Sorte einen eigenen Karton nehmen und nur die Flaschen dieser Sorte hineinlegen. Und wenn nur völlig gleich aussehende Kartons zur Verfügung stehen? Dann könnten wir sie nummerieren oder mit der Sorte beschriften. Und wenn wir nichts zum Schreiben zur Hand haben? Dann könnten wir die Kartons einfach nebeneinander stellen, zum Beispiel alphabetisch nach Sorte geordnet: der linke für die Sorte A, dann der Reihe nach die Sorten B, C, D. So stellen wir die Kartons in den Kofferraum, und so stellen wir sie zuhause ins Regal, stets in genau dieser Reihenfolge.

Das Trennstrichmodell

Damit haben wir die Grundidee für eine Methode, mit der wir die Gesamtzahl aller Einkaufsmöglichkeiten bestimmen können. Diese Idee könnte ‚Kartonmodell' heißen, doch sie heißt
‚Trennstrichmodell'. Und das hat einen einfachen Grund: Wir abstrahieren von den Kartons,
indem wir alles weglassen, was zum Zählen unwichtig ist. Dass es Kartons mit vier Wänden
und einem Boden sind, ist für den Transport wichtig, doch nicht für das Zählen (die Deckel
haben wir in Gedanken ja bereits weggelassen). Wir müssen nur wissen, wo eine Sorte
anfängt und wo sie aufhört. In unserem Modell lassen wir alles fort, was wir zum Trennen der
einzelnen Sorten nicht unbedingt brauchen. Werfen Sie einen Blick auf die Abbildung:

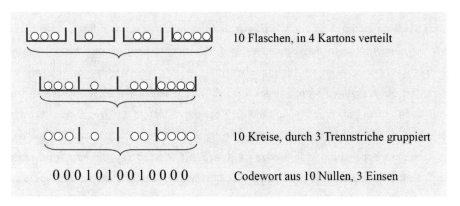

*Das Trennstrichmodell für einen Einkauf von 10 Flaschen aus 4 Sorten:
Schrittweise Abstraktion von Kartons über Trennstriche zum 0-1-Codewort*

Trainingsfragen

1. Wie viele Trennstriche bzw. Einsen braucht man bei n Sorten (= n Kugeln in der Urne)?

2. Wie lang sind die 0-1-Wörter allgemein bei einer Auswahl ‚k aus n'? Wie viele Nullen,
   wie viele Einsen haben sie?

3. Codiert das Wort 1100001000000 auch einen Einkauf? Wenn ja, welchen?

4. Codiert jedes Wort mit drei Einsen und zehn Nullen einen Einkauf? Genau einen?

5. Durch welches 0-1-Wort wird der Einkauf ‚je fünf Flaschen von Sorte C und D, sonst
   nichts' (bei insgesamt 4 Sorten A, B, C, D) codiert?

6. Gibt es zu jedem Einkauf von zehn Flaschen aus vier Sorten ein Codewort? Genau eines?

7. Beschreiben Sie genau, wie die Einkäufe mit den Codewörtern 1010101010, 111000011
   und 11010110 jeweils aussehen. Aus wie vielen Sorten und wie vielen Flaschen von jeder
   Sorte besteht der Einkauf?

Lesen Sie erst weiter, nachdem Sie die Fragen beantwortet haben.

Lösungen

Zu 1: Für jede Sorte verwenden wir einen eigenen Karton; wir brauchen also n Kartons. Wenn wir die Kartons eng aneinander schieben, gibt es insgesamt $n+1$ senkrechte Trennwände (s. Abb.) und zunächst ebenso viele Trennstriche. Da wir die beiden äußeren Trennstriche links und rechts fortlassen, bleiben noch $n-1$ Trennstriche bzw. Einsen (1 weniger als Kartons).

Zu 2: Jede gezogene Kugel (gewählte Flasche) wird durch genau eine Null repräsentiert; das Codewort hat also k Nullen und wie gerade überlegt $n-1$ Einsen.

Zu 3: In jedem Codewort markiert die erste Eins von links die Grenze zwischen erstem und zweitem Karton. Ebenso die letzte Eins diejenige zwischen vorletztem und letztem Karton. Folgen zwei Einsen unmittelbar aufeinander, so befindet sich in dem von beiden eingegrenzten Karton keine Flasche. Das Wort 1100001000000 (drei Einsen) codiert einen Einkauf aus vier Sorten mit insgesamt zehn Flaschen: vier von Sorte 3 und sechs von Sorte 4.

Zu 4: Jedes Wort mit n Einsen und k Nullen codiert einen Einkauf von k Flaschen aus $n+1$ Sorten. Durch die Verteilung der Nullen zwischen den Einsen können wir wie beim Beispiel eben exakt rekonstruieren, wie viele Flaschen in jedem einzelnen der $n+1$ Kartons liegen. Jedes Codewort codiert also genau einen Einkauf (wie auch jeder Einkauf durch genau ein Codewort codiert wird; die Codierung ist also ‚umkehrbar eindeutig‘, s.u.).

Zu 5: Das Wort 1100001000000 von eben codierte einen Einkauf von vier Flaschen von Sorte 3 (bzw. C) und sechs von Sorte 4 (bzw. D) und ‚sonst nichts‘. Ganz analog ist das Codewort für ‚je fünf Flaschen von Sorte C und D, sonst nichts‘ also 1100000100000.

Zu 6: Jeder Einkauf von k Flaschen aus n Sorten entspricht einer Verteilung von k Flaschen auf n Kartons. Eine solche Verteilung wird durch ein Codewort mit $n-1$ Einsen codiert; ist k_i die Anzahl der Flaschen im i-ten Karton, so wird dies durch k_i Nullen codiert: Für $i=1$ stehen diese Nullen links von der ersten Eins; für $i=n$ stehen sie rechts von der letzten Eins; in den übrigen Fällen stehen sie links von der i-ten Eins und rechts von der Eins davor. Es gibt also zu jedem Einkauf stets genau ein zugehöriges Codewort.

Zu 7: 1010101010: Fünf Flaschen aus sechs Sorten, von der ersten keine, sonst jeweils eine. 111000011: Vier Flaschen aus sechs Sorten, alle von Sorte 4. 11010110: Drei Flaschen aus sechs Sorten, jeweils eine von Sorte 3, 4 und 6.

Verallgemeinerung

Nun abstrahieren wir von Weinladen und Flaschen und stellen uns eine Urne mit n Kugeln vor, nummeriert von 1 bis n. Sie stehen für die n Weinsorten, aus denen wir eben unseren Einkauf zusammengestellt hatten. Aus dieser Urne ziehen wir k-mal mit Zurücklegen und ungeordneter Ablage. Da wir zurücklegen, müssen wir uns die Ablage irgendwie merken.

Zum Beispiel handlungsorientiert mit Hilfe von Kartons und Tischtennisbällen: Für jede Kugel in der Urne stellen wir einen Karton auf, von links nach rechts nebeneinander; der i-te Karton von links repräsentiert die Kugel mit der Nummer i; nun ziehen wir k-mal; für jede gezogene Kugel mit der Nummer i legen wir zum Merken einen Tischtennisball (nicht die gezogene Kugel, die legen wir ja zurück) in den i-ten Karton von links. Die Kartons brauchen nicht markiert zu sein, sie sind allein schon durch ihre Position identifizierbar. Die Tischtennisbälle sind alle nicht unterscheidbar.

Die Idee des Trennstrichmodells ist nun, dass wir noch weiter abstrahieren können: Wir verzichten auch auf Kartons und Bälle. Wir codieren jede Auswahl ‚k aus n‘ einfach durch ein *umkehrbar eindeutiges 0-1-Wort aus k Nullen und $n-1$ Einsen*:

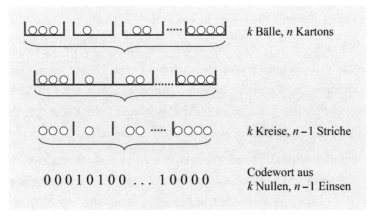

Das Trennstrichmodell allgemein:
Die Verteilung von k Bällen auf n Kartons wird umkehrbar
eindeutig durch ein 0-1-Codewort ausgedrückt

‚Umkehrbar eindeutig‘ heißt: Zu jeder Auswahl ‚k aus n‘ gibt es genau ein 0-1-Wort mit k Nullen und $n-1$ Einsen, und umgekehrt gibt es auch zu jedem 0-1-Wort mit k Nullen und $n-1$ Einsen genau eine Auswahl ‚k aus n‘. Mit anderen Worten: Die Codierung definiert eine Bijektion zwischen der Menge der Auswahlen und der Menge der 0-1-Wörter. Nach der *Gleichheitsregel* (vgl. S. 19) wissen wir daher, dass es ebenso viele Auswahlen ‚k aus n‘ wie 0-1-Wörter mit k Nullen und $n-1$ Einsen geben muss.

Die Anzahl der 0-1-Wörter mit k Nullen und $n-1$ Einsen können wir aber einfach bestimmen: Dies sind die 0-1-Wörter der Länge $n+k-1$, die an $n-1$ Stellen eine Eins haben. Um ein solches Wort zu bilden, können wir also zunächst diese $n-1$ Stellen aus den insgesamt $n+k-1$ Stellen auswählen, diese mit Einsen besetzen und den Rest mit Nullen. Mit der Auswahl der $n-1$ Stellen aus den insgesamt $n+k-1$ Stellen ist das Wort also bereits festgelegt.

Eine solche Auswahl ist aber nichts anderes als die Auswahl einer $(n-1)$-Teilmenge aus einer $(n+k-1)$-Menge (nämlich der Stellen im Wort). Deren Zahl haben wir bereits bestimmt, sie ist:

$$\binom{n+k-1}{n-1} = \binom{n+k-1}{k}$$

Die rechte Seite dieser Gleichung ergibt sich, wenn wir nicht zuerst die $n-1$ Einser-Stellen auswählen (die restlichen sind dann für die Nullen), sondern umgekehrt zuerst die k Nullen-Stellen (die restlichen für die Einsen). Auf beiden Wegen konstruieren wir jeweils sämtliche 0-1-Wörter mit k Nullen und $n-1$ Einsen (also der Länge $n+k-1$). Deren Gesamtzahl geben sowohl der linke wie der rechte Binomialkoeffizient oben an; sie müssen daher gleich sein.

Übrigens: Die letzte Gleichung ist ein Spezialfall des *Symmetriegesetzes* für Binomialkoeffizienten (wir kommen im Kapitel über das Pascalsche Dreieck darauf zurück). Es lautet:

$$\binom{a+b}{a} = \binom{a+b}{b} \text{ bzw. } \binom{c}{d} = \binom{c}{c-d}$$

> oben steht jeweils dasselbe; die Summe der unteren Zahlen ergibt die obere

Eine ‚elegantere' Formel

Wir haben gesehen, dass $\binom{n}{k} = \dfrac{n^{\underline{k}}}{k!}$ ist. Gibt es eine ähnliche Formel nicht auch für den recht unhandlichen Term

$$\binom{n+k-1}{k} ?$$

Ja, die gibt es tatsächlich, und das sehen wir so: Um Verwirrung mit Variablen zu vermeiden, schreiben wir zunächst einmal $\binom{n}{k} = \dfrac{n^{\underline{k}}}{k!}$ mit neuen Variablen $a,b: \binom{a}{b} = \dfrac{a^{\underline{b}}}{b!}$. Damit gilt für $a = n+k-1$ und $b = k$:

$$\binom{n+k-1}{k} = \frac{(n+k-1)^{\underline{k}}}{k!}$$

und weiter:

$$\frac{(n+k-1)^{\underline{k}}}{k!} = \frac{\overbrace{(n+k-1) \cdot (n+k-2) \cdot \ldots \cdot (n+k-k)}^{k \text{ Faktoren}}}{k!} = \frac{\overbrace{(n+k-1) \cdot (n+k-2) \cdot \ldots \cdot n}^{k \text{ Faktoren}}}{k!} = \ldots$$

Der Zähler besteht aus der *fallenden Faktoriellen* von $k+n-1$ der Länge k. Der letzte Faktor ist $n+k-k$, also n. Aber dann ist der Zähler rückwärts gelesen nichts anderes als die *steigende Faktorielle* von n, ebenfalls mit Länge k. (Machen Sie sich das kurz an einem Beispiel klar: $13^{\underline{4}} = 13 \cdot 12 \cdot 11 \cdot 10 = 10 \cdot 11 \cdot 12 \cdot 13 = 10^{\overline{4}}$) Damit können wir die Gleichungskette fortsetzen:

$$\ldots \quad = \frac{\overbrace{n \cdot \ldots \cdot (n+k-2) \cdot (n+k-1)}^{k \text{ Faktoren}}}{k!} = \frac{n^{\overline{k}}}{k!} \quad .$$

Wir fassen zusammen:

Satz *Anzahl der Multimengen*

Die Anzahl der *k-Multimengen* einer *n-Menge* ist $\dbinom{n+k-1}{k} = \dfrac{n^{\overline{k}}}{k!}$.

Die Faktoriellen-Schreibweise zeigt mehr als die mit Binomialkoeffizienten

Werfen Sie einen Blick auf die untere Abbildung der nächsten Seite. Sie gibt einen Überblick über die vier Fälle des Urnenmodells, die vier verschiedenen Auswahlarten ‚k aus n‘. Bei den beiden Formeln in der linken Spalte fällt sofort eine Ähnlichkeit der Form auf: Sie unterscheiden sich ‚nur in einem Strich‘ und machen so schon optisch deutlich, dass die Fälle kombinatorisch eng verwandt sind. (Es sind nämlich beides *geordnete* Auswahlen; solche hat Leibniz in seiner erwähnten *Dissertatio* als *Variationen* bezeichnet).

Vergleichen Sie nun die beiden Formeln der rechten Spalte miteinander. Sie beziehen sich auf die beiden Fälle *ungeordneter* Auswahlen, die Leibniz *Kombinationen* nannte. In der Schreibweise mit Binomialkoeffizienten besteht die einzige Ähnlichkeit darin, dass beide Formeln eben Binomialkoeffizienten sind, mehr ist nicht zu erkennen.

Vergleichen Sie dagegen die beiden Formeln in Faktoriellen-Schreibweise: Sie unterscheiden sich allein noch durch die Position eines einzigen kleinen Strichs; Startzahl und Anzahl der Faktoren sind bei beiden gleich, in der einen steigen die Faktoren, in der anderen fallen sie. Jetzt wird erkennbar, dass die beiden Fälle ungeordneter Auswahlen gewissermaßen in *Symmetrie* zueinander stehen. Die Schreibweise mit Faktoriellen lässt uns tief in die kombinatorische Verwandtschaft der beiden Fälle ungeordneter Auswahlen blicken. Die Binomialkoeffizienten zeigen davon nichts, im Gegenteil: Der eine von ihnen ist einfach, der andere kompliziert, was einen Komplexitätsunterschied beider Fälle suggeriert, der kombinatorisch keineswegs vorhanden ist, sondern nur durch eine inadäquate Notation entsteht. Ein wirklich überzeugendes Argument für die Notation mit Faktoriellen!

5 Überblick: Urnenmodell

Begriff	*Handlung*
Auswahl von k Elementen einer n-Menge	Ziehen von k Kugeln aus einer Urne mit n Kugeln
mit Beachtung der Reihenfolge	geordnetes Ablegen: in nummerierte Fächer legen, in einer geordneten Liste notieren
ohne Beachtung der Reihenfolge	ungeordnetes Ablegen: in eine Schale legen, irgendwo auf einen Zettel notieren
mit Wiederholungsmöglichkeit	Ziehen mit Zurücklegen
ohne Wiederholungsmöglichkeit	Ziehen ohne Zurücklegen

Modellierung von Begriffen durch Handlungen

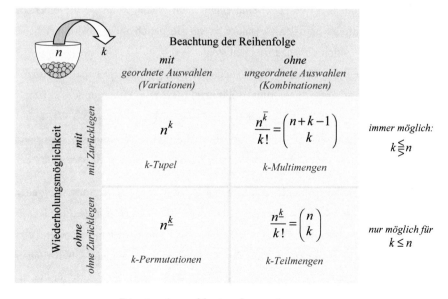

Die vier Auswahlarten ‚k aus n':
Wie viele Auswahlen gibt es jeweils und
welche mathematischen Objekte entstehen dabei?

6 Überblick: Zentrale Begriffe

Zum Training und als wiederholende Vertiefung betrachten wir im Folgenden die zentralen Begriffe zum Thema *Urnenmodell* noch einmal im Überblick.

Kombinationen Ungeordnete Auswahlen (Auswahlen ohne Beachtung der Reihenfolge) werden auch Kombinationen genannt. Die Leitfrage ist hier allein: Welche Elemente werden ausgewählt (welche Kugeln werden gezogen)? Die Reihenfolge ist nicht relevant. Wenn ohne Zurücklegen gezogen wird, dann sind die Kombinationen *Teilmengen* einer Menge; wird mit Zurücklegen gezogen, so sind sie *Multimengen* über einer Menge.

Variationen Geordnete Auswahlen (Auswahlen mit Beachtung der Reihenfolge) werden auch Variationen genannt. Hier ist die Leitfrage strenger: Welche Elemente werden ausgewählt (welche Kugeln werden gezogen) und in welcher Reihenfolge? Variationen sind stets Listen von Elementen (gezogenen Kugeln). Wenn mit Zurücklegen gezogen wird, dann sind diese Listen *Tupel* (mit Wiederholungsmöglichkeit); wird ohne Zurücklegen gezogen, so sind sie *Permutationen* (ohne Wiederholungsmöglichkeit).

Tupel Ein Tupel ist eine geordnete Liste von Elementen. Damit ist ausgedrückt, dass es auf die Reihenfolge ankommt, in der die Elemente angeordnet sind. In Tupeln können Elemente mehrfach vorkommen. Zwei Tupel sind genau dann gleich, wenn sie dieselben Elemente in derselben Reihenfolge enthalten; genauer: wenn sie gleich viele Positionen haben und bei beiden an jeder Position dasselbe Element steht.
Ein k-Tupel ist ein Tupel mit k Elementen. 2-Tupel, 3-Tupel, 4-Tupel, 5-Tupel bezeichnet man auch als Paare, Tripel, Quadrupel, Quintupel (usw.). Im Urnenmodell: k-Tupel über einer n-Menge (d.h. mit Elementen aus dieser) sind Auswahlen ,k aus n' mit Wiederholungsmöglichkeit und mit Beachtung der Reihenfolge. Beispiel: Die Kilometerstandsanzeige eines Autos zeigt ein 6-Tupel (mit Wiederholungsmöglichkeit) über der 10-Menge der Ziffern.

Permutationen Eine Permutation einer Menge M ist eine spezielle Anordnung aller Elemente von M. $\{a,b,c\}$ hat die sechs Permutationen $(a,b,c),(a,c,b),(b,a,c),(b,c,a),(c,a,b),(c,b,a)$. Eine Permutation *über einer Menge* M ist eine Anordnung der Elemente einer Teilmenge von M. Mit ,über' wird ausgedrückt, dass die Permutation zwar ausschließlich Elemente von M enthält, aber nicht unbedingt sämtliche. Man kann auch sagen: Eine Permutation ist ein Tupel, in dem kein Element mehrfach vorkommt.
Eine k-Permutation ist eine Permutation mit k Elementen (ein k-Tupel ohne Wiederholungen). Im Urnenmodell: k-Permutationen über einer n-Menge sind Auswahlen ,k aus n' ohne Wiederholung und mit Beachtung der Reihenfolge. Beispiel: Ein angekreuzter Tippschein für die

Dreier-Wette bei einem Pferderennen mit zehn Pferden bezeichnet eine 3-Permutation über der 10-Menge der Pferde.

Mengen Zwei Mengen sind genau dann gleich, wenn sie dieselben Elemente enthalten, egal in welcher Reihenfolge. $\{a,b,c\} = \{a,c,b\} = \{b,a,c\} = \{b,c,a\} = \{c,a,b\} = \{c,b,a\}$ sind nur unterschiedliche Schreibweisen für dieselbe Menge. Selbst die Notation $\{a,b,c,a\}$ wäre dafür möglich, denn auch in der so notierten Menge kommen nur die drei Elemente a,b,c vor. Ob in einer Menge ein Element mehrfach notiert wird, spielt keine Rolle. (Will man die Häufigkeit der Elemente berücksichtigen, betrachtet man Multimengen.)

Eine *k-Menge* ist eine Menge mit k Elementen; entsprechend ist eine *k-Teilmenge* eine Teilmenge mit k Elementen. Im Urnenmodell: k-Teilmengen einer n-Menge sind Auswahlen ‚k aus n' ohne Wiederholung und ohne Beachtung der Reihenfolge. Beispiel: Beim Lotto ‚6 aus 49' wird eine 6-Teilmenge einer 49-Menge angekreuzt.

Multimengen Wie bei Mengen ist auch bei *Multimengen* die Reihenfolge der Elemente nicht relevant. Anders als in Mengen können Elemente in Multimengen aber mehrfach vorkommen. Zwei Multimengen sind genau dann gleich, wenn sie dieselben Elemente und zwar jeweils mit derselben Häufigkeit enthalten. Beispiel: $[a,b,a,a,c,b] = [b,b,a,a,a,c]$; von beiden verschieden ist $[a,b,a,b,c,b]$. Entfernt man aus einer Multimenge alle ‚Doppelgänger', so dass jedes überhaupt vorkommende Element nur noch genau einmal vorkommt, so erhält man eine (‚normale') Menge, die als *Reduktion* der Multimenge bezeichnet wird. Die genannten Multimengen haben z. B. alle dieselbe Reduktion $\{a,b,c\}$.

Als Multimenge *über einer Menge M* bezeichnen wir eine Multimenge, die ausschließlich Elemente von M enthält (nicht unbedingt alle und evtl. mehrfach). Tritt in einer Multimenge kein Element mehrfach auf, so ist diese Multimenge zugleich eine (‚normale') Menge. Mengen sind also spezielle Multimengen: $[a,b,c,d] = \{a,b,c,d\}$. Eine Multimenge über einer Menge M lässt sich als Abbildung definieren, die jedem Element von M eine natürliche Zahl (einschließlich 0) zuordnet, die als die Häufigkeit interpretiert wird, mit der das Element in der Multimenge vorkommt.

Eine *Teilmultimenge* einer Multimenge M ist eine Multimenge, in der nur Elemente von M vorkommen, und zwar jeweils höchstens mit der Häufigkeit, mit der sie in M vorkommen.

Eine *k-Multimenge* ist eine Multimenge mit k Elementen. Bei Multimengen wird die Mächtigkeit nach der Häufigkeit gezählt, in der jedes Element darin auftritt. Die drei oben genannten Multimengen sind 6-Multimengen. Im Urnenmodell: k-Multimengen über einer n-Menge sind Auswahlen ‚k aus n' mit Wiederholungsmöglichkeit und ohne Beachtung der Reihenfolge. Beispiel: Der Einkauf von 10 Flaschen Wein in einem Laden, der 4 Sorten anbietet, ist eine 10-Multimenge über der 4-Menge der Sorten.

7 Überblick: Zentrale Formeln

Im Folgenden bezeichnen n,k natürliche Zahlen; a,b reelle Zahlen; M,N Mengen.

Die natürlichen Zahlen lassen wir hier mit 0 beginnen.

Fakultät

einfache Definition: $n! = n \cdot (n-1) \cdot \ldots \cdot 1$ (für $n > 0$)

Aus formalen Gründen erweitern wir die Definition auf den Fall $n = 0$: $0! = 1$

Definition durch Rekursion:

$$n! = \begin{cases} n \cdot (n-1)! & \text{für } n > 0 \\ 1 & \text{für } n = 0 \end{cases}$$

Faktorielle

Wir erweitern die Schreibweise von *Potenzen* (lauter gleiche Faktoren) auf *Faktorielle* (jeweils um 1 fallende bzw. steigende Faktoren):

Potenz: $n^k = \underbrace{n \cdot n \cdot \ldots \cdot n}_{k \text{ konstante Faktoren}}$ $(k > 0)$,n hoch k'

fallende Faktorielle: $n^{\underline{k}} = \underbrace{n \cdot (n-1) \cdot \ldots \cdot (n-k+1)}_{k \text{ fallende Faktoren}}$ $(n \geq k > 0)$,n hoch k fallend'

steigende Faktorielle: $n^{\overline{k}} = \underbrace{n \cdot (n+1) \cdot \ldots \cdot (n+k-1)}_{k \text{ steigende Faktoren}}$ $(k > 0)$,n hoch k steigend'

Aus formalen Gründen erweitern wir die Definition auf den Fall $k = 0$: $n^0 = n^{\underline{0}} = n^{\overline{0}} = 1$

Binomialkoeffizient

Definition: $\binom{n}{k} =$ Anzahl der k-Teilmengen einer n-Menge   ,n über k', ,k aus n'

explizite Formel: $\binom{n}{k} = \dfrac{n^{\underline{k}}}{k!}$

Wir vereinbaren analog eine bequeme Schreibweise für Mengen:

Definition: $\binom{N}{k} =$ Menge der k-Teilmengen der Menge N

elegante Formel: $\left| \binom{N}{k} \right| = \binom{|N|}{k}$ ($|M| =$ Mächtigkeit der Menge M)

Zusammenhänge

(1) $n! = n^{\underline{n}}$ *Fakultät → fallende Faktorielle*

(2) $n^{\underline{k}} = \dfrac{n!}{(n-k)!}$ *fallende Faktorielle → Fakultät*

(3) $\dbinom{n}{k} = \dfrac{n^{\underline{k}}}{k!} = \dfrac{n!}{k!(n-k)!}$ *Binomialkoeffizient → Fakultät*

(4) $n^{\overline{k}} = (n+k-1)^{\underline{k}}$ *steigende → fallende Faktorielle*

(5) $n^{\underline{k}} = (n-k+1)^{\overline{k}}$ *fallende → steigende Faktorielle*

(6) $\dbinom{n}{k} = \dbinom{n}{n-k}$ *Symmetriegesetz für Binomialkoeffizienten*

(7) $\dbinom{n-1}{k-1} + \dbinom{n-1}{k} = \dbinom{n}{k}$ *Additionsgesetz für Binomialkoeffizienten*

(8) $(a+b)^n = \dbinom{n}{0}a^n b^0 + \dbinom{n}{1}a^{n-1}b^1 + \dbinom{n}{2}a^{n-2}b^2 + ... + \dbinom{n}{n}a^0 b^n$ *Binomischer Lehrsatz*

(9) $\dbinom{n}{0} + \dbinom{n}{1} + ... + \dbinom{n}{n} = 2^n$ *Binomischer Lehrsatz, Spezialfall $a = b = 1$*

(10) $\dbinom{n}{0}^2 + \dbinom{n}{1}^2 + ... + \dbinom{n}{n}^2 = \dbinom{2n}{n}$ *Quadratsummenregel für Binomialkoeffizienten*

(11) $\dbinom{k}{k} + \dbinom{k+1}{k} + \dbinom{k+2}{k} + ... + \dbinom{n}{k} = \dbinom{n+1}{k+1}$ *Diagonalregel für Binomialkoeffizienten*

 Bestätigen Sie jede Formel auf dieser Seite an einfachen Zahlenbeispielen. Beweisen Sie sodann einige der Formeln.

8 Übungen

Vorweg ein Rat, der manche Frustrationen und Misserfolge ersparen kann: Wenden Sie bei der Lösung kombinatorischer Probleme niemals ‚einfach irgendeine Formel' an, die gerade gut zu passen scheint. Sind Sie sicher, dass sie passt? Wirklich?

Wir brauchen viel mehr als eine Formel: nämlich die Ideen, die hinter der Formel stecken. Wir brauchen die Überlegungen, die uns zu dieser Formel geführt haben. In diesen steckt die eigentliche Substanz unseres Denkens, und die müssen wir zur Lösung eines aktuellen Problems wieder reaktivieren. In Formeln ist unser kreatives Denken gewissermaßen eingefroren und haltbar gemacht. Wenn wir bei Hunger in die Tiefkühltruhe greifen, dann wissen wir, dass wir das Auftauen abwarten müssen. Diese Zeit müssen wir uns lassen.

1. Wie viele 6-Teilmengen hat eine Menge mit 49 Elementen?

2. Wie viele Teilmengen hat eine Menge mit 49 Elementen?

3. Wie viele verschiedene Möglichkeiten gibt es beim Lotto ‚6 aus 49', einen einzelnen Tipp anzukreuzen?

4. Wie viele verschiedene Tipps mit genau vier ‚Richtigen' gibt es beim Lotto ‚6 aus 49' pro Ausspielung? Wie viele mit mindestens vier ‚Richtigen'?

5. Die Anzahl der verschiedenen Möglichkeiten, beim Lotto ‚6 aus 49' einen Lottoschein auszufüllen, haben Sie eben berechnet. Nehmen wir an, die Spielregeln würden geändert und ab sofort müssten nicht mehr die *gezogenen* Zahlen angekreuzt werden, sondern alle *nicht* gezogenen Zahlen: Wie viele Möglichkeiten zum Ausfüllen gäbe es denn nun?

6. Eine Gruppe von n Personen soll aus ihren Reihen eine k-köpfige Delegation bestimmen. Wie viele verschiedene Delegationen sind möglich?

7. Wie viele Wörter aus zwei As und acht Bs gibt es? (Unter ‚Wort' verstehen wir hier jede Zeichenfolge, ob sie einen Sinn ergibt oder nicht.) Verallgemeinern Sie auf Wörter aus a As und b Bs.

8. Auf wie viele Arten (Reihenfolgen) können n Personen hintereinander an der Kinokasse anstehen?

9. Auf wie viele Arten können sich n Personen um einen runden Tisch setzen? Die Stühle sind nummeriert, und es soll relevant sein, wer auf welchem Stuhl sitzt.

10. Wir stellen die Frage von Übung 9 noch einmal. Aber nun wollen wir zwei Sitzordnungen als gleich ansehen, wenn bei beiden jede Person denselben rechten und denselben linken Nachbarn hat.

11. Frau A. hat drei Thermobecher eines angesagten Herstellers gewonnen, die sie an die zehn Schüler:innen ihrer Mathe-AG verlosen möchte. Die einfarbigen Becher sind genau formgleich und lassen sich allenfalls an der Farbe unterscheiden. Wie viele Verteilungen sind möglich, wenn die Becher

(a) rot, blau und grün   (b) alle weiß sind

und die Verlosung so abläuft, dass man

(A) auch mehrere   (B) höchstens einen Becher gewinnen kann?

 Lesen Sie erst weiter, nachdem Sie die Übungen bearbeitet haben.

Lösungen

Zu 1: Die Anzahl der k-Teilmengen einer n-Menge haben wir als den Binomialkoeffizienten ,n über k' bzw. ,k aus n' definiert. Später haben wir dafür eine Berechnungsformel hergeleitet. Mit dieser ergibt sich, dass eine 49-Menge 13.983.816 6-Teilmengen hat. (Im Urnenmodell entspricht eine 6-Teilmenge einer 49-Menge einer Auswahl ,6 aus 49' ohne Beachtung der Reihenfolge und ohne Wiederholungsmöglichkeit.)

Zu 2: Um eine bestimmte Teilmenge festzulegen, können wir so vorgehen: Wir gehen der Reihe nach alle 49 Elemente der Menge durch und entscheiden jedes Mal, ob das Element zur Teilmenge gehören soll oder nicht. Die Bestimmung einer Teilmenge besteht also aus einer Kette von 49 Einzelentscheidungen zwischen jeweils zwei Möglichkeiten. Nach der Produktregel (vgl. S. 20) gibt es insgesamt 2^{49} solcher Entscheidungsketten, also auch ebenso viele Teilmengen. Allgemein hat eine n-Menge stets 2^n Teilmengen.

Zu 3: Im Lotto ,6 aus 49' entspricht jeder Tipp einer 6-Teilmenge einer 49-Menge. Es sind hier also 13.983.816 verschiedene Tipps möglich.

Zu 4: Ein Tipp mit *genau* vier Richtigen ist eine Auswahl von vier der sechs Gewinnzahlen und zwei der übrigen 43 Zahlen; also eine Kombination einer Auswahl ,4 aus 6' mit einer Auswahl ,2 aus 43'. Nach der Produktregel ist die Gesamtzahl aller solchen Tipps daher das Produkt $\binom{6}{4} \cdot \binom{43}{2} = 13.545$.

Ein Tipp mit *mindestens* vier Richtigen ist einer mit genau vier, genau fünf oder genau sechs Richtigen. Davon gibt es insgesamt $\binom{6}{4}\cdot\binom{43}{2}+\binom{6}{5}\cdot\binom{43}{1}+\binom{6}{6}\cdot\binom{43}{0}=13.545+258+1=13.804$. Hier haben wir neben der Produktregel noch die Summenregel angewandt, und zwar in der einfachen Form (bei der wir die Anzahlen einfach addieren können), da ‚genau vier/fünf/sechs Richtige' paarweise disjunkte Ereignisse sind.

Zu 5:   Wenn wir auf einem Tippschein sechs Kreuze machen für die (hoffentlich) gezogenen Zahlen, dann können wir stattdessen ebenso gut 43 Kreuze für die nicht gezogenen Zahlen machen. Zu jedem Tippschein der alten Art gibt es genau einen der neuen – und umgekehrt. Die Anzahl der möglichen Tipps ändert sich daher nicht.

Zu 6:   Anders als bei der Wahl von Klassensprecher:innen (erster Wahlgang: Sprecher:in, zweiter Wahlgang: Vertreter:in) spielt bei der Auswahl einer Delegation die Reihenfolge keine Rolle. Da außerdem niemand mehrfach zu einer Delegation gehören kann, ist diese also eine Auswahl ‚k aus n' ohne Beachtung der Reihenfolge und ohne Wiederholungsmöglichkeit – mit anderen Worten: eine k-Teilmenge der n-Menge der Personen. Deren Anzahl ist $\dfrac{n^{\underline{k}}}{k!}=\binom{n}{k}$.

Zu 7:   Ein Wort aus zwei As und acht Bs besteht aus zehn Buchstaben. Es ist genau festgelegt, wenn wir wissen, an welchen zwei Positionen die As stehen; auf den übrigen acht Positionen stehen dann die Bs. Die Positionen der As bilden stets eine 2-Teilmenge der 10-Menge aller möglichen Positionen. Von diesen gibt es ‚2 aus 10' bzw. ‚10 über 2', also 45.

Umgekehrt ist das Wort ebenso durch die acht Positionen der Bs festgelegt. Die Anzahl der 8-Teilmengen einer 10-Menge muss daher dieselbe Zahl sein: ‚8 aus 10' bzw. ‚10 über 8' ist ebenfalls 45.

Allgemein: Wörter aus a As und b Bs bestehen aus $a+b$ Buchstaben. Sie sind festgelegt, wenn allein die Positionen der a As bekannt sind (bzw. allein die der b Bs). Diese Positionen bilden jeweils eine a-Teilmenge (bzw. b-Teilmenge) einer $a+b$-Menge. Die Anzahl der Wörter aus a As und b Bs ist daher $\binom{a+b}{a}=\binom{a+b}{b}$.

Zu 8:   Jede Reihenfolge ist eine spezielle Permutation der n-Menge der anstehenden Personen. Es gibt $n!$ solcher Permutationen. Ausführlich überlegt: Für die erste Position der Warteschlange stehen alle n Personen zur Auswahl; für die zweite Position nur noch $n-1$ und so weiter, Position für Position immer eine weniger, bis für die letzte nur noch eine Person übrig ist. Nach der Produktregel ist die Gesamtzahl der möglichen Reihenfolgen das Produkt $n\cdot(n-1)\cdot(n-2)\cdot\ldots\cdot 1=n!$ dieser Personenzahlen.

Im Urnenmodell: Jede Reihenfolge ist eine Auswahl ‚n aus n' (die n Personen an der Kasse stehen alle an) mit Beachtung der Reihenfolge und ohne Wiederholungsmöglichkeit; davon gibt es $n^{\underline{n}} = n!$ verschiedene.

Zu 9: Wenn relevant ist, wer auf welchem Stuhl sitzt, dann haben wir hier dieselbe Situation wie beim Anstehen an der Kinokasse; ob die Leute hintereinander angeordnet sind oder im Kreis herum, spielt überhaupt keine Rolle: Für Stuhl 1 stehen alle n Personen zur Auswahl; für Stuhl 2 nur noch $n-1$ und so weiter, Stuhl für Stuhl immer eine weniger, bis für den letzten nur noch eine Person übrig ist. Es gibt also wieder $n \cdot (n-1) \cdot (n-2) \cdot \ldots \cdot 1 = n!$ Möglichkeiten.

Zu 10: Was sich nun ändert, können wir so überlegen: Wenn die Stuhlnummer nicht relevant ist, sondern nur die jeweilige Nachbarperson rechts und links, dann können alle Personen rund um den Tisch jeweils einen Platz weiterrücken, ohne die Sitzordnung zu verändern. Das können sie insgesamt n-mal machen (beim nächsten Weiterrücken würden sie wieder genauso sitzen wie zu Anfang). Diese n im Sinne von Übung 9 verschiedenen Sitzordnungen sind im Sinne von Übung 10 nun alle gleich. Die Anzahl aller Sitzordnungen von Übung 9 ist also n-mal so groß wie nun, sie beträgt hier also $\dfrac{n!}{n} = (n-1)!$

Übrigens: Wenn wir die Verabredung ‚es ist relevant, neben wem man sitzt' so modifizieren, dass es nur darauf ankommt, welche Nachbarn man hat, egal ob sie rechts oder links sitzen, dann müssen wir zwei Sitzordnungen, von denen die eine rechtsherum aufgezählt dieselben Leute enthält wie die andere linksherum, als gleich ansehen. Dann halbiert sich die Anzahl aller Sitzordnungen und beträgt $\dfrac{(n-1)!}{2}$.

Zu 11: Wir modellieren die Fragen im Urnenmodell. Wenn wir die Becher nummerieren, können wir eine Verteilung dadurch genau angeben, dass wir der Reihe nach die Namen der drei Personen auflisten, die jeweils den Becher 1, 2 bzw. 3 erhalten. Auf diese Weise können wir eine Verteilung der Becher als Auswahl ‚3 aus 10', nämlich von drei aus insgesamt zehn Personen modellieren. Die vier Kombinationsmöglichkeiten aus (a) bzw. (b) mit (A) bzw. (B) können wir nun leicht den vier Tabellenfeldern in der Übersicht der Auswahlarten (s. S. 47 unten) zuordnen.

Der Unterschied zwischen (a) und (b) besteht aus der Perspektive des Urnenmodells darin, dass es bei (a) durchaus relevant ist, in welcher Reihenfolge die drei Namen stehen, da die Becher anhand der Farbe unterscheidbar sind. Bei ‚Ada, Berta, Claus' erhalten die Genannten ja z.B. eine andere Becherfarbe (d.h. einen anderen Becher) als bei ‚Berta, Claus, Ada'. Bei (b) dagegen sind die Becher nicht unterscheidbar, alle sind weiß. Die Reihenfolge der drei

Namen ist hier irrelevant, weil bei jeder Reihenfolge derselben Namen das Resultat dasselbe ist: alle erhalten weiße Becher. Und da wir Becher allenfalls an der Farbe unterscheiden können, müssen wir weiße Becher alle als gleich ansehen. Daher müssen wir auch alle Verteilungen mit denselben drei Namen als gleich ansehen, egal in welcher Reihenfolge diese stehen. Kurz: (a) betrifft Auswahlen mit Beachtung der Reihenfolge, (b) solche ohne.

Der Unterschied zwischen (A) und (B) besteht darin, dass die Auswahl bei (A) mit Wiederholungsmöglichkeit erfolgt, bei (B) ohne. Die Anzahlen sind also (in der Anordnung der Tabelle auf S. 47 unten):

$$(aA) \quad 10^3 = 10 \cdot 10 \cdot 10 = 1.000 \qquad\qquad (bA) \quad \frac{10^{\overline{3}}}{3!} = \frac{10 \cdot 11 \cdot 12}{3 \cdot 2 \cdot 1} = 220$$

$$(aB) \quad 10^{\underline{3}} = 10 \cdot 9 \cdot 8 = 720 \qquad\qquad (bB) \quad \frac{10^{\underline{3}}}{3!} = \frac{10 \cdot 9 \cdot 8}{3 \cdot 2 \cdot 1} = 120$$

5 Das Pascalsche Dreieck

Das Schema der Binomialkoeffizienten

Wir haben die *Binomialkoeffizienten* $\binom{n}{k}$ definiert als die *Anzahl der k-Teilmengen einer n-Menge*. Die Binomialkoeffizienten sind die Zahlen im *Pascalschen Dreieck*. Wie sie dahin kommen, werden wir sogleich sehen. Wobei wir auch die Frage klären, wie sie zu ihrem eindrucksvollen Namen kommen, der aber etwas ganz Einfaches bezeichnet.

1 Der Binomische Lehrsatz

Auch wer sich an nichts sonst aus dem Mathematikunterricht noch zu erinnern vermag, kann die beiden Schlagwörter aufsagen, die auch in den Medien längst zu Metaphern für Mathematik geworden sind: ‚Pythagoras‘ und ‚Binomische Formeln‘. Der Name der letzteren kommt daher, dass sie ein *Binom* enthalten, wie man eine Summe oder Differenz $(a \pm b)$ mit zwei (lat. *bi*-) Variablennamen (lat. *nomen*) nennt. Die Binomischen Formeln sind Merkregeln dafür, wie die Potenzen einfacher Binome wie $(a \pm b)^2, (a \pm b)^3 \ldots$ in ausmultiplizierter Form aussehen. In Schulen, denen das Anwenden-Können auswendiggelernter Formeln ein zentrales Lernziel ist, ist meist mit dem Exponenten 2 Schluss; wo aber Mathematik unterrichtet wird, weiß man, dass es erst dahinter wirklich interessant wird.

$$(a+b)^2 = a^2 + 2ab + b^2$$
$$(a+b)^3 = a^3 + 3a^2b + 3ab^2 + b^3$$
$$(a+b)^4 = a^4 + 4a^3b + 6a^2b^2 + 4ab^3 + b^4$$

Wenn wir diese Liste von Gleichungen systematisch aufschreiben, beginnend mit dem Exponenten 0, und die *Koeffizienten* (=‚Beizahlen‘, also die Faktoren vor den Teiltermen $a^?b^?$) hervorheben, dann machen wir eine Beobachtung:

$$(a+b)^0 = \qquad\qquad 1$$
$$(a+b)^1 = \qquad\qquad 1a + 1b$$
$$(a+b)^2 = \qquad\quad 1a^2 + 2ab + 1b^2$$
$$(a+b)^3 = \qquad 1a^3 + 3a^2b + 3ab^2 + 1b^3$$
$$(a+b)^4 = \quad 1a^4 + 4a^3b + 6a^2b^2 + 4ab^3 + 1b^4$$
$$(a+b)^5 = 1a^5 + 5a^4b + 10a^3b^2 + 10a^2b^3 + 5ab^4 + 1b^5$$

Offenbar stehen diese Koeffizienten der Binomischen Formeln genau im Schema des Pascalschen Dreiecks. Zumindest gilt das für diese ersten Zeilen; wir werden aber sehen, dass das allgemein so gilt. Weil diese Koeffizienten bei Binompotenzen auftreten, nennt man sie

© Der/die Autor(en), exklusiv lizenziert an
Springer-Verlag GmbH, DE, ein Teil von Springer Nature 2023
P. Berger, *Kombinatorik*, https://doi.org/10.1007/978-3-662-67396-6_5

Binomialkoeffizienten (*Beizahlen in ausmultiplizierten Binompotenzen*; die Endsilbe ‚-ial'
bedeutet so viel wie ‚gehörig zu', ‚binomial' also ‚zu Binomen gehörig').

Dass unsere Beobachtung nicht nur für die Exponenten bis 5 gilt, sondern für alle Exponenten
$n \in \mathbb{N}$, ist die Aussage des *Binomischen Lehrsatzes*:

Satz *Binomischer Lehrsatz*
Für beliebige $a, b \in \mathbb{R}$ und $n \in \mathbb{N}$ gilt:

$$(a+b)^n = \binom{n}{0}a^n b^0 + \binom{n}{1}a^{n-1}b^1 + \binom{n}{2}a^{n-2}b^2 + \ldots + \binom{n}{n-1}a^1 b^{n-1} + \binom{n}{n}a^0 b^n$$

Beweis:
Diese Gleichung ergibt sich, wenn wir den Term $(a+b)^n$ *vollständig ausmultiplizieren*, also
jede der Zahlen *a, b* jeder Klammer mit jedem *a* und jedem *b* in jeder anderen Klammer
multiplizieren, und alle dabei entstehenden Teilprodukte $a^? b^?$ schließlich addieren. Wählen
wir aus *k* Klammern das Element *b* (und *a* aus den übrigen $n-k$ Klammern), so erhalten wir
das *Teilprodukt* $a^{n-k}b^k$.

- Bei wie vielen der Multiplikationen beim vollständigen Ausmultiplizieren entsteht das
  Produkt $a^{n-k}b^k$? Nun, ebenso oft, wie man *k* Klammern (aus denen man das *b* wählt) aus
  insgesamt *n* Klammern auswählen kann. Und das ist die Anzahl der *k*-Teilmengen einer *n*-
  Menge, also nach Definition genau der Binomialkoeffizient $\binom{n}{k}$. (Dies ist die Stelle, an der
  die Binomialkoeffizienten ins Spiel kommen, genauer gesagt: ins Pascalsche Dreieck!).
  Das Teilprodukt $a^{n-k}b^k$ entsteht also $\binom{n}{k}$-mal.

- Welche Teilprodukte können beim vollständigen Ausmultiplizieren von *n* Klammern denn
  überhaupt entstehen? Das sind alle Produkte mit genau *n* Faktoren, die jeweils *a* oder *b*
  sein können; also (nach steigender Anzahl der *b*s bzw. fallender Anzahl der *a*s geordnet):

$$a^n b^0, a^{n-1}b^1, a^{n-2}b^2, \ldots, a^1 b^{n-1}, a^0 b^n$$

und zwar, wie wir gerade überlegt haben, jeweils mit der Häufigkeit

$$\binom{n}{0}, \binom{n}{1}, \binom{n}{2}, \ldots, \binom{n}{n-1}, \binom{n}{n}$$

Beim vollständigen Ausmultiplizieren von $(a+b)^n$ entsteht folglich die Gesamtsumme

$$\binom{n}{0}a^n b^0 + \binom{n}{1}a^{n-1}b^1 + \binom{n}{2}a^{n-2}b^2 + \ldots + \binom{n}{n-1}a^1 b^{n-1} + \binom{n}{n}a^0 b^n$$

∎

Setzen wir im Binomischen Lehrsatz die speziellen Werte $a = b = 1$ ein, so erhalten wir einen
wichtigen *Spezialfall*:

Satz *Spezialfall des Binomischen Lehrsatzes*

Für beliebige $n \in \mathbb{N}$ gilt:

$$2^n = \binom{n}{0} + \binom{n}{1} + \binom{n}{2} + \ldots + \binom{n}{n}$$

Beweis

Wenn wir im Binomischen Lehrsatz speziell $a = b = 1$ wählen, dann ist $(a + b) = 2$ und jeder Teilterm $a^{n-k}b^k = 1$ (für $k = 0, \ldots, n$). Damit hat die Gleichung genau die behauptete Form. ∎

Diesen Spezialfall können wir sehr einfach auch direkt beweisen. Und zwar ohne zu rechnen, allein durch eine *kombinatorische Überlegung*: Denn $\binom{n}{k}$ ist die Anzahl der k-Teilmengen einer n-Menge. Wenn wir also alle diese Anzahlen für $k = 0, \ldots, n$ addieren, dann erhalten wir die Gesamtzahl *sämtlicher Teilmengen* einer n-Menge. Und die ist 2^n. Denn es gilt:

Satz *Teilmengensatz*

Jede n-Menge hat 2^n Teilmengen.

Beweis

Wir betrachten eine beliebige n-Menge $\{a_1, a_2, \ldots, a_n\}$. Wenn wir eine bestimmte Teilmenge davon zusammenstellen wollen, geben wir üblicherweise diejenigen Elemente an, die dazugehören sollen; die anderen gehören dann automatisch nicht dazu. Wir können aber auch anders vorgehen und einfach der Reihe nach für jedes einzelne Element $a_1, a_2, \ldots, a_n$ angeben, ob es zur Teilmenge gehören soll oder nicht. Wir treffen also n-mal eine Auswahl aus je *zwei* Möglichkeiten: *ja* oder *nein*. (In der Sprache des Urnenmodells: Wir ziehen n-mal mit Zurücklegen und mit Beachtung der Reihenfolge aus einer Urne mit den zwei Kugeln *ja*, *nein*.) Für diese Bestimmung einer Teilmenge haben wir mithin $\underbrace{2 \cdot 2 \cdot \ldots \cdot 2}_{n} = 2^n$ verschiedene Möglichkeiten. Also gibt es ebenso viele, nämlich 2^n Teilmengen. ∎

Die Menge aller Teilmengen einer Menge M bezeichnet man als die *Potenzmenge von M*, symbolisch: $\mathcal{P}(M)$ oder auch 2^M. Für die zweite Schreibweise spricht, dass damit der Teilmengensatz eine formal besonders elegante Schreibweise erhält:

Satz *Teilmengensatz (alternative Formulierung)*

Für jede endliche Menge gilt $\left|2^M\right| = 2^{|M|}$.

Betragsstriche um eine Menge bezeichnen deren *Mächtigkeit*. Links steht also die Mächtigkeit der Potenzmenge von M, rechts die Zahl ‚2 hoch Mächtigkeit von M‘, also exakt der Satz oben.

2 Das Pascalsche Dreieck

Wir fassen unsere bisherigen Überlegungen in der folgenden Definition zusammen:

> **Definition *Pascalsches Dreieck***
> Das *Pascalsche Dreieck* ist das dreieckige Schema, in dem die *Binomialkoeffi-*
> *zienten* in der Anordnung stehen, in der sie in der Liste der binomischen Glei-
> chungen für alle Exponenten $n = 0, 1, 2, \dots$ auftreten.

Üblicherweise wird das Pascalsche Dreieck wie in unseren Darstellungen symmetrisch ausgerichtet.

$$
\begin{aligned}
(a+b)^0 &= & 1 \\
(a+b)^1 &= & 1a + 1b \\
(a+b)^2 &= & 1a^2 + 2ab + 1b^2 \\
(a+b)^3 &= & 1a^3 + 3a^2b + 3ab^2 + 1b^3 \\
(a+b)^4 &= & 1a^4 + 4a^3b + 6a^2b^2 + 4ab^3 + 1b^4 \\
(a+b)^5 &= & 1a^5 + 5a^4b + 10a^3b^2 + 10a^2b^3 + 5ab^4 + 1b^5 \\
(a+b)^6 &= & 1a^6 + 6a^5b + 15a^4b^2 + 20a^3b^3 + 15a^2b^4 + 6ab^5 + 1b^6
\end{aligned}
$$

Liste der binomischen Gleichungen

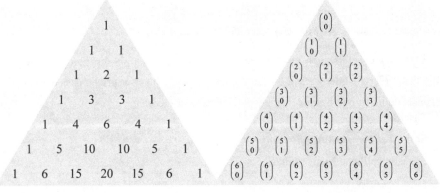

Das Pascalsche Dreieck

Die Konstruktionsregel des Pascalschen Dreiecks

Das Zahlenschema des Pascalschen Dreiecks kann vollständig nach einer einfachen Regel konstruiert werden. Wir unterscheiden *Randzahlen* (Zahlen, die jeweils am Anfang bzw. Ende einer jeden Zeile stehen) und *innere Zahlen* (alle übrigen Zahlen):

Satz *Konstruktionsregel des Pascalschen Dreiecks*

1. *Randgesetz:* Alle Randzahlen haben den Wert 1.

    Formal: $\binom{n}{0} = \binom{n}{n} = 1$

2. *Additionsgesetz:* Jede innere Zahl ist die Summe der beiden schräg darüber stehenden Zahlen.

    Formal: $\binom{n}{k} = \binom{n-1}{k-1} + \binom{n-1}{k}$

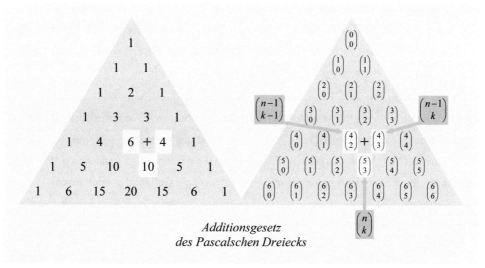

Additionsgesetz
des Pascalschen Dreiecks

Beachten Sie zur *Position* des Binomialkoeffizienten $\binom{n}{k}$ im Pascalschen Dreieck:

- n ist die Zeilennummer (die oberste Zeile hat die Nummer 0);
- k ist die Spaltennummer (Positionsnummer innerhalb der Zeile, links beginnend mit 0).

Beweis des Randgesetzes

Das Randgesetz folgt unmittelbar aus der Definition der Binomialkoeffizienten (vgl. Kapitel *Urnenmodell*): $\binom{n}{k}$ ist die Anzahl der k-Teilmengen einer n-Menge. Demnach ist speziell $\binom{n}{0}$ die Zahl der 0-elementigen Teilmengen; jede Menge hat nur eine solche Teilmenge, nämlich die leere Menge. Also ist für alle n stets $\binom{n}{0} = 1$ (dies sind die *linken Randzahlen* im Pascalschen Dreieck). Für $\binom{n}{n}$ überlegen wir analog: Dies ist nach Definition die Zahl der n-

elementigen Teilmengen einer n-Menge; davon hat jede Menge M ebenfalls nur eine, nämlich M selbst. Also gilt für alle n auch stets $\binom{n}{n}=1$ (dies sind die *rechten Randzahlen* im Pascalschen Dreieck).

Beweis des Additionsgesetzes

Ein Hinweis vorab: Einsteiger meinen oft, in der Kombinatorik müsse man vor allem Formeln wissen, Umformungen beherrschen und Beweise, wenn überhaupt, durch formales Rechnen führen. Das zu können, ist gewiss *auch* wichtig, ohne Frage. Doch wirkliches *kombinatorisches Können* zeichnet sich durch etwas anderes aus: Es besteht weit mehr in einer besonderen Art des Denkens, der Haltung und der Fähigkeit zu einer spezifisch *kombinatorischen Argumentationsweise.* Was damit gemeint ist, versteht man am besten, indem man Beispiele studiert. Daher werden wir an geeigneten Stellen beim Beweisen beides vorstellen:

1. einen *formalen* Beweis *durch Nachrechnen*, also durch Anwendung arithmetisch-algebraischer Umformungsregeln;
2. einen *inhaltlichen* Beweis durch *kombinatorische Argumentation*, bei dem wir im Gegensatz zum formalen Rechnen nicht nur erkennen können, *dass* eine Behauptung stimmt, sondern auch, *warum*; woran es eigentlich liegt, dass sie stimmt.

Wir werden diese ‚zweiten Beweise' stets besonders ausführlich formulieren, damit jedes Detail nachvollziehbar wird; wodurch der Textumfang aber auch ganz erheblich wächst. Im Vergleich zu einem formalen Beweis kann so der Eindruck entstehen, solche Beweise seien viel zu umständlich. Doch das täuscht. Wer sie einmal verstanden hat, kann sie im Rückblick meist in ein, zwei Sätzen zusammenfassen. Und hat das gute Gefühl, durchzublicken.

> **Satz** *Additionsgesetz des Pascalschen Dreiecks*
> Für beliebige $n,k \in \mathbb{N}$ mit $0 < k < n$ gilt:
> $$\binom{n}{k}=\binom{n-1}{k-1}+\binom{n-1}{k}$$

Die Bedingung $0 < k < n$ drückt formal aus, dass $\binom{n}{k}$ im Pascalschen Dreieck eine *innere* Zahl ist. Ohne sie wären die Binomialkoeffizienten auf der rechten Seite nicht definiert.

1. Beweis (durch Nachrechnen)

$$\binom{n-1}{k-1}+\binom{n-1}{k} = \frac{(n-1)^{\underline{k-1}}}{(k-1)!}+\frac{(n-1)^{\underline{k}}}{k!} = \frac{(n-1)^{\underline{k-1}}\cdot k}{k!}+\frac{(n-1)^{\underline{k-1}}\cdot(n-k)}{k!}$$

$$= \frac{(n-1)^{\underline{k-1}}\cdot(k+n-k)}{k!} = \frac{(n-1)^{\underline{k-1}}\cdot n}{k!} = \frac{n^{\underline{k}}}{k!}=\binom{n}{k}$$ ∎

2. Beweis (durch kombinatorische Argumentation)

Wir betrachten eine beliebige *n*-Menge *M*. In *M* wählen wir irgendein beliebiges Element aus, das wir im Folgenden festhalten; wir nennen es *a*. Anhand dieses Elements *a* teilen wir nun die Gesamtmenge aller *k*-Teilmengen von *M* in zwei disjunkte Teilmengen auf: Die eine Teilmenge (wir nennen sie die *rote Menge*) enthält alle *k*-Teilmengen, die das Element *a* enthalten; die andere (wir nennen sie die *blaue Menge*) enthält alle *k*-Teilmengen, die das Element *a nicht* enthalten. Diese Definition sorgt dafür, dass die beiden Teilmengen disjunkt sind. Darum ist die Summe ihrer Mächtigkeiten die Mächtigkeit der Gesamtmenge. (Sie erinnern sich an den *Spezialfall der Summenregel*, S. 21: Bei einer *disjunkten Vereinigung* kann einfach addiert werden.) Die folgende Übersicht zeigt, was wir nun beweisen werden:

Menge aller *k*-Teilmengen von *M*	=	Menge aller *k*-Teilmengen von *M*, die *a* enthalten	∪	Menge aller *k*-Teilmengen von *M*, die *a* nicht enthalten
↓		↓		↓
Mächtigkeiten: $\binom{n}{k}$	=	$\binom{n-1}{k-1}$	+	$\binom{n-1}{k}$

Wir sind fertig, wenn wir gezeigt haben, dass die unter den drei Mengen stehenden Mächtigkeiten wirklich korrekt sind. Denn dann gilt das Additionsgesetz, das wir ja zeigen wollen:

$$\binom{n}{k}=\binom{n-1}{k-1}+\binom{n-1}{k}$$

Die links stehende Mächtigkeit $\binom{n}{k}$ ist korrekt, denn dies ist gerade die Definition der Binomialkoeffizienten. Es bleibt, die Mächtigkeiten der roten und der blauen Menge zu zeigen.

Wie groß ist die Mächtigkeit der *blauen Menge*? D.h. wie viele ‚blaue Teilmengen' von *M* gibt es? Diese Teilmengen sind genau die *k*-Teilmengen von *M*, die das Element *a* nicht enthalten. Mit anderen Worten: Es sind genau die *k*-Teilmengen von $M-\{a\}$ (‚*M* ohne *a*'). Dies ist aber eine (*n*−1)-Menge. Und die Anzahl der *k*-Teilmengen einer (*n*−1)-Menge ist $\binom{n-1}{k}$.

Wie viele Teilmengen liegen in der *roten Menge*? Da jede dieser Teilmengen das Element *a* enthält, können wir *a* aus jeder entfernen, wobei wir jeweils eine neue Teilmenge erhalten, die *erstens* ein Element weniger als die alte enthält (daher nur noch eine (*k*−1)-Teilmenge ist), und *zweitens* nicht nur Teilmenge von *M*, sondern sogar von $M-\{a\}$ ist, da das Element *a* ja entfernt wurde. Mit anderen Worten: Aus jeder Teilmenge in der roten Menge erhalten wir nach Entfernen von *a* eine eindeutig bestimmte (*k*−1)-Teilmenge der (*n*−1)-Menge $M-\{a\}$. Und umgekehrt erhalten wir aus jeder (*k*−1)-Teilmenge der (*n*−1)-Menge $M-\{a\}$ durch Hinzufügen von *a* eine eindeutig bestimmte *k*-Teilmenge von *M*, die *a* enthält. Es gibt von beiden also gleich viel (Gleichheitsregel). Also enthält die rote Menge genauso viele Teilmengen, wie es (*k*−1)-Teilmengen einer (*n*−1)-Menge gibt; davon gibt es $\binom{n-1}{k-1}$. ∎

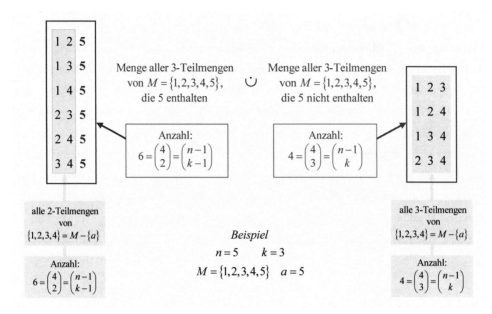

Beispiel zum 2. Beweis

Die Symmetrie des Pascalschen Dreiecks

Die augenfälligste elementare Eigenschaft des Pascalschen Dreiecks nach dem *Rand-* und dem *Additionsgesetz* ist wohl seine *Symmetrie*.

Symmetrie
des Pascalschen Dreiecks

Auch für das Symmetriegesetz wollen wir wieder – wie auch schon beim Additionsgesetz – zwei Beweise angeben: einen rein rechnerischen und einen durch kombinatorisches Argumentieren. Natürlich sollten Sie im kombinatorischen Rechnen ‚sattelfest' sein. Doch das allein reicht nicht, wenn Sie Kombinatorik wirklich *können* wollen: Dazu müssen Sie *kombina-*

torisch denken können. Das trainieren Sie am besten, wenn Sie solche kombinatorisch pfiffigen und oft überraschend einfachen Argumente zu schätzen, zu verstehen und selbst anzuwenden lernen, wie wir sie hier wieder im zweiten Beweis verwenden.

Satz *Symmetriegesetz des Pascalschen Dreiecks*

Für beliebige $n, k \in \mathbb{N}$ mit $k \leq n$ gilt: $\dbinom{n}{k} = \dbinom{n}{n-k}$

1. Beweis (durch Nachrechnen)

Wir wenden wieder die Formel $\dbinom{n}{k} = \dfrac{n^{\underline{k}}}{k!} = \dfrac{n!}{k!\,(n-k)!}$ an. Allerdings ist es hier bequemer, wenn wir nicht den Term mit den fallenden Faktoriellen verwenden, sondern den mit den Fakultäten, da in diesem bereits der Teilterm $(n-k)$ vorkommt. Und dann steht die behauptete Gleichheit sofort da. Denn

$$\binom{n}{n-k} = \frac{n!}{(n-k)!(n-(n-k))!} = \frac{n!}{(n-k)!\,k!} = \frac{n!}{k!\,(n-k)!} = \binom{n}{k}. \qquad \blacksquare$$

2. Beweis (durch kombinatorische Argumentation)

Gegeben sei eine beliebige n-Menge M. Wir stellen alle k-Teilmengen von M auf folgende Weise konkret her: Wir schreiben alle Elemente von M auf ein Blatt Papier, kopieren dieses genügend oft und nehmen dann für jede k-Teilmenge T ein kopiertes Blatt, auf dem wir *genau die Elemente ankreuzen, die zu T gehören.* Wenn wir fertig sind, haben wir genau $\dbinom{n}{k}$ Blätter ausgefüllt, denn dies ist die Anzahl aller k-Teilmengen einer n-Menge.

Unser Freund Paul hat ein ähnliches Ziel: Er will aber genau die anderen, also alle $(n-k)$-Teilmengen von M konkret aufschreiben. Er hat eine geniale und sehr bequeme Idee: Er nimmt einfach unseren fertigen Stapel mit allen k-Teilmengen, interpretiert aber unsere Kreuze nun genau ‚andersherum‘: Er sagt, dass auf jedem Blatt k Elemente (von uns) *durchgestrichen* sind, die zu seiner jeweiligen $(n-k)$-Teilmenge *nicht* gehören sollen. Der Stapel ist in *unserer* Interpretation die Menge sämtlicher k-Teilmengen, in *Pauls* Interpretation hingegen die Menge sämtlicher $(n-k)$-Teilmengen, nämlich jeweils genau der *Komplementmengen* unserer Teilmengen. Auf den Blättern unseres Stapels stehen darum zugleich auch alle Teilmengen Pauls, je nachdem wie wir die Kreuze interpretieren. Also muss es ebenso viele $(n-k)$-Teilmengen wie k-Teilmengen von M geben. Es gilt also $\dbinom{n}{k} = \dbinom{n}{n-k}$. $\blacksquare$

3 Modellierung des Pascalschen Dreiecks am *Galtonbrett*

Mit dem *Galtonbrett* – benannt nach dem britischen Naturforscher *Francis Galton* (1822-1911) – kann der Zufallsweg von Kugeln veranschaulicht werden, die beim Herabfallen aus der Kugelkammer eine Reihe von Hindernissen passieren müssen, an denen sie zufällig entweder links oder rechts vorbeilaufen, bevor sie in einem der Bodenfächer landen. Lässt man eine größere Zahl von Kugeln fallen, beobachtet man, dass sie gehäuft in die mittleren Fächer fallen. Das Gerät modelliert die *Binomialverteilung*.

Das Galtonbrett ist nicht nur ein *stochastisches*, sondern eigentlich und zu allererst ein hervorragendes *kombinatorisches Modell*; besonders für den Mathematikunterricht. Denn an ihm lässt sich forschend, durch eigenes Experimentieren und Nachdenken, das *Pascalsche Dreieck* entdecken und verstehen. Dieser Idee wollen wir nun nachgehen. Vielleicht regt es Sie an, das Potential des Modells einmal in Ihrem eigenen Unterricht zu erproben.

Betrachten wir zwei mögliche Wege einer einzelnen Kugel zu einem bestimmten Hindernis:

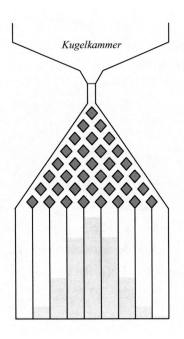

Galtonbrett

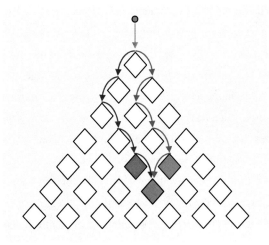

Leitfrage:
Wie viele Wege führen zu dem grauen Hindernis?

Übungen

1. Codieren Sie den roten und den blauen Weg durch R-L-Wörter (R für *rechts*, L für *links*). Worin unterscheiden sich die Codes, worin stimmen sie überein?

2. Charakterisieren Sie sämtliche möglichen Wege zu dem grauen Hindernis. Wie sehen ihre Codes aus?

3. Wie viele verschiedene Wege führen auf ein Hindernis, das am linken oder rechten Rand liegt? Wie lauten deren Codes?

4. Betrachten Sie zwei Hindernisse, die in derselben Zeile symmetrisch zueinander liegen. Wie lauten deren Codes? Welche Beziehung besteht zwischen den Codes?

5. Wenn zu dem roten Hindernis a Wege führen und zu dem blauen b Wege, wie viele Wege führen dann zu dem grauen Hindernis?

6. Schreiben Sie in jedes Hindernis die Zahl der verschiedenen dorthin führenden Wege. Welches Schema entsteht dabei?

 Lesen Sie erst weiter, nachdem Sie die Übungen bearbeitet haben.

Lösungen

Zu 1: Der rote Weg hat den Code LLRRR, der blaue den Code RLRRL. Alle Wege zum grauen Hindernis haben ein Codewort der Länge 5, denn alle Wege zu Hindernissen in der 5. Zeile haben die Länge 5. (Die oberste Zeile ist die nullte, das graue Hindernis liegt also in der 5. Zeile). Die Länge jedes Weges ist stets die Nummer der Zeile, in die er führt. Die beiden Codewörter LLRRR des roten bzw. RLRRL des blauen Weges stimmen zusätzlich zur Länge auch jeweils in der Anzahl der Rs und Ls überein. Zwei Wege führen stets genau dann zum selben Hindernis, wenn sie gleich viele Rs und gleich viele Ls haben.

Zu 2: Die Wege zu dem grauen Hindernis sind demnach genau diejenigen, deren Codes 3 Rs und 2 Ls haben.

Zu 3: Ein Weg führt genau dann auf ein Hindernis am Rand, wenn er niemals seine Richtung wechselt, also ausschließlich nach links oder ausschließlich nach rechts verläuft; d.h. genau dann, wenn sein Code entweder nur Rs oder nur Ls enthält. Zu jedem Rand-Hindernis führt folglich nur jeweils ein einziger Weg.

Zu 4: Zwei Wege verlaufen genau dann Schritt für Schritt symmetrisch zueinander, wenn sie in jeder Zeile jeweils die entgegengesetzte Bewegung ausführen, also an jeder Stelle ihres Codes den jeweils anderen Buchstaben haben. Zwei Wege, die zu Hindernissen führen, die in derselben Zeile symmetrisch zueinander liegen, müssen zwar nicht genau symmetrisch sein, aber der eine Weg muss mindestens mit einem Weg, der zum anderen symmetrisch ist, in der Anzahl der Rs und Ls übereinstimmen. Kurz: (1) Zwei Wege sind genau dann symmetrisch, wenn ihre Codes an jeder Position unterschiedlich sind. (2) Zwei Wege führen genau dann zu symmetrischen Hindernissen, wenn ihre Anzahlen der Rs und Ls genau vertauscht sind.

Zu 5: Wenn zu dem roten Hindernis a Wege führen und zu dem blauen b Wege, dann müssen zu dem grauen Hindernis genau $a+b$ Wege führen. Denn jeder Weg zu irgendeinem Hindernis führt entweder über das links darüber liegende oder das rechts darüber liegende Hindernis. Daher ist die Anzahl der Wege zu einem Hindernis stets die Summe der Wegzahlen zu den beiden schräg darüber liegenden Hindernissen.

Zu 6: Schreibt man in jedes Hindernis die Zahl der verschiedenen dorthin führenden Wege, so entsteht zwangsläufig das Schema des Pascalschen Dreiecks. Die Begründung ergibt sich aus unseren bisherigen Feststellungen: (1) Die Wegzahlen von Randhindernissen sind wie die Randzahlen des Pascalschen Dreiecks immer 1. (2) Die Wegzahlen von inneren Hindernissen sind wie die inneren Zahlen des Pascalschen Dreiecks immer die Summe der beiden schräg darüber liegenden Zahlen.

Unsere Überlegungen zu den sechs Fragen zeigen: *Das Galtonbrett ist eine Modellierung des Pascalschen Dreiecks.* Ist das ‚nur so ein Eindruck‘, gewissermaßen ein Mosaik aus vielerlei einzelnen Beobachtungen und Überlegungen, oder können wir das auch mathematisch präzise auf den Punkt bringen? Nun, das können wir. Am besten, indem wir die wesentliche Aussage formulieren, die wir bereits bei Frage 1 entdeckt haben, und aus der alle übrigen Beobachtungen und Entdeckungen unmittelbar folgen:

Satz *Wege im Galtonbrett*
Im Galtonbrett führen zum k-ten Hindernis in der n-ten Zeile $\binom{n}{k}$ Wege.

Beweis   (Beachten Sie: Die Zählung von Zeilen und Zeilenposition beginnt im Galtonbrett wie im Pascalschen Dreieck jeweils bei 0.)

Im Galtonbrett führt ein Weg genau dann zum k-ten Hindernis in der n-ten Zeile, wenn sein Codewort ein R-L-Wort mit genau k Rs und $(n-k)$ Ls ist. Da jeder Weg umkehrbar eindeutig durch sein Codewort bestimmt ist (es gibt eine Bijektion zwischen der Menge der Wege und der Menge der Codewörter), gibt es nach der Gleichheitsregel gleich viele Wege wie Codewörter. Die Anzahl der R-L-Wörter mit genau k Rs und $(n-k)$ Ls ist aber $\binom{n}{k}$. ∎

Wir können also auch sagen:

Satz *Galtonbrett und Pascalsches Dreieck*
Die Wegzahlen zu den Hindernissen im *Galtonbrett* sind die Binomialkoeffizienten, und sie stehen im Galtonbrett in derselben Anordnung wie im *Pascalschen Dreieck*.

Aus kombinatorischer Sicht modelliert das Galtonbrett das Schema der Binomialkoeffizienten; aus stochastischer Sicht modelliert es eine Zufallsverteilung, die man daher *Binomialverteilung* nennt.

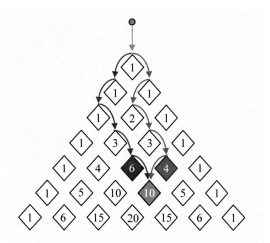

Das Pascalsche Dreieck im Galtonbrett

Das Auftreffen einer Kugel auf einem Hindernis ist ein *Bernoulli-Experiment*, d.h. ein Zufallsexperiment mit nur zwei möglichen Ausfällen. Die Kugel läuft jeweils mit der Wahrscheinlichkeit $\frac{1}{2}$ links bzw. rechts am Hindernis vorbei. Im Galtonbrett mit n Hinderniszeilen ist die Wahrscheinlichkeit, dass eine Kugel unten ins k-te Fach fällt, gleich $\frac{1}{2^n}\binom{n}{k}$.

4 Zehn wichtige Eigenschaften des Pascalschen Dreiecks

1. Alle Randzahlen sind 1

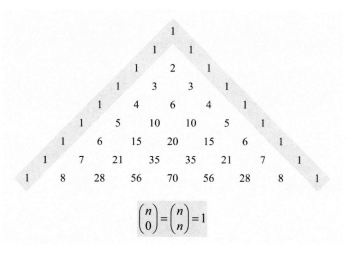

$$\binom{n}{0}=\binom{n}{n}=1$$

Dies ist das *Randgesetz* (vgl. S. 61).

2. Jede innere Zahl ist die Summe der beiden schräg darüber stehenden Zahlen

$$
\begin{array}{ccccccccccccccccc}
& & & & & & & & 1 & & & & & & & & \\
& & & & & & & 1 & & 1 & & & & & & & \\
& & & & & & 1 & & 2 & & 1 & & & & & & \\
& & & & & 1 & & 3 & & 3 & & 1 & & & & & \\
& & & & 1 & & 4 & & 6 & & 4 & & 1 & & & & \\
& & & 1 & & 5 & & 10 & & 10 & & 5 & & 1 & & & \\
& & 1 & & 6 & & 15 & & 20 + 15 & & & 6 & & 1 & & & \\
& 1 & & 7 & & 21 & & 35 & & 35 & & 21 & & 7 & & 1 & \\
1 & & 8 & & 28 & & 56 & & 70 & & 56 & & 28 & & 8 & & 1 \\
\end{array}
$$

$$
\binom{n}{k} = \binom{n-1}{k-1} + \binom{n-1}{k}
$$

Dies ist das *Additionsgesetz* (vgl. S. 61).

3. Das Pascalsche Dreieck ist symmetrisch

$$
\begin{array}{ccccccccccccccccc}
& & & & & & & & 1 & & & & & & & & \\
& & & & & & & 1 & & 1 & & & & & & & \\
& & & & & & 1 & & 2 & & 1 & & & & & & \\
& & & & & 1 & & 3 & & 3 & & 1 & & & & & \\
& & & & 1 & & 4 & & 6 & & 4 & & 1 & & & & \\
& & & 1 & & 5 & & 10 & & 10 & & 5 & & 1 & & & \\
& & 1 & & 6 & & 15 & & 20 & & 15 & & 6 & & 1 & & \\
& 1 & & 7 & & 21 & & 35 & & 35 & & 21 & & 7 & & 1 & \\
1 & & 8 & & 28 & & 56 & & 70 & & 56 & & 28 & & 8 & & 1 \\
\end{array}
$$

$$
\binom{n}{k} = \binom{n}{n-k}
$$

Dies ist das *Symmetriegesetz* (vgl. S. 65).

4. In den ersten Diagonalen steht jeweils die Folge der natürlichen Zahlen

$$
\begin{array}{ccccccccccccccccc}
 & & & & & & & & 1 & & & & & & & & \\
 & & & & & & & 1 & & 1 & & & & & & & \\
 & & & & & & 1 & & 2 & & 1 & & & & & & \\
 & & & & & 1 & & 3 & & 3 & & 1 & & & & & \\
 & & & & 1 & & 4 & & 6 & & 4 & & 1 & & & & \\
 & & & 1 & & 5 & & 10 & & 10 & & 5 & & 1 & & & \\
 & & 1 & & 6 & & 15 & & 20 & & 15 & & 6 & & 1 & & \\
 & 1 & & 7 & & 21 & & 35 & & 35 & & 21 & & 7 & & 1 & \\
1 & & 8 & & 28 & & 56 & & 70 & & 56 & & 28 & & 8 & & 1 \\
\end{array}
$$

$$\binom{n}{1} = \binom{n}{n-1} = n$$

Denn in den ersten Diagonalen stehen die Binomialkoeffizienten $\binom{n}{1}$ und $\binom{n}{n-1}$. $\binom{n}{1}$ ist nach Definition die Anzahl der 1-elementigen Teilmengen einer n-Menge; davon gibt es ebenso viele wie es Elemente gibt, also n. $\binom{n}{n-1}$ ist wegen der Symmetrie dann ebenfalls n.

Merke: Ab Zeile 1 geben die *zweite* und die *vorletzte* Zahl stets die *Zeilennummer* an.

5. In den zweiten Diagonalen steht jeweils die Folge der Dreieckzahlen

$$
\begin{array}{ccccccccccccccccc}
 & & & & & & & & 1 & & & & & & & & \\
 & & & & & & & 1 & & 1 & & & & & & & \\
 & & & & & & 1 & & 2 & & 1 & & & & & & \\
 & & & & & 1 & & 3 & & 3 & & 1 & & & & & \\
 & & & & 1 & & 4 & & 6 & & 4 & & 1 & & & & \\
 & & & 1 & & 5 & & 10 & & 10 & & 5 & & 1 & & & \\
 & & 1 & & 6 & & 15 & & 20 & & 15 & & 6 & & 1 & & \\
 & 1 & & 7 & & 21 & & 35 & & 35 & & 21 & & 7 & & 1 & \\
1 & & 8 & & 28 & & 56 & & 70 & & 56 & & 28 & & 8 & & 1 \\
\end{array}
$$

$$\binom{n}{2} = \binom{n}{n-2} = D_{n-1} = \tfrac{1}{2}n(n-1)$$

Die Folge der Dreieckzahlen beginnt mit 1, 3, 6, 10, 15, 21, … . Die n-te Dreieckzahl ist

$$D_n = \tfrac{1}{2}(n+1)n = \binom{n+1}{2}, \text{ also ist } D_{n-1} = \tfrac{1}{2}n(n-1) = \binom{n}{2} = \binom{n}{n-2}.$$

(Mehr zu Dreieckzahlen im nächsten Kapitel *Kombinatorische Zahlenfolgen*).

6. In den dritten Diagonalen steht jeweils die Folge der Tetraederzahlen

$$
\begin{array}{ccccccccc}
 & & & & 1 & & & & \\
 & & & 1 & & 1 & & & \\
 & & 1 & & 2 & & 1 & & \\
 & 1 & & 3 & & 3 & & 1 & \\
1 & & 4 & & 6 & & 4 & & 1 \\
\end{array}
$$

1   5   10   10   5   1
1   6   15   20   15   6   1
1   7   21   35   35   21   7   1
1   8   28   56   70   56   28   8   1

$$
\binom{n}{3} = \binom{n}{n-3} = T_{n-2} = \tfrac{1}{6}n(n-1)(n-2)
$$

Die Folge der Tetraederzahlen beginnt mit 1, 4, 10, 20, 35, 56, … . Die n-te Tetraederzahl ist

$$
T_n = \tfrac{1}{6}(n+2)(n+1)n = \binom{n+2}{3}, \text{ also ist } T_{n-2} = \tfrac{1}{6}n(n-1)(n-2) = \binom{n}{3} = \binom{n}{n-3}.
$$

(Mehr zu Tetraederzahlen im nächsten Kapitel *Kombinatorische Zahlenfolgen*).

7. Die Zeilensummen verdoppeln sich von Zeile zu Zeile

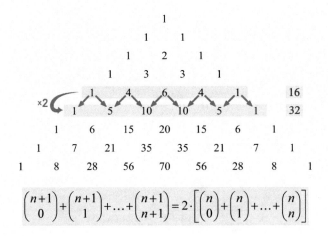

$$
\binom{n+1}{0} + \binom{n+1}{1} + \dots + \binom{n+1}{n+1} = 2 \cdot \left[\binom{n}{0} + \binom{n}{1} + \dots + \binom{n}{n} \right]
$$

Das folgt aus dem Additionsgesetz: In der unteren Zeile entstehen die inneren Zahlen jeweils durch Addition von zwei Zahlen der oberen. Dabei wird jede obere innere Zahl jeweils zweimal als Summand verwendet, die oberen Rand-Einsen nur je einmal. Da in der unteren Zeile aber noch zwei Rand-Einsen hinzukommen, werden alle Zahlen der oberen zweimal als Summanden in die Gesamtsumme der unteren Zeile übernommen.

8. Die Zeilensummen sind die Zweierpotenz der Zeilennummer

$$
\begin{array}{ccccccccc}
 & & & & 1 & & & & \\
 & & & 1 & & 1 & & & \\
 & & 1 & & 2 & & 1 & & \\
 & 1 & & 3 & & 3 & & 1 & \\
1 & + & 4 & + & 6 & + & 4 & + & 1 \quad 2^4 \\
1 & + & 5 & + & 10 & + & 10 & + & 5 \quad + \quad 1 \quad 2^5
\end{array}
$$

$$
\begin{array}{ccccccccc}
 & 1 & 6 & 15 & 20 & 15 & 6 & 1 & \\
1 & 7 & 21 & 35 & 35 & 21 & 7 & 1 & \\
1 & 8 & 28 & 56 & 70 & 56 & 28 & 8 & 1
\end{array}
$$

$$
\binom{n}{0}+\binom{n}{1}+\binom{n}{2}+\ldots+\binom{n}{n}=2^n
$$

Das ist genau die Aussage des *Spezialfalls des Binomischen Lehrsatzes*. Doch es folgt auch aus 7. durch Induktion: Die 0-te Zeile hat die Summe $1 = 2^0$. Wenn die n-te Zeile die Summe 2^n hat, dann hat die $(n+1)$-Zeile nach 7. die doppelte Summe, also $2 \cdot 2^n = 2^{n+1}$.

9. Die Diagonalen-Teilsummen stehen jeweils schräg (zur Mitte hin) darunter

$$
\begin{array}{ccccccccc}
 & & & & 1 & & & & \\
 & & & 1 & & 1 & & & \\
 & & 1 & & 2 & & 1 & & \\
 & 1 & & 3 & & 3 & & 1 & \\
 1 & & 4 & & 6 & & 4 & & 1 \\
 1 & & 5 & & 10 & & 10 & & 5 & 1 \\
\end{array}
$$

steigende Diagonalen :	$\binom{k}{k}+\binom{k+1}{k}+\binom{k+2}{k}+\ldots+\binom{n}{k}=\binom{n+1}{k+1}$
fallende Diagonalen :	$\binom{k}{0}+\binom{k+1}{1}+\binom{k+2}{2}+\ldots+\binom{n}{k}=\binom{n+1}{k}$

Beweis (Induktion über die Anzahl n der Summanden) *Verankerung:* Für $n = 1$ besteht die Summe nur aus der Randzahl, ist also 1. Dann gilt die Behauptung, weil schräg darunter wieder eine Randzahl 1 steht, also die korrekte Summe. *Vererbung:* Die Behauptung sei für $n = k$ Summanden richtig (z.B. $1+3+\ldots+15$, s. Abb.) mit Summenwert S (35) schräg darunter. Verlängern wir nun um einen weiteren Summanden s (21) auf $n = k+1$ Summanden, so müsste schräg darunter, also zwischen s und S (21 und 35), der neue Summenwert $S + s$ stehen. Nach dem Additionsgesetz ist das auch der Fall. Wenn die Behauptung für $n = k$ gilt, dann gilt sie also auch für $n = k + 1$ ($56 = 21 + 35 = 21 + 1 + 3 + \ldots + 15 = 1 + 3 + \ldots + 15 + 21$).

10. Die Summen der flachen Diagonalen sind die Fibonacci-Zahlen

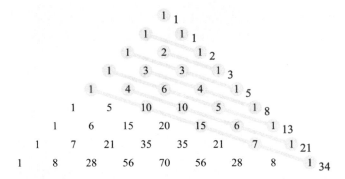

Beweis Die Fibonacci-Zahlen 1, 1, 2, 3, 5, 8, 13, 21, 34, … haben eine einfache rekursive Definition: Die ersten beiden sind 1, und jede weitere ist die Summe ihrer beiden Vorgänger.

Formal: $F_1 = F_2 = 1$ und $F_n = F_{n-1} + F_{n-2}$ (für $n \geq 3$).

Da die Summen der beiden ersten flachen Diagonalen jeweils 1 sind (s. Abb. oben), ist der erste Teil der Definition der Fibonacci-Zahlen erfüllt. Wir müssen also noch zeigen, dass ab der 3. Diagonalen die Summen sich durch Addition der beiden Vorgängersummen ergeben. Dies folgt unmittelbar aus dem Additionsgesetz (s. Abb. unten): Die *inneren Zahlen* einer flachen Diagonale sind jeweils die Summe von je einer Zahl der Vorgänger- und der Vorvorgängerdiagonalen. Aber auch die *Rand-Einsen* werden aus den Vorgängerdiagonalen übernommen.

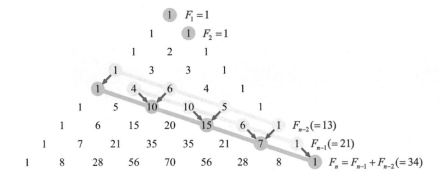

Warum die Summen der flachen Diagonalen
die Fibonacci-Zahlen sind

Mit anderen Worten: Jede Zahl in jeder der beiden Vorgängerdiagonalen wird entweder direkt in die Diagonale übernommen, oder sie ist einer der Summanden, aus denen die inneren Zahlen der Diagonale gebildet werden. Daher ist die Summe der Diagonale die Summe sämtlicher Zahlen in ihren beiden Vorgängerdiagonalen.

Hier ist aber zu berücksichtigen, dass es *zwei Arten von flachen Diagonalen* gibt: Die Diagonalen mit *ungerader* Nummer beginnen oben am Rand (erste Zahl also 1), die mit *gerader* Nummer beginnen mit der zweiten Zahl einer Zeile im Pascalschen Dreieck (dies ist bei der *n*-ten Zeile die Zahl *n*). Die Abb. unten zeigt nur den Fall einer Diagonale mit ungerader Nummer. Für gerade Nummern gilt die Aussage aber ebenfalls. (Übungsaufgabe: Zeichnen Sie diesen Fall und begründen Sie, dass unsere Argumentation auch dafür zutrifft.)Den Fibonacci-Zahlen ist im nächsten Kapitel *Kombinatorische Zahlenfolgen* ein eigener Abschnitt gewidmet.

5 Zur Geschichte des Pascalschen Dreiecks

Die Bezeichnung *Pascalsches Dreieck* ist eine historisch eigentlich unkorrekte Zuschreibung. Denn der französische Philosoph, Mathematiker und Physiker *Blaise Pascal* (1623-1662) war keineswegs der ‚Erfinder‘ des Zahlenschemas der Binomialkoeffizienten.

Nach unserem heutigen Wissensstand findet sich die erste Darstellung des Schemas schon in dem indischen Werk *Chandas Shastra* aus dem 10. Jahrhundert, dessen Ursprünge vermutlich sogar bis ins 5. Jahrhundert zurückreichen. In diesem Werk wird bereits die Eigenschaft 10 des vorigen Abschnitts erwähnt, dass nämlich die Summe der flachen Diagonalen die Fibonaccizahlen sind. Aus der gleichen Zeit ist auch eine iranische Quelle bekannt, in der das Dreieck als *Chayyām-Dreieck* bezeichnet wird und sogar der Binomische Lehrsatz erwähnt wird. Im China des 13. Jahrhunderts war das Dreieck als *Yang-Hui-Dreieck* bekannt.

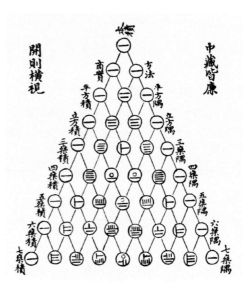

Das Yang-Hui-Dreieck in einer chinesischen Darstellung aus dem Jahre 1303

In Europa war das Dreieck spätestens in der Renaissance bekannt: Der erste europäische Nachweis findet sich 1527 in einem Werk des Deutschen *Peter Bennewitz* (1495-1552), der sich latinisiert *Petrus Apian* nannte und Hofmathematiker von Kaiser Karl V. war.

Erst über hundert Jahre später benutzt dann Pascal 1655 in seinem Buch ‚*Traité du triangle arithmétique*‘ das Dreieck zur Behandlung von Problemen der Wahrscheinlichkeitsrechnung. In seinem Werk wird das ‚*Triangle Arithmetique*‘ übrigens nicht in der bei den Chinesen und auch bei uns heute üblichen symmetrischen Form abgebildet, sondern rechtwinklig (gedreht und linksbündig ausgerichtet):

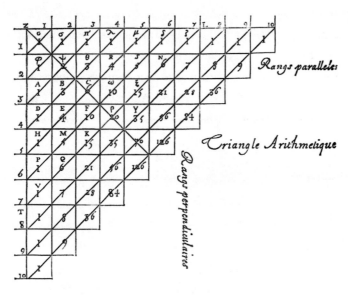

Rechtwinklige Darstellung bei Pascal:
Das ‚triangle arithmetique‘

Die bei uns heute gebräuchliche Bezeichnung als *Pascalsches Dreieck* zu Ehren ihres Landsmannes Pascal geht auf die beiden französischen Mathematiker *Pierre Rémond de Montmort* (1678-1719) und *Abraham de Moivre* (1667-1754) zurück.

6 Kopftraining zum Pascalschen Dreieck

Versuchen Sie, die folgenden Aufgaben allein ‚im Kopf‘ zu lösen. Lassen Sie Papier und Stift (und Elektronik) weg. Sie werden sehen, es geht auch ohne. Und es ist ein gutes Training.

1. Berechnen Sie $\binom{1000}{999}$, $\binom{100}{98}$ und $\binom{10}{3}$.

2. Welche Zahl ist jeweils die größere?

   (a) $\binom{50}{12}$ oder $\binom{50}{38}$ (b) $\binom{17}{11}$ oder $\binom{17}{12}$ (c) $\binom{36}{14}$ oder $\binom{36}{24}$

   (d) die 5. Zahl der 19. Zeile oder die 5. Zahl der 20. Zeile

   (e) die 8. Zahl der 35. Zeile oder die 28. Zahl der 36. Zeile

(f) die größte Zahl der 75. Zeile oder die zweitgrößte Zahl der 76. Zeile

3. Welche Zahl steht in Zeile 20 an Position 5?

4. Welche Zahl ist die größte in Zeile 8?

5. Für welche Werte von k sind $\binom{50}{k}$ und $\binom{51}{k}$ jeweils maximal?

6. Wie groß ist die Zeilensumme der 11. Zeile?

7. Nennen Sie die Zahlen von vier verschiedenen Positionen der 200. Zeile.

8. Nennen Sie die Zahlen von zwei weiteren Positionen der 200. Zeile.

9. Irgendwo stehen 1 und 21 nebeneinander. Was steht dahinter an drittletzter Stelle?

10. Die vorletzte Zahl einer Zeile ist 12. Welche Zahl steht an Position 4?

11. Die erste Hälfte einer Zeile hat die Summe 256. Wie groß ist die größte Zahl der Zeile?

12. Die Summe der zweistelligen Zahlen einer Zeile ist 1022. Welche Zahl steht an vorletzter Stelle?

1 Dreieckzahlen

Wenn wir Flaschen platzsparend unterbringen wollen, dann stapeln wir sie. Die übliche Stapelform ist ideal: Auf eine unterste Schicht legt man sukzessive Schichten mit jeweils einer Flasche weniger. Wenn wir so viele Flaschen haben, dass der Stapel voll wird, dann muss die Flaschenanzahl eine *Dreieckzahl* sein. Dreieckzahlen sind spezielle *Stapelzahlen,* wie auch *Tetraeder-* und *Pyramidenzahlen.* Stapelzahlen haben ihrer praktischen Verankerung wegen stets einen Handlungsbezug (enaktive Repräsentation) und lassen sich auf suggestive Weise als Zahlfiguren darstellen (ikonische Repräsentation). Die Zahlfigur ist für die Augen das, was der Stapel für die Hände ist. Bei Dreieckzahlen sehen sie so aus:

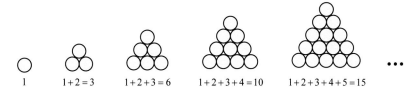

$$1 \qquad 1+2=3 \qquad 1+2+3=6 \qquad 1+2+3+4=10 \qquad 1+2+3+4+5=15$$

> **Definition** *Dreieckzahlen*
> Die *n*-te *Dreieckzahl* D_n ist die Summe der ersten *n* natürlichen Zahlen.
>
> $$D_n = \sum_{k=1}^{n} k$$

Wenn dies Dreieckzahlen sind, was würden Sie dann unter *Viereckzahlen* verstehen? Sie kennen sie längst, allerdings unter einem anderen Namen. Unter welchem?

Kinder, die mit dem Baukasten Treppen bauen, können die Dreieckzahlen ebenfalls entdecken. Denn wenn sie lauter gleiche Bausteine verwenden, dann stapeln auch sie auf eine untere Schicht sukzessive Schichten mit jeweils einem Stein weniger. Sie nennen Dreieckzahlen daher oft *Treppenzahlen*:

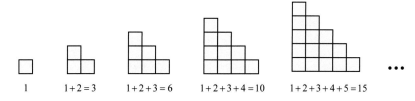

$$1 \qquad 1+2=3 \qquad 1+2+3=6 \qquad 1+2+3+4=10 \qquad 1+2+3+4+5=15$$

P. Berger, *Kombinatorik,* https://doi.org/10.1007/978-3-662-67396-6_6

Wegen ihres Handlungsbezugs haben Zahlfiguren immer ein beachtliches entdeckerisches Potenzial. Sie laden zum Puzzeln ein, also zum Problemlösen mit den Händen, und dabei finden wir leicht etwas heraus, das wir sonst nie entdeckt hätten. Für Dreieckzahlen zeigt die folgende Abbildung eine solche Entdeckung: Die n-te Treppenzahl/Dreieckzahl D_n und ihr Vorgänger D_{n-1} sind zusammen so groß wie die n-te Quadratzahl.

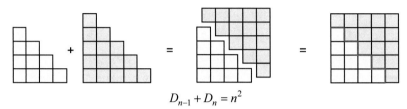

$$D_{n-1} + D_n = n^2$$

Wenn Kinder das Fremdwort ‚Quadrat' noch nicht kennen, aber natürlich längst mit Zahlfiguren puzzeln, dann sagen sie statt ‚Quadratzahl' oft ‚Viereckzahl'. Und sie finden dann später selbst heraus, warum ein Quadrat nicht einfach nur ein Viereck ist, sondern ein ganz besonderes. Weil sie auch längliche Vierecke bauen. Wenn sie schräge Steine haben, sehen sie, dass es auch schräge Vierecke gibt. Dass man die ‚Parallelogramme' nennt, ist ihnen erst einmal, zu Recht, egal. Was ist schon ein *Wort* im Vergleich zu einer *Entdeckung*.

Wenn wir von der Zahlfigur einer Treppenzahl/Dreieckzahl D_n eine Kopie herstellen und beide aneinander legen, machen wir noch eine Entdeckung. Was wir mit den Händen bauen, darin erkennen unsere Augen eine Formel zur direkten Berechnung der n-ten Dreieckzahl D_n:

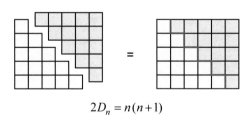

$$2D_n = n(n+1)$$

Eine solche Formel, mit der man die Zahlen einer Folge direkt berechnen kann, also ohne Rückgriff auf Vorgängerzahlen, nennt man in Abgrenzung zu Rekursionsformeln eine *explizite Formel*. Wir geben hier beide an:

Satz *Formeln für Dreieckzahlen*
Rekursionsformel: $D_n = D_{n-1} + n$ explizite Formel: $D_n = \frac{1}{2}n(n+1) = \binom{n+1}{2}$

Die drei Arten von Stapelzahlen, die wir hier vorstellen, Dreieck-, Tetraeder- und Pyramidenzahlen, sind nicht nur in ihrem konstruktiven Aufbau als Stapelzahlen verwandt. Sie haben auch sehr ähnliche explizite Formeln. (Achten bei den beiden nächsten Zahlen darauf.)

2 Verallgemeinerung: n-Eck-Zahlen

Wenn wir bei den Dreieckzahlen nicht den Aspekt ‚Stapel' beachten, sondern den Aspekt ‚regelmäßiges Vieleck', dann sehen wir sofort die Möglichkeit zu einer Verallgemeinerung auf *n-Eck-Zahlen* für beliebige natürliche Zahlen $n \geq 3$. Die folgende Abbildung zeigt die ersten Beispiele:

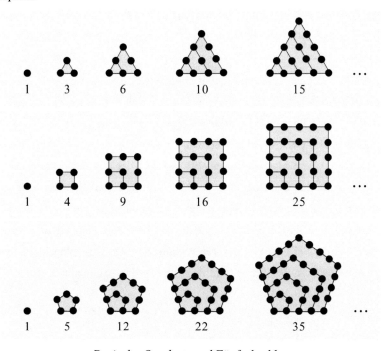

Dreieck-, Quadrat- und Fünfeckzahlen

Die n-Eck-Zahlen sind in der Schule nach den Erfahrungen des Autors ein motivierendes Feld für erfolgreiche Entdeckungen. Auch für sie gibt es natürlich jeweils Rekursions- und explizite Formeln (s. Übungen).

Addieren wir von 1 steigend die natürlichen Zahlen, so erhalten wir Schritt für Schritt alle Dreieckzahlen, klar. Und wenn wir nur die ungeraden nehmen? Deren Zahlfiguren sind Winkel. Beim Puzzeln entdecken wir: Die Summe der ersten n ungeraden Zahlen ist stets die n-te Quadratzahl. Greifen ist *Be-greifen!*

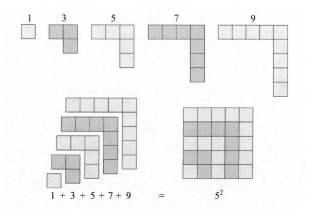

3 Tetraederzahlen

Zurück zum Aspekt ‚Stapel‘. Wenn wir ihn verfolgen, dann können wir uns fragen, welche anderen runden Objekte außer Zylindern (Flaschen) sich ebenfalls stapeln lassen. Sollten Sie sich für Seeschlachten interessieren (vielleicht lieber nicht), dann könnten Sie im Hafen von Portsmouth die *HMS Victory* besichtigen, das Flaggschiff von *Nelson* in der berüchtigten Schlacht von Trafalgar (1805). Damals brachte man einander noch mit Kanonenkugeln um. In Portsmouth steht neben jeder der 104 Kanonen der Beweis, dass man auch Kugeln gut stapeln kann. – Vielleicht wollen wir aber doch lieber an die Orangenstapel auf dem Markt denken.

Während Zylinder um eine Achse gekrümmt sind, sind Kugeln um einen Punkt gekrümmt. Darum liegen Kugeln in jeder Stapelschicht nicht linear nebeneinander wie Zylinder, sondern in Form einer in zwei Dimensionen variablen Figur. Diese kann *jedes regelmäßige Vieleck* sein; regelmäßig, weil die Kugeln alle kongruent sind. Wählen wir dafür, wie auf der Victory und zumeist auch auf dem Markt, ein *Dreieck*, so erhält der Stapel die Form eines ‚Kugel-Tetraeders‘. Die Anzahlen der Kugeln in solchen (vollständigen) Stapeln nennt man daher *Tetraederzahlen*. – Beachten Sie: Zylinderstapel wachsen in Höhe und Breite, die Tiefe bleibt stets die konstante Zylinderlänge. Daher hat die explizite Formel der Dreieckzahlen einen *quadratischen* Term (zwei Faktoren mit der Variablen *n*). Da Kugelstapel zusätzlich in die Tiefe wachsen, ist der Term bei Tetraederzahlen *kubisch* (drei Faktoren mit *n*).

von oben

Kugel-Tetraeder

Vergleichen Sie *Dreieckzahlen* und *Tetraederzahlen*. Was fällt Ihnen auf? Wie würden Sie Tetraederzahlen formal definieren?

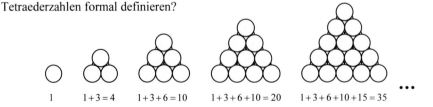

1	$1+3=4$	$1+3+6=10$	$1+3+6+10=20$	$1+3+6+10+15=35$	...

Definition *Tetraederzahlen*

Die *n*-te *Tetraederzahl* T_n ist die Summe der ersten *n* Dreieckzahlen $D_1 + \ldots + D_n$.

$$T_n = \sum_{k=1}^{n} D_k$$

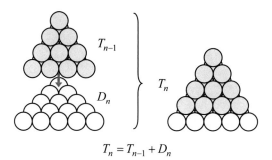

$$T_n = T_{n-1} + D_n$$

Addiert man zu einer Tetraederzahl T_{n-1} die nächste Dreieckzahl D_n, so erhält man nach der Definition also die nächste Tetraederzahl T_n. Dies liefert eine Rekursionsformel für T_n.

Es handelt sich hier gewissermaßen um eine ‚Doppelrekursion', da zur Berechnung von T_n aus T_{n-1} die Zahl D_n ihrerseits erst noch durch Rekursion auf D_{n-1} bestimmt werden muss.

n	1	2	3	4	5	6	7
Dreieckzahlen D_n	1	3	6	10	15	21	28
Tetraederzahlen T_n	1	4	10	20	35	?	?

Auch für die Tetraederzahlen gibt es eine explizite Formel (Herleitung: Übungsaufgabe, s.u.):

Satz *Formeln für Tetraederzahlen*
Rekursionsformel: $T_n = T_{n-1} + D_n$ explizite Formel: $T_n = \frac{1}{6}n(n+1)(n+2) = \binom{n+2}{3}$

4 Pyramidenzahlen

Wenn wir für die die unterste Schicht des Kugelstapels kein Dreieck wählen, sondern ein Quadrat, dann wird der Stapel eine quadratische ‚Kugel-Pyramide'.

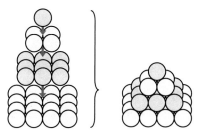

Kugel-Pyramide

Daher nennt man die Kugelanzahlen in solchen (vollständigen) Stapeln *Pyramidenzahlen*.

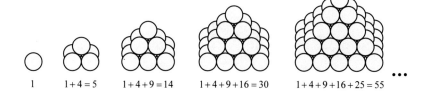

1    $1+4=5$ $1+4+9=14$ $1+4+9+16=30$ $1+4+9+16+25=55$

Definition *Pyramidenzahlen*

Die *n*-te *Pyramidenzahl* P_n ist die *Summe der ersten n Quadratzahlen*.

$$P_n = \sum_{k=1}^{n} k^2$$

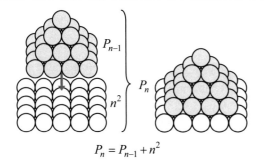

$$P_n = P_{n-1} + n^2$$

Addiert man zu einer Pyramidenzahl P_{n-1} die nächste Quadratzahl n^2, so erhält man also die nächste Pyramidenzahl P_n. Wie eben liefert dies eine Rekursionsformel für P_n.

Wie T_n lässt sich auch P_n rekursiv berechnen, wobei jetzt n^2 an die Stelle von D_n tritt:

n	1	2	3	4	5	6	7
Quadratzahlen n^2	1	4	9	16	25	36	49
Pyramidenzahlen P_n	1	5	14	30	55	?	?

Die explizite Formel für Pyramidenzahlen ist wie die für Tetraederzahlen kubisch (Begründung wie dort).

Satz *Formeln für Pyramidenzahlen*

Rekursionsformel: $P_n = P_{n-1} + n^2$ explizite Formel: $P_n = \frac{1}{6} n(n+1)(2n+1)$

Übungen

1. Leiten Sie für die Fünfeckzahlen Rekursionsformel und explizite Formel her.

2. Versuchen Sie zumindest, dies auch für einen Fall höherer *n*-Eck-Zahlen zu tun. Ist das für die Achteckzahlen wirklich schwieriger als für die Sechseckzahlen?

3. Leiten Sie für die Trapezzahlen eine Rekursionsformel und eine explizite Formel her.

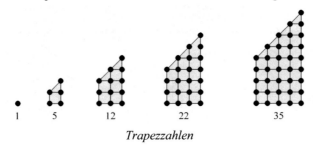

Trapezzahlen

4. Leiten Sie die angegebene explizite Formel für Tetraederzahlen her.

5. Leiten Sie die angegebene explizite Formel für Pyramidenzahlen her.

5 Fibonacci-Zahlen

Die Fibonacci-Zahlen sind zwar keine Stapelzahlen, doch wir wollen sie hier behandeln, weil sie für kombinatorische Probleme wichtig und nützlich sind. Die Fibonacci-Zahlen sind die Glieder der *Fibonacci-Folge,* die eine ebenso bedeutende Rolle in der Mathematik wie in der Natur spielt, in der Geometrie ebenso wie bei Ananas und Sonnenblumen, wie wir noch sehen werden. Wie ist diese Folge aufgebaut? Ihr Bildungsgesetz ist einfach: Die beiden ersten Folgenglieder sind 1, und ab dem dritten ist jedes Folgenglied die *Summe der beiden Vorgänger*:

> **Definition** *Fibonacci-Zahlen*
>
> Die *Fibonacci-Zahlen* $1, 1, 2, 3, 5, 8, 13, 21, 34, 55, 89, 144 \ldots$ werden rekursiv definiert durch:
> $$F_1 = F_2 = 1$$
> $$F_n = F_{n-1} + F_{n-2} \text{ (für } n \geq 3)$$

Benannt ist die Folge nach *Leonardo von Pisa* (ca. 1170 - nach 1240), einem der bedeutendsten Mathematiker des Mittelalters, den man kurz *Fibonacci* nannte. (Sein Vater hieß Guglielmo Bonacci, und aus ‚figlio di Bonaccio‘, Sohn des B., machte man kurz ‚Fibonacci‘.) Leonardo, der in seiner Heimatstadt Pisa als ‚Rechenmeister‘ tätig war, hatte ein Rechenbuch verfasst (*Liber abbaci* 1202, Neuausgabe 1228) und darin die später nach ihm benannte Zahlenfolge eingeführt, indem er zur Demonstration eine selbstgestellte Aufgabe zur Vermehrung einer Kaninchenpopulation löste.

Diese Modellierung der Fibonacci-Zahlen ist didaktisch allerdings wenig geschickt. Denn sie geht von sehr theoretischen Annahmen über das Paarungsverhalten von Kaninchen aus. Die jedoch befolgen strikte mathematische Vorgaben in der Praxis erfahrungsgemäß eher selten.

Einfacher und konstruktiver werden die Fibonacci-Zahlen entdeckbar und verstehbar in einer spielähnlichen Modellierung (nach der erwähnten produktiven Denkstrategie des *vorgestellten Handelns*), die nicht nur für die Schule geeignet ist.

Stellen wir uns vor, wir wären Zaungäste in einer guten Mathestunde. Thema sind die Fibonacci-Zahlen. Doch nein, falsch: Thema ist das *Treppenproblem von Lars und Larissa* (s. Info-Kasten auf der nächsten Seite). Weil es sich um *guten* Matheunterricht handelt, könnte gegen Ende der gemeinsame Rückblick der Schülerinnen und Schüler etwa so verlaufen wie im Folgenden beschrieben (es geht ein wenig hin und her, es ist ja ein Gespräch; zur besseren Lesbarkeit schneiden wir manches zusammen und lassen auch weg, wer gerade spricht):

» Also, es hat etwas gedauert, bis wir raus hatten, wie wir anfangen sollten. Aber dann war klar, so blöd sich das jetzt anhört, wir müssen ganz *einfach* anfangen. Und zwar nur mit *einer* Zahl, z.B. mit der 9. Jeder Weg zur 10 *geht* entweder über die 9, oder er geht *nicht* über die 9. Logisch. Also ist die Anzahl der Wege zur 10 einfach die Summe der Wege über die 9 *plus* die Wege *nicht* über die 9. Wegen ‚entweder/oder‘, da kann man einfach addieren. Von der 9 kommt man aber nur mit einem Einzelschritt auf die 10, nur auf eine Weise, Doppelschritt geht nicht. Also gibt es nicht *mehr* Wege über die 9 zur 10 als *überhaupt* Wege auf die 9. Und *weniger* sowieso nicht. Also genau *gleich* viele. – Jetzt bleiben aber noch die anderen Wege. Wie viele Wege zur 10 gehen denn *nicht* über die 9?

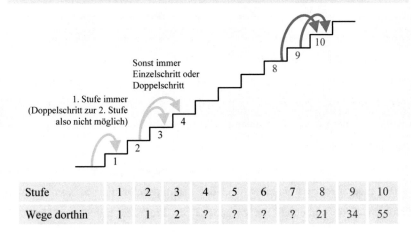

Modellierung der Fibonacci-Zahlen   *Das Treppenproblem*

Lars und Larissa gehen die Treppe zu ihrer Wohnung immer auf eine ganz besondere Weise hinauf:

- Die erste Stufe betreten sie in jedem Fall.
- Von dort aus machen sie immer Einzelschritte (1 Stufe) oder Doppelschritte (2 Stufen auf einmal). Größere Schritte finden sie zu anstrengend.

Auf wie viele verschiedene Arten können sie so die 10. Stufe erreichen?

Stufe	1	2	3	4	5	6	7	8	9	10
Wege dorthin	1	1	2	?	?	?	?	21	34	55

Da wir höchstens Doppelschritte machen können, muss ein Weg zur 10, wenn er *nicht* über die 9 geht, *dann* auf jeden Fall über die 8 gehen. Und von der 8 mit einem Doppelschritt direkt auf die 10. Aber dann ist das doch wie eben bei der 9. Da konnten wir auch jeden Weg nur auf eine einzige Weise zur 10 verlängern. Und hier können wir auch jeden Weg auf die 8 nur auf eine einzige Weise zur 10 verlängern, mit einem Doppelschritt. Einzelschritt geht nicht, denn dann kämen wir ja eben *doch* auf die 9. Also gibt es genau wie eben nicht *mehr* Wege über die 8 zur 10 als überhaupt Wege auf die 8. Und *weniger* sowieso nicht. Also wieder genau *gleich* viele.

Nochmal: ‚*Nicht über die 9*‘ sagt genau dasselbe wie ‚*Dann über die 8*‘. Und auf die 10 gibt es nur zwei Möglichkeiten: entweder über die 9 und dann ein Einzelschritt oder über die 8 und dann ein Doppelschritt. Wir müssen einfach die beiden Wegzahlen addieren. Und das ist natürlich nicht nur bei 8, 9, 10 so. Wie groß die Zahlen genau sind, haben wir ja nicht gebraucht. Sondern nur, dass es irgendeine Zahl ist und die beiden Zahlen davor. Deswegen ist das für jede Zahl richtig. Immer ist

$$\text{Wegzahl}_n = \text{Wegzahl}_{n-1} + \text{Wegzahl}_{n-2} \qquad \text{«}$$

So etwa könnte das Gespräch verlaufen sein; so etwa sind manche Unterrichtsgespräche verlaufen, die der Autor erlebt hat. Durch selbstaktives Problemlösen am *Modell der Treppe* wird nach seinen Erfahrungen das Bildungsgesetz der Fibonacci-Zahlen, wie wir es in der rekursiven Definition formuliert haben, auf motivierende Weise entdeckt. Zugleich wird der gewissermaßen ‚praktische Sinn‘ der Fibonacci-Zahlen einsichtig, weil sie unmittelbar in einem konkreten Problemkontext als Lösung konstruiert werden. Nicht zuletzt tritt an diesem Modell der kombinatorische Charakter der Fibonacci-Zahlen erheblich deutlicher hervor als dies bei der originalen Kaninchenaufgabe des Leonardo von Pisa der Fall ist.

Fibonacci Zahlen und Goldener Schnitt

Die Fibonacci-Zahlen stehen in engem Zusammenhang mit dem *Goldenen Schnitt*. Darunter versteht man bekanntlich die Zerlegung einer Strecke in einen größeren und einen kleineren Teil, und zwar so, dass die Strecken(längen)verhältnisse ‚ganze Strecke zu größerem Teil‘ und ‚größerer Teil zu kleinerem Teil‘ gleich sind. Dieses Streckenverhältnis des Goldenen Schnitts heißt *Goldene Zahl*, dargestellt durch den griechischen Buchstaben Φ (‚Groß-Phi‘).

$$\frac{a+b}{a} = \frac{a}{b} = \Phi \quad \textit{Goldene Zahl}$$

Goldener Schnitt

Lösen wir die Proportionsgleichung, so erhalten wir:

$$\frac{a+b}{a} = \frac{a}{b} \Leftrightarrow (a+b)b = a^2 \Leftrightarrow ab+b^2 = a^2 \Leftrightarrow b^2+ab = a^2 \Leftrightarrow b = \pm\tfrac{1}{2}a\left(\sqrt{5}\mp 1\right)$$

Da a, b als Streckenlängen nicht negativ sein können, ist nur der obere Fall eine Lösung:

$$\Phi = \frac{a}{b} = \frac{a}{\tfrac{1}{2}a\left(\sqrt{5}-1\right)} = \frac{2}{\sqrt{5}-1} = \frac{2}{\sqrt{5}-1} \cdot \frac{\sqrt{5}+1}{\sqrt{5}+1} = \frac{2(\sqrt{5}+1)}{5-1} = \frac{\sqrt{5}+1}{2} \approx 1{,}618$$

Nach ihrer Definition lassen sich die Fibonacci-Zahlen F_n sehr einfach rekursiv berechnen. Jedenfalls für kleine n. Für große n wird der Additionsaufwand allerdings bald erheblich. Nicht wegen der Zahl der Additionen, sondern weil die Summanden schnell sehr groß werden. Fibonacci-Zahlen wachsen rasch: Wegen $F_n = F_{n-1} + F_{n-2}$ ist ja jede mehr als doppelt so groß wie ihr Vorvorgänger. So ist z. B. $F_{100} = 354.224.848.179.261.915.075$, F_{1000} hat bereits 209 Dezimalstellen.

Bequem wäre eine *explizite* Formel, die nicht rekursiv den weiten Weg über alle kleineren Fibonacci-Zahlen gehen muss. Es hat nach Leonardos Einführung seiner Zahlen mehr als ein halbes Millennium gedauert, bis eine solche Formel gefunden wurde (vielleicht hatte vorher auch niemand nach ihr gesucht). Drei berühmte Mathematiker haben sie im 18. Jahrhundert, wohl unabhängig voneinander entdeckt: *Abraham de Moivre*, *Daniel Bernoulli* und *Leonhard Euler*. Benannt wurde sie nach *Jacques Binet* (1786-1856), der sie 1843, über hundert Jahre später, noch einmal entdeckte und, wie man lange irrtümlich annahm, als erster für sie auch einen Beweis vorlegte. Daniel Bernoulli dürfte sie jedoch bereits um 1730 bewiesen haben.

Satz   *Formel von Binet*

Die n-te Fibonacci-Zahl F_n lässt sich explizit berechnen durch

$$F_n = \frac{1}{\sqrt{5}}\left[\Phi^n - \left(-\frac{1}{\Phi}\right)^n\right] = \frac{1}{\sqrt{5}}\left[\left(\frac{1+\sqrt{5}}{2}\right)^n - \left(\frac{1-\sqrt{5}}{2}\right)^n\right]$$

Sollten Sie beim Blick auf diese Formel eine leichte Irritation empfinden, kein Problem: Das ist ein Zeichen von mathematischem Verständnis bzw. mathematischer Intuition. Denn dass eine so komplexe Formel mit irrationalen Elementen wie Φ bzw. $\sqrt{5}$ die Fibonacci-Zahlen berechnen soll, also nicht allein *rationale* Resultate liefern soll, sondern ausnahmslos solche, die auf ‚*Komma Null*' enden – das ist in der Tat höchst verblüffend. Doch so ist es wirklich. Machen Sie die Probe, setzen Sie 1 und 2 für n ein und rechnen Sie nach!

Auf den zweiten und tieferen Blick ist die Tatsache noch bemerkenswerter, dass Binets Formel überhaupt eine so enge Beziehung zwischen Φ und den Fibonacci-Zahlen aufdeckt. Eine weitere Formel macht diese Beziehung sogar noch deutlicher: Das Verhältnis ‚Fibonacci-Zahl zu Vorgängerzahl' nämlich geht für $n \to \infty$ gegen die Goldene Zahl Φ. Es gilt der Grenzwert

$$\lim_{n \to \infty} \frac{F_n}{F_{n-1}} = \Phi$$

Umgeformt bedeutet dieser Grenzwert: Für große Fibonacci-Zahlen ergibt sich der Nachfolger annähernd durch Multiplikation mit der Goldenen Zahl Φ. Nicht genau, sonst wäre die

Fibonacci-Folge ja eine geometrische Folge, was sie aber natürlich nicht ist. Aber doch so genau wie man möchte, wenn man n nur genügend groß wählt.

Fibonacci-Zahlen und Goldene Spirale

In der Grundschule kann man eine schöne Spirale mit Zirkel und Lineal auf Kästchenpapier zeichnen. Man setzt schrittweise lauter Quadrate aneinander, wobei jedes neue Quadrat genau an die längere Seite der bisher gezeichneten Gesamtfigur passt. Beim Zeichnen der Quadrate bewegt man sich so gegen den Uhrzeigersinn immer weiter nach außen, bis das Blatt voll ist. Beginnt man mit zwei benachbarten Quadraten der Seitenlänge 1, dann ergeben sich dabei zwangsläufig Quadrate, deren Seitenlängen die Fibonacci-Zahlen sind. Denn die Seitenlänge eines neuen Quadrats ist stets die Summe der Seitenlängen der beiden Vorgängerquadrate.

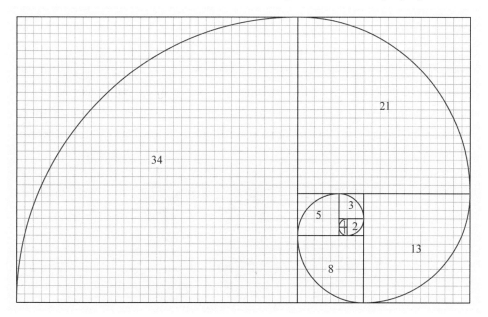

Annäherung der Goldenen Spirale durch Viertelkreise in ,Fibonacci-Quadraten'

Zeichnet man, beim ersten beginnend, in die Quadrate Viertelkreise ein, so dass sie eine durchgehende Linie bilden, so erhält man eine gute Näherung für die sogenannte *Goldene Spirale*. Das hängt damit zusammen, dass nach jedem Konstruktionsschritt die bisherige Gesamtfigur ein Rechteck der Form F_n mal F_{n-1} ist. Nach der Grenzwertformel der letzten Seite wird daraus mit wachsender Schrittzahl immer genauer ein *Goldenes Rechteck* (bei dem die Seitenlängen exakt im Verhältnis der Goldenen Zahl Φ stehen). – Goldene Spiralen sind ein Spezialfall der logarithmischen Spiralen. Diese haben in Polarkoordinaten die allgemeine Gleichung $r(\varphi) = a \cdot e^{k\varphi}$ (mit $\varphi, a, k \in \mathbb{R}$; $a, k \neq 0$). Wählt man hier k so, dass $e^k = \Phi^{2/\pi}$ ist, dann erhält man die Gleichung der Goldenen Spiralen $r(\varphi) = a \cdot e^{k\varphi} = a \cdot \Phi^{2\varphi/\pi}$.

Bei diesen wächst, wie die folgende Umformung zeigt, bei jeder Linksdrehung um $\frac{1}{2}\pi$ (90°)
der Abstand r eines Spiralenpunktes vom Ursprung um den Faktor der Goldenen Zahl Φ:

$$r(\varphi + \tfrac{1}{2}\pi) = a \cdot \Phi^{\frac{2(\varphi+\pi/2)}{\pi}} = a \cdot \Phi^{\frac{2\varphi+\pi}{\pi}} = a \cdot \Phi^{\frac{2\varphi}{\pi}+1} = a \cdot \Phi^{\frac{2\varphi}{\pi}} \cdot \Phi = r(\varphi) \cdot \Phi$$

Dies erklärt, warum die Viertelkreiskonstruktion (Viertelkreis = Linksdrehung um 90°) in Fi-
bonacci-Quadraten eine gute Näherung der Goldenen Spirale mit $a = 1$ liefert. (Erläutern Sie
diesen Zusammenhang.)

Fibonacci-Zahlen als Spiralzahlen bei Pflanzen

Bei vielen Pflanzenarten sind die Blätter spiralig um den Stängel angeordnet. Spiralen treten
bei Pflanzen aber auch an anderer Stelle auf: Sind die Früchte im Fruchtstand eng beieinander
kreisförmig angeordnet, so können hier ebenfalls Spiralen entstehen. Haben die Früchte eine
sechseckige Grundform wie bei Ananas und Sonnenblume, so treten drei verschiedene Typen
solcher Spiralen auf: links- oder rechtsherum drehende, flacher oder steiler steigende bzw.
schwächer oder stärker gekrümmte. Das Verblüffende ist hier: Zählt man die Spiralen eines
jeden Typs, so erhält man immer *drei aufeinander folgende Fibonacci-Zahlen*. Welche das
sind, hängt nicht von der Art, sondern nur von der Größe der jeweiligen Pflanze ab. (In den
folgenden Abbildungen sind die Gesamtzahlen der Spiralen des jeweiligen Typs angegeben.)

$$1, 1, 2, 3, 5, 8, 13, 21, 34, 55, 89, 144, \dots$$

Eine Ananas mit 5 flach, 8 mittelstark und 13 steil steigenden Spiralen:
Je steiler (=kürzer) die Spiralen, desto größer ihre Anzahl.

Die zumeist so bezeichnete ‚*Ananasfrucht‘* ist biologisch ein Fruchtverband, die braune Oberfläche ein Fruchtstand aus (was oft schwer zu erkennen ist) *sechseckigen* Beeren. Der Fruchtstand einer Ananas ist daher ähnlich strukturiert wie eine Fliesenwand aus sechseckigen
Kacheln. Wie es bei rechteckigen Kacheln (zwei Paare paralleler Seiten) zwei Typen von
‚Bahnen‘ gibt: waagerechte Zeilen und senkrechte Spalten, so gibt es bei sechseckigen
Kacheln (drei Paare paralleler Seiten) drei Typen. Auf der gekrümmten Ananas-Oberfläche
werden diese Bahntypen zu drei Typen räumlicher Spiralen.

Bei der Ananas in der vorigen Abbildung gibt es z.B. 5 flach nach rechts steigende Spiralen. Da diese infolge des langsameren Steigens ‚länger brauchen, bis sie oben ankommen', enthalten sie mehr Beeren als die steil steigenden Spiralen. Die Spiralen eines Typs enthalten zusammen immer sämtliche Beeren der Ananas. Daher muss die Anzahl der Spiralen eines Typs umso größer sein, 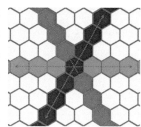 je weniger Beeren sie jeweils enthalten, und das heißt: je steiler sie steigen. Folglich gibt es von den flachen langen Spiralen am wenigsten und von den steilen kurzen am meisten. Warum dies allerdings unbedingt Fibonacci-Zahlen sein müssen, ist bis heute nicht befriedigend geklärt. Es gibt einen mathematischen Erklärungsansatz, der mit der Goldenen Zahl Φ und dem Goldenen Winkel $\Psi = 360° - \dfrac{360°}{\Phi} \approx 137,5°$ argumentiert: Blätter, die an einem Stängel spiralig angeordnet sind, nehmen einander dann am wenigsten Sonnenlicht weg, wenn jedes Blatt um den Winkel Ψ weiter gedreht am Stängel sitzt als das vorhergehende.

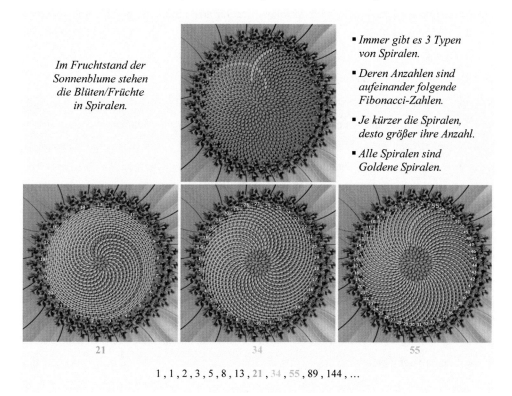

Im Fruchtstand der Sonnenblume stehen die Blüten/Früchte in Spiralen.

- *Immer gibt es 3 Typen von Spiralen.*
- *Deren Anzahlen sind aufeinander folgende Fibonacci-Zahlen.*
- *Je kürzer die Spiralen, desto größer ihre Anzahl.*
- *Alle Spiralen sind Goldene Spiralen.*

$1,1,2,3,5,8,13,21,34,55,89,144,...$

Goldene Spiralen im Fruchtstand von Sonnenblumen[1]
(Unten sind sämtliche Spiralen des jeweiligen Typs weiß hervorgehoben.)

---

1 Bilder mit freundlicher Genehmigung von Cristóbal Vila (etereaestudios.com)

Auch bei der *Sonnenblume* sind drei Spiraltypen zu beobachten. Zwei der Spiraltypen erkennt man bei jeder Sonnenblume ohne Mühe (in der Abbildung blau und grün markiert): Der eine dreht, von innen nach außen betrachtet, rechtsherum (im Uhrzeigersinn), der andere linksherum (gegen den Uhrzeigersinn). Diese beiden Typen sind auf den entsprechenden Abbildungen in Büchern bzw. im Internet zumeist als einzige dargestellt. Es gibt aber noch einen dritten Spiraltyp, der wieder rechtsherum dreht. Er ist schwerer zu entdecken als die beiden anderen, weil die einzelnen Elemente hier weiter auseinander sitzen. Sie bilden daher keine so deutliche Linie wie bei den beiden einfacheren Spiraltypen. Werden die Elemente markiert, so können wir die Spiralform aber auch beim dritten Typ sofort erkennen (in der Abbildung orange markiert).

Da bei einem größeren Exemplar der ‚Teller‘ (Blütenkorb) aus mehr Blüten bzw. Früchten (‚Kernen‘) besteht als bei einem kleineren, bilden große Sonnenblumen mehr Spiralen jeden Typs. Da der Teller eben ist, sind auch die Spiralen eben, anders als bei den räumlich gekrümmten Spiralen der Ananas. Die Anzahlen der Spiralen sind auch bei der Sonnenblume stets drei aufeinander folgende Fibonacci-Zahlen. Bei kleinen sind dies die Zahlen 13, 21, 34; bei mittelgroßen 21, 34, 55; bei sehr großen 34, 55, 89 (ein noch größeres Exemplar mit 55, 89, 144 hat der Autor nie zu Gesicht bekommen).

Was wir für die Anzahlen der steilen und flachen Spiralen bei der Ananas überlegt haben, gilt entsprechend auch für die Sonnenblume: Je stärker gekrümmt eine Sonnenblumenspirale ist, desto später erreicht sie den Rand des Tellers, desto länger ist sie also, und desto mehr Früchte muss sie folglich enthalten. Da die Spiralen eines Typs jeweils den gesamten Fruchtstand enthalten, muss es von einem Typ daher umso mehr Spiralen geben, je weniger Elemente jede einzelne enthält, je weniger gekrümmt und daher kürzer die Spiralen des Typs also sind. In der letzten Abbildung wird dies bestätigt: Die Anzahl der Spiralen nimmt von Grün über Blau zu Orange immer weiter ab. Und wie bei der Ananas (vgl. Abb. S. 90) haben auch bei der Sonnenblume die drei Spiraltypen mit steigender Anzahl abwechselnde Drehrichtung: rechts, links, rechts.

An Sonnenblumen können wir noch eine weitere Besonderheit erkennen: Ihre Spiralen sind *Goldene Spiralen* (genauer: mehr oder weniger lange Teile davon). Dies lässt sich am besten an den langen Spiralen des dritten Typs erkennen. (Da die Spiralen der Ananas auf der räumlich gekrümmten Oberfläche liegen, können sie keine Goldenen Spiralen sein, die ja ebene Figuren sind.)

1 Triangulationen

Im Jahr 1751 stellte sich *Leonhard Euler* (1707-1783), einer der bedeutendsten Mathematiker aller Zeiten, eine Frage, die wie eine Denksportaufgabe klingt, aber höchst anspruchsvoll war:

> **Eulers *Triangulationsproblem (1751)***
> Auf wie viele Arten kann man ein konvexes n-Eck durch kreuzungsfreie Diagonalen in Dreiecke zerlegen?

Eine solche Zerlegung in Dreiecke nennt man *Triangulation* (von lat. *triangulum*: Dreieck). ‚Kreuzungsfrei‘ heißt, dass die Diagonalen einander nicht im Inneren des n-Ecks (also höchstens in einer Ecke) schneiden. Triangulationen, die durch echte Drehung bzw. Spiegelung zur Deckung gebracht werden können, werden als verschieden angesehen und darum einzeln gezählt (das Quadrat hat also zwei Triangulationen).

 Zeichnen Sie alle Triangulationen für $n = 3,4,5,6$. (Blättern Sie nicht um.)

Nachdem der Mathematiker, Physiker und Arzt *Johann Andreas von Segner* (1704-1777) im Jahr 1758 eine Rekursionsformel für das Problem angegeben hatte – mit der man also Eulers *Triangulationszahlen* jeweils aus den vorangehenden bestimmen konnte –, fand Euler kurz darauf die folgende *direkte* Formel. In einem Brief schrieb er, er habe sie nur durch sehr mühsames Herumprobieren (feiner gesagt: ‚induktiv‘) gefunden und schließlich bewiesen.

> **Satz *Eulers Triangulationsformel (1758)***
> Die Anzahl der Triangulationen eines n-Ecks ist
> $$E_n = \prod_{k=3}^{n} \frac{4k-10}{k-1} = \frac{2 \cdot 6 \cdot 10 \cdot \ldots \cdot (4n-10)}{2 \cdot 3 \cdot 4 \cdot \ldots \cdot (n-1)} \quad (n \geq 3).$$

Damit können wir die Werte für die ersten n berechnen (rechnen Sie zur Übung einige nach):

n	3	4	5	6	7	8	9	10	11	12	13	14	15
E_n	1	2	5	14	42	132	429	1.430	4.862	16.796	58.786	208.012	742.900

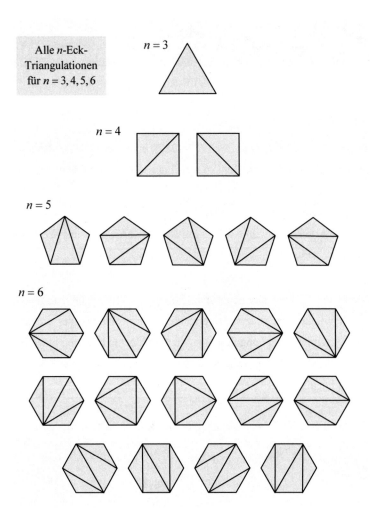

2 Klammerungen

Rund ein Jahrhundert nach Eulers Problem stellte der belgische Mathematiker *Eugène Charles Catalan* (1814-1894) ein scheinbar völlig anderes. Es stellte sich aber heraus, dass beide dieselbe Lösung haben. Und damit begann eine spannende Geschichte. Sie handelt von einer großen ‚kombinatorischen Familie' von lauter unterschiedlichen Problemen – aber mit identischer Lösung. Wir nennen sie die ‚Catalanische Familie'.

Catalans *Klammerungsproblem*
Auf wie viele verschiedene Arten kann man ein Produkt mit n Multiplikationen (also mit $n+1$ Faktoren) vollständig klammern?

‚Vollständige Klammerung' heißt, dass um jedes einzelne Teilprodukt Klammern gesetzt werden. Meist spricht man kurz nur von *Klammerung*. Bei Catalans Frage soll die Reihenfolge der Faktoren stets unverändert bleiben. Es ist also nicht danach gefragt, welche Variationsmöglichkeiten dadurch zusätzlich entstehen, dass man die Variablennamen permutiert. Es kommt allein auf die Klammerstruktur an. Wir könnten also hier die individuellen Variablennamen ruhig vergessen und zum Beispiel die Klammerung $((a \cdot b) \cdot (c \cdot d))$ einfach als $((x \cdot x) \cdot (x \cdot x))$ notieren. Zur sprachlichen Vereinfachung nennen wir Klammerungen mit n Multiplikationen kurz *n-Klammerungen*. Sie haben je n öffnende und schließende Klammern und $n+1$ Faktoren.

Für die ersten Werte von n finden wir schnell alle Möglichkeiten:

$$n = 1 \quad (a \cdot b)$$

$$n = 2 \quad ((a \cdot b) \cdot c) \quad (a \cdot (b \cdot c))$$

$$n = 3 \quad ((a \cdot b) \cdot (c \cdot d)) \quad (((a \cdot b) \cdot c) \cdot d) \quad ((a \cdot (b \cdot c)) \cdot d)$$
$$(a \cdot ((b \cdot c) \cdot d)) \quad (a \cdot (b \cdot (c \cdot d)))$$

 Bestimmen Sie alle 4-Klammerungen (Klammerungen mit 5 Faktoren).

Die Anzahlen der verschiedenen n-Klammerungen werden nach dem Erfinder des Problems *Catalan-Zahlen* genannt. Sie spielen, wie wir bald sehen werden, in der Kombinatorik eine wichtige und höchst interessante Rolle.

> **Definition** *Catalan-Zahlen*
> Die Anzahl der n-Klammerungen wird als *n-te Catalan-Zahl* C_n bezeichnet ($n \geq 1$).

Hier werden wie gesagt nur die reinen Klammerstrukturen gezählt, die sich nicht ändern, wenn wir Variablen vertauschen oder umbenennen. Wenn Sie alle n-Klammerungen durchzählen, die Sie bisher kennen, fällt Ihnen sicher eine Beziehung zwischen den *Catalan-Zahlen* C_n und *Eulers Triangulationszahlen* E_n auf. *Formulieren Sie eine Vermutung!*

Wir wollen für die Catalan-Zahlen natürlich eine Formel finden. Das ist aber gar nicht so einfach. Es gelingt uns mit einem *kombinatorischen Trick*: Wir suchen immer weitere Probleme, deren Lösung ebenfalls die Catalan-Zahlen sind – und zwar so lange, bis wir für eines dieser Probleme eine Lösungsformel angeben können, die dann logischerweise für alle gemeinsam gilt. Auf den ersten Blick sehen diese Probleme ganz unterschiedlich aus. Erst auf den zweiten und dritten Blick erkennen wir, dass sie alle dieselben Lösungen C_n haben.

Der Zusammenhang zwischen Triangulationen und Klammerungen

Sie sind vermutlich bereits auf die Vermutung gekommen, dass es einen engen Zusammenhang zwischen den Catalan-Zahlen C_n und Eulers Triangulationszahlen E_n geben muss. Oder sollte die Übereinstimmung $E_3 = C_1 = 1$, $E_4 = C_2 = 2$, $E_5 = C_3 = 5$, $E_6 = C_4 = 14$ nichts als Zufall sein? Nein, natürlich nicht. Es gibt einen Zusammenhang, und zwar einen ganz einfachen. Man kann nämlich zu jeder Triangulation eines konvexen $(n+2)$-Ecks eine ganz konkrete vollständige Klammerung mit n Multiplikationen konstruieren, die dieser Triangulation genau entspricht. Und diese Konstruktion ist eindeutig umkehrbar: Zu jeder vorgegebenen n-Klammerung kann man umgekehrt eindeutig diejenige Triangulation rekonstruieren, aus der man sie gewonnen hat. – Studieren Sie die folgenden Beispiele und vertiefen Sie die dabei gewonnene Erkenntnis aktiv, indem Sie die Übung bearbeiten.

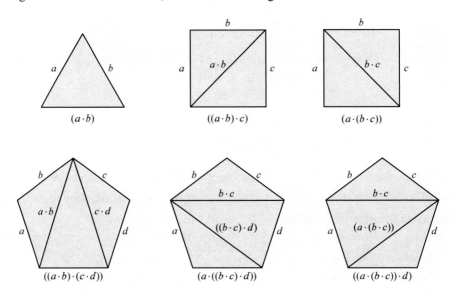

1. *Erläutern Sie den dargestellten Zusammenhang zwischen Triangulationen und Klammerungen.*

2. *Ergänzen Sie alle Diagramme für $n = 3, 4$.*

3. *Beweisen Sie mit den gewonnenen Erkenntnissen den folgenden Satz.*

Satz *Triangulationen und n-Klammerungen*

Es gibt eine Bijektion zwischen der Menge der Triangulationen des konvexen $(n+2)$-Ecks und der Menge der n-Klammerungen.

Es gilt also: $E_{n+2} = C_n \ (n \geq 1)$.

3 Binärbäume

Die Klammerstruktur von Produkten wie $((a \cdot b) \cdot (c \cdot d))$ oder $((a \cdot b) \cdot c) \cdot d)$ macht man in der Schule durch *Rechenbäume* anschaulich:

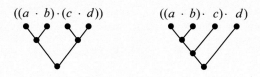

Rechenbäume

Formal sind Rechenbäume für zweistellige Operationen wie $+, -, \cdot, :$ *Binärbäume*. Darunter verstehen wir Bäume (zusammenhängende kreislose Graphen) mit einer speziellen Struktur:

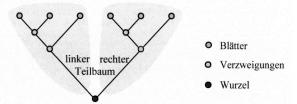

Struktur eines Binärbaums

Die Ecken von Binärbäumen haben alle entweder den Grad 1, 2 oder 3 (der Grad ist die Anzahl der an einer Ecke anstoßenden Kanten). Es gibt genau eine Ecke vom Grad 2, sie heißt *Wurzel* des Baumes. Die Ecken vom Grad 1 heißen *Blätter*, die vom Grad 3 *Verzweigungen*. Bei Binärbäumen unterscheiden wir bei den an einer Ecke anstoßenden Kanten *einlaufende* und *auslaufende* Kanten. Ein Binärbaum wird ‚von der Wurzel zu den Blättern durchlaufen‘. Wurzel und Verzweigungen haben je zwei auslaufende Kanten: eine linke und eine rechte. Die daran hängenden Teilbäume werden entsprechend als linker bzw. rechter Teilbaum bezeichnet. Daher kommt auch der Name ‚Binärbaum‘: weil an jeder Ecke außer den Blättern eine zweifache (binäre) Verzweigung stattfindet. Alle Ecken außer der Wurzel haben genau *eine* einlaufende Kante. Einen Binärbaum mit b Blättern nennen wir *b-Binärbaum*.

> **Satz *Binärbäume***
>
> Für einen Binärbaum sind folgende Aussagen äquivalent: Er hat
>
> $$n+1 \text{ Blätter} \Leftrightarrow 2n \text{ Kanten} \Leftrightarrow n-1 \text{ Verzweigungen.}$$

Beweis

Wir bezeichnen die Anzahlen der Blätter, Verzweigungen, Kanten mit b, v, k. Die Eckenzahl ist dann $b + v + 1$ (+1 für die Wurzel). In Bäumen ist die Eckenzahl stets um 1 größer als die

Kantenzahl, d.h. $b+v+1=k+1 \Leftrightarrow k=b+v$ (1). Nach dem sogenannten *Handschlaglemma* der Graphentheorie ist in jedem Graph die Summe aller Eckengrade gleich der doppelten Kantenzahl, d.h. $1\cdot b+3\cdot v+2\cdot 1=2k \Leftrightarrow k=\frac{1}{2}(b+3v+2)$. Mit (1) folgt:

$$b+v=\tfrac{1}{2}(b+3v+2) \Leftrightarrow v=b-2 \ (2).$$

Mit (1) und (2) ergibt sich unmittelbar die Behauptung $b=n+1 \Leftrightarrow k=2n \Leftrightarrow v=n-1$. ∎

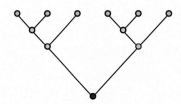

(n+1)-Binärbaum für $n=5$
$n+1=6$ Blätter, $2n=10$ Kanten, $n-1=4$ Verzweigungen

1. *Zeichnen Sie die Binärbäume zu allen n-Klammerungen für $n=1,2,3,4$.*
2. *Rekonstruieren Sie zu den folgenden Binärbäumen die zugehörigen Klammerungen:*

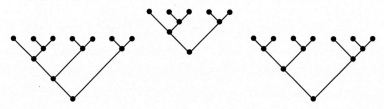

Ihre Erfahrungen mit dieser Übung lassen sich verallgemeinern zu folgendem Satz:

Satz   *n-Klammerungen und Binärbäume*
Es gibt eine Bijektion zwischen der Menge der *n*-Klammerungen und der Menge der $(n+1)$-Binärbäume ($n\geq 1$).
Die Anzahl der $(n+1)$-Binärbäume ist also ebenfalls C_n.

Beweis

Zu jeder Klammerung eines Produkts mit *n* Multiplikationen (also $n+1$ Faktoren) gibt es einen eindeutig bestimmten $(n+1)$-Binärbaum, der die Klammerstruktur darstellt. Umgekehrt lässt sich zu jedem $(n+1)$-Binärbaum die von ihm dargestellte *n*-Klammerung eindeutig rekonstruieren.   ∎

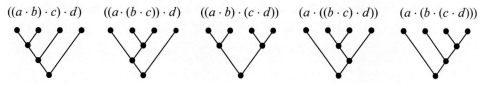

$$((a \cdot b) \cdot c) \cdot d) \qquad ((a \cdot (b \cdot c)) \cdot d) \qquad ((a \cdot b) \cdot (c \cdot d)) \qquad (a \cdot ((b \cdot c) \cdot d)) \qquad (a \cdot (b \cdot (c \cdot d)))$$

Alle $C_3 = 5$ 4-Binärbäume mit den zugehörigen 3-Klammerungen
(Beachten Sie die Symmetrie)

Codierung von Binärbäumen durch Wörter

Ein Binärbaum ist eine zweidimensionale Struktur (er hat eine Breite und eine Höhe). Kann man eine zweidimensionale Struktur durch eine Zeichenkette (Wort), also eine eindimensionale Struktur, vollständig darstellen (codieren)? Und zwar so, dass wir allein aus diesem Codewort den Baum in seiner ganzen Struktur wieder vollständig rekonstruieren können? Das sieht nach einer tiefsinnigen Frage aus. Doch tatsächlich haben Sie die Antwort längst vor sich. Denn ein Binärbaum ist ja nichts anderes als die zweidimensionale Darstellung einer Klammerstruktur. Zu jeder Klammerung können wir leicht ihren ganz speziellen Binärbaum konstruieren, und aus jedem Binärbaum, den uns jemand vorlegt, können wir rückwärts ebenso schnell die Klammerung rekonstruieren, die der Baum darstellt. Und Klammerungen sind ja nichts anderes als Zeichenketten. Also kennen Sie längst eine Möglichkeit, die zweidimensionalen Gebilde *Binärbaum* mit den eindimensionalen Gebilden *Klammerung* zu codieren. Die Frage schien vielleicht tiefsinnig, ist aber leicht zu beantworten.

Codierung Hier haben Sie ein Musterbeispiel für den Begriff *Codierung*. Eine Codierung ist eine *Bijektion einer Menge von Objekten auf eine Menge von Codewörtern*. Nach der Gleichheitsregel haben damit beide Mengen gleich viele Elemente. Anstatt die Objekte selbst zu zählen, können wir also die Codewörter zählen, was oft einfacher ist. Wenn wir uns eine Codierung ausdenken, müssen wir zeigen, wie man zu jedem beliebigen der Objekte ganz konkret und eindeutig das zugehörige Codewort konstruiert; und wie man umgekehrt zu jedem korrekt gebildeten Codewort das zugrunde liegende Objekt eindeutig rekonstruiert.

Doch es gibt noch eine andere wichtige Möglichkeit, die exakte Struktur von Binärbäumen in einem einfachen Wort zu codieren, und die geht so: Genau genommen ist ein Binärbaum ja nichts anderes als ein System von Links-Rechts-Abbiegemöglichkeiten (Verzweigungen) mit einem Startpunkt (Wurzel) und mehreren Zielpunkten (Blättern). Für einen Käfer, der auf den Ästen eines Binärbaum wahllos hin- und herläuft, mag ein Binärbaum ein Labyrinth sein. Für einen klugen Käfer aber, der zielstrebig jeden einzelnen Ast nach Futter absucht und nicht unnötig herumlaufen will, ist ein Binärbaum so geordnet wie eine Straße. Kluge Käfer kennen einen Trick, er geht mit ‚Links‘ ebenso wie mit ‚Rechts‘. Nehmen wir an, unser Käfer ist ein ‚Links-Käfer‘. Dann startet er an der Wurzel und nimmt gleich den *linken* Weg; und das macht er an jeder Abzweigung so – *immer zuerst nach links*. Nur wenn er von einer Verzweigung aus den ganzen linken Teilbaum schon abgesucht hat, kehrt er wieder zu dieser zurück und wählt nun erst den rechten Zweig (Kante); bei jeder folgenden Abzweigung befolgt er aber wieder sein Prinzip ‚immer zuerst nach links‘. Im folgenden Beispiel sind die Ecken in der Reihenfolge nummeriert, in der sie vom Links-Käfer besucht werden. Notieren wir für jeden Zweig, den der Käfer vorwärts durchläuft, ein *L* für *links* bzw. ein *R* für *rechts*, so erhalten wir das *L-R-Codewort* für diesen Binärbaum (auf den Rückwegen passiert der Käfer immer Kanten, die er bereits vorwärts durchlaufen hat, sie werden nicht notiert).

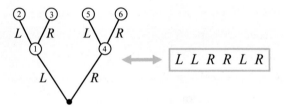

Codierung eines Binärbaums nach dem Prinzip
‚immer zuerst nach links‘

1. *Bestimmen Sie nach dem Prinzip der vorigen Abbildung die L-R-Code-wörter für die unten abgebildeten Binärbäume.*

2. *Rekonstruieren Sie die Binärbäume zu den Codes* LRLLRR, LLLRRR *und* LLRRLRLLRR.

3. *Sind* LRLLRL *und* LRRRLL *ebenfalls Codes für Binärbäume (codiert nach dem Links-Prinzip oben)? Begründen Sie Ihre Antwort.*

4. *Formulieren Sie eine allgemeine Regel, wie Codes für Binärbäume aufgebaut sein müssen.*

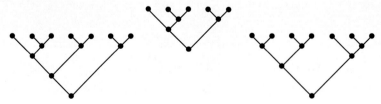

Sie haben es vermutlich entdeckt: Wenn wir Binärbäume nach Art der Links-Käfer codieren, kommen ganz spezielle *L-R*-Wörter heraus. Es sind sogenannte *Dyck-Wörter*.

4 Vor-Zurück-Wege, Dyck-Pfade, Dyck-Wörter

Stellen Sie sich vor, Sie stehen mit dem Rücken an der Wand und machen senkrecht dazu einige gleichlange Schritte vor und zurück, in beliebiger Reihenfolge, ohne sich umzudrehen. Beendet ist Ihr Weg erst, wenn Sie wieder ganz an der Wand stehen. Unterwegs können Sie an die Wand zurückkehren so oft Sie mögen, endgültig stehen bleiben dürfen Sie jedenfalls auch nur dort. Solche Folgen aus Vor- und Zurück-Schritten nennen wir *Vor-Zurück-Wege*.

Da sie immer von der Wand losgehen und wieder dorthin zurückführen, müssen Vor-Zurück-Wege stets ebenso viele Vor- wie Zurück-Schritte enthalten. Wir können sie einfach durch *V-Z-Wörter* codieren (für jeden Vor-Schritt ein V, für jeden Zurück-Schritt ein Z), die folglich gleich viele Vs wie Zs enthalten. Die *Länge* eines Weges (= Anzahl der Schritte) entspricht der Länge seines Codewortes (= Anzahl der Symbole); bei je n Schritten von jeder Sorte ist sie $2n$, Vor-Zurück-Wege haben also stets eine *gerade Länge*.

Nach dem deutschen Mathematiker *Walther von Dyck* (1856-1934) werden Vor-Zurück-Wege auch als *Dyck-Pfade* bezeichnet. Er definierte sie als „umweglose Irrfahrten von 0 nach $2n$ (auf den Diagonalen in einem Kästchengitter), so dass sich der Pfad nie unterhalb der x-Achse befindet". Dies bezeichnet dasselbe wie unsere Vor-Zurück-Wege. Am einfachsten kann man Vor-Zurück-Wege graphisch darstellen, indem man die Schritte zeichnet, wie Dyck es in seiner Definition vormacht: Also nicht senkrecht zur Wand (dann können Vor- und Zurück-Schritte einander überdecken), sondern schräg (dann lassen sich alle Schritte ablesen):

VVZVZZVZ   *VVVZZVZZ*   *VVVZVZZZ*   *VVVZZZVZ*   *VZVZVZVZ*

Einige Vor-Zurück-Wege = Dyck-Pfade = Dyck-Wörter
für $n = 4$ (also der Länge $2n = 8$)

Bei der Codierung von Vor-Zurück-Wegen/Dyck-Pfaden muss man nicht unbedingt die Buchstaben V, Z verwenden, das geht mit zwei beliebigen Symbolen a, b. Die Codewörter, die man dabei erhält, nennt man allgemein *Dyck-Wörter über dem Alphabet* $\{a, b\}$. Dyck hatte die naheliegende Frage gestellt, wie viele solcher Wörter mit jeweils n Symbolen jeder Sorte, d.h. von der Länge $2n$, es gibt. Diese Frage wollen wir uns auch stellen. Wir sehen allerdings mehr, wenn wir nicht Wörter schreiben, sondern Pfade zeichnen (also im ikonischen statt im symbolischen Modus denken).

Zeichnen Sie alle Dyck-Pfade der Länge $2n$ für $n \le 5$.

Vermutlich haben Sie erkannt, dass hier wieder die ‚üblichen Verdächtigen' dieses Kapitels im Spiel sind: die Catalan-Zahlen C_n. Was halten Sie von der folgenden Überlegung: Jeden Dyck-Pfad der Länge $2n$ können wir als Dyck-Wort mit je n Vs und Zs codieren. Die Anzahl aller Wörter der Länge mit n Vs und n Zs können wir bestimmen: Um ein solches Wort festzulegen, müssen wir bestimmen, auf welchen n der insgesamt $2n$ Stellen ein V stehen soll; wir treffen also hier eine Auswahl n aus $2n$; davon gibt es $\binom{2n}{n}$ Stück. Für $n = 3$ ergäbe sich also die Anzahl $\binom{6}{3} = 20$. – Aber haben Sie nicht eben herausgefunden, dass es für $n = 3$ nur $C_3 = 5$ verschiedene Dyck-Pfade (von Länge $2n = 6$) gibt? Was stimmt denn nun?

 Finden Sie den Fehler in der vorangehenden Argumentation. Beschreiben Sie genau die V-Z-Wörter, die wirklich Dyck-Wörter sind.

Nicht alle V-Z-Wörter gerader Länge sind Dyck-Wörter. Es reicht auch nicht, dass sie gleich viele Vs wie Zs enthalten. Denn Dyck-Wörter müssen ja Codewörter von Dyck-Pfaden/Vor-Zurück-Wegen sein. Ein Vor-Zurück-Weg hat aber *zwei definierende Eigenschaften*: Erstens *endet er stets an der Wand*. D.h. er muss ebenso viele Vor- wie Zurück-Schritte enthalten. Entsprechend müssen Dyck-Wörter immer ebenso viele Vs wie Zs enthalten. Zweitens darf der Weg *zu keinem Zeitpunkt an einer Position hinter der Wand liegen*. D.h. stets muss die Anzahl der bereits absolvierten Vor-Schritte mindestens so groß sein wie die der bereits absolvierten Zurück-Schritte. In jedem Anfangsstück eines Dyck-Wortes müssen also mindestens so viele Vs vorkommen wie Zs. Das alles gilt natürlich entsprechend auch dann, wenn wir statt des speziellen Alphabets $\{V, Z\}$ irgendein beliebiges Alphabet $\{a, b\}$ wählen.

Satz Dyck-Wörter

Ein a-b-Wort ist genau dann ein Dyck-Wort, wenn

    1. es gleich viele Zeichen a wie b enthält und

    2. jedes Anfangsstück mindestens so viele Zeichen a wie b enthält.

Erinnern wir uns an die letzte Übung im vorigen Abschnitt. Dort hatten wir erkannt: Wenn wir *Binärbäume* nach Art der Links-Käfer codieren, dann kommen ganz spezielle L-R-Wörter heraus. Und zwar gerade diejenigen, die auch Dyck-Wörter sind. Wenn wir nämlich Binärbäume nach dem Prinzip ‚immer zuerst nach links' durchlaufen, dann haben wir während des Durchlaufens zu jedem Zeitpunkt *mindestens so viele Links-Abzweige absolviert wie Rechts-*

Abzweige. Jedes Binärbaum-Codewort erfüllt also automatisch die zweite Bedingung für Dyck-Wörter aus dem letzten Satz. Auch die erste ist erfüllt, denn ein Binärbaum enthält stets ebenso viele Links- wie Rechts-Abzweige; daher stehen in jedem Codewort gleich viele Ls wie Rs. Da jeder Binärbaum eindeutig durch ein L-R-Dyck-Wort codiert wird, aus dem er eindeutig rekonstruierbar ist, und da die Anzahl der Dyck-Wörter nur von der Länge abhängt (und nicht davon, ob die beiden Symbole nun L,R oder V,Z lauten oder wie auch immer), gilt:

Satz *Binärbäume, Vor-Zurück-Wege, Dyck-Pfade, Dyck-Wörter*

Es gibt Bijektionen jeweils zwischen

- der Menge der $(n+1)$-Binärbäume,
- der Menge der Vor-Zurück-Wege mit je n Vor- und Zurück-Schritten,
- der Menge der Dyck-Pfade mit je n Vor- und Zurück-Schritten,
- der Menge der Dyck-Wörter der Länge $2n$.

Die Anzahl dieser Objekte ist also ebenfalls jeweils C_n.

Hier sind vor allem die Bijektionen bemerkenswert, an denen Binärbäume beteiligt sind. Denn *Vor-Zurück-Wege*, *Dyck-Pfade* und *Dyck-Wörter* sind ja nur unterschiedliche Verkleidungen derselben Sache.

Nun wissen wir zwar, dass die kombinatorischen Probleme, die wir bisher betrachtet haben, alle auf die Catalan-Zahlen C_n führen. Doch wir wissen immer noch nicht, wie wir diese Zahlen berechnen können. Haben Sie noch ein wenig Geduld. Denn es gibt noch weitere interessante Vertreter der Catalanischen Familie, die wir zuvor kennenlernen sollten.

Übrigens
Verwechseln Sie nicht ,catalanisch' mit ,katalanisch'. Ersteres bezieht sich auf Eugéne Charles *Catalan* (links), letzteres auf die autonome Region *Katalonien* (katalanisch: *Catalunya*, spanisch: *Cataluña*, aranesisch: *Catalonha*) im Nordosten Spaniens (rechts).

Reflexion

Doch bevor wir weitermachen, sollten wir uns kurz orientieren. Fassen wir zusammen:

- Dyck-Wörter sind eindeutig durch die beiden Eigenschaften charakterisiert, dass sie aus gleich vielen Symbolen beider Sorten bestehen, und dass jedes ihrer Anfangsstücke mindestens ebenso viel von der ersten Sorte wie von der zweiten enthält.

- So sind letztlich auch die Binärbäume aufgebaut (und mit ihnen dann auch Catalans Klammerungen und Eulers Triangulationen). Zwar sehen Bäume als zweidimensionale Strukturen zunächst viel komplexer aus. Doch nach der Methode des Links-Käfers kann man ihre Struktur stets durch Codewörter eindeutig festlegen, die nichts anderes sind als Dyck-Wörter. Was daran liegt, dass der Käfer wegen seines Linksdralls auf seinem Weg durch den Baum unterwegs zu jedem Zeitpunkt mindestens ebenso oft nach links abgezweigt sein muss wie nach rechts, bis es schließlich am Ende des Weges von beiden Richtungen genau gleich viele sein werden. Auch unterwegs *kann*, am Ende aber *muss* dieser Fall eintreten.

Dies ist die gleiche Situation wie bei den Vor-Zurück-Wegen, wo wir wegen der Wand hinter uns ebenfalls unterwegs niemals mehr Zurück- als Vor-Schritte machen können; und wo wir zum Schluss wieder an der Wand stehen, und dann insgesamt genauso viele Vor- wie Zurück-Schritte gemacht haben müssen. Auch bei diesen Wegen ist es möglich, dass dies schon unterwegs geschieht: jedes Mal, wenn wir wieder zurück bis an die Wand gelangen.

Eine solche Erkenntnis ist mathematisch mehr wert, als wenn wir nur ein paar Aufgaben durch Anwenden irgendwelcher Formeln zu lösen gelernt hätten. Kombinatorische Intelligenz bedeutet nicht einfach, rechnen zu können. Sie beweist sich in der Fähigkeit, in scheinbar unterschiedlichen Problemen die darin oft verborgene *gemeinsame Struktur* sehen zu können. Im Fall der Catalanischen Familie läuft das so ab, dass wir bei zwei unterschiedlich definierten Mengen erkennen, dass und wie sie bijektiv aufeinander abgebildet werden können; womit dann klar ist, dass sie gleich viele Elemente enthalten müssen. Das gelingt uns, wenn wir den Trick finden, mit dem wir jedes Element der einen Menge mit dem genau dazu passenden Element der anderen ‚verheiraten' können. Kombinatorik ist also oft die Kunst einer erfolgreichen ‚mathematischen Partnervermittlung'. Sie gelingt, wie im Leben auch, nur durch ein tiefes Verständnis dafür, welche Partner zueinander passen.

Diese Erfahrung, die wir in der Kombinatorik machen, gilt für die ganze Mathematik. Es ist höchste Zeit, dass wir mit einem alten Vorurteil aufräumen, in dem sich ein grandioses Unverständnis offenbart, und dem die Schulmathematik den Ruf als ‚Horrorfach' verdankt:

Mathematik können
- heißt *nicht*, einen fertig vorgegebenen *Werkzeugkasten* von Formeln und Methoden benutzen zu können;
- heißt *vielmehr*, *Probleme lösen* zu können, indem wir aktiv und kreativ Entdeckungen machen, die dazu helfen, die Struktur der beteiligten Objekte zu verstehen und die Probleme mathematisch zu modellieren.

5 Schachtelungen, kreuzungsfreie Paarungen, leere Klammerterme

In Schachteln kann man vieles hineinstecken, zum Beispiel andere Schachteln. Paul ruft an, der Bastler: „Ich habe 5 Schachteln gebaut (aus sehr dehnbarem Material), die will ich ineinander verschachteln. Immer schön in einer Reihe nebeneinander, ob sie nun auf dem Tisch stehen oder in einer anderen Schachtel stecken." Welche Schachtelungen kann Paul herstellen? Und wie viele? Dabei ist allein die *Struktur* der Schachtelung wichtig, nicht die Individualität der Schachteln. Wenn von zwei Schachteln auf dem Tisch die rote leer ist, die blaue aber nicht, dann erhalten wir, wenn wir ihre Positionen tauschen, eine neue Schachtelung. Sind beide leer, dann ändert der Tausch die Schachtelung nicht. Farbe, Material etc. sind egal.

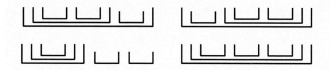

4 verschiedene 5-Schachtelungen

Eine Schachtelung mit n Schachteln in einer Reihe nennen wir kurz *n-Schachtelung*. Werfen Sie einen Blick voraus auf die übernächste Seite: Dort sehen Sie alle 3-Schachtelungen.

Zeichnen Sie alle n-Schachtelungen für $n = 1, 2, 4, 5$.

(Paul hat übrigens 42 Schachtelungen herstellen können.)

Schachtelungen sind eng verwandt mit zwei weiteren Mitgliedern der Catalanischen Familie: *den kreuzungsfreien Paarungen* und den *leeren Klammertermen*. Eine *kreuzungsfreie Paarung* können Sie konstruieren, indem Sie eine gerade Anzahl von Punkten zeichnen, die alle auf einer Linie liegen, und jeweils zwei Punkte durch eine Kurve verbinden, die oberhalb der Linie verläuft und keine andere dieser Kurven kreuzt. Bei n Punktepaaren nennen wir dies eine *kreuzungsfreie n-Paarung*.

4 verschiedene kreuzungsfreie 5-Paarungen

Wenn Sie die Übung mit den Schachteln bereits bearbeitet haben, dann gelingt Ihnen die folgende schneller, wenn Sie sich beim Betrachten der letzten Abbildung einmal auf den Kopf stellen. Oder einfach den Text drehen.

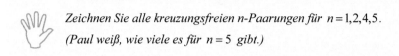

Zeichnen Sie alle kreuzungsfreien n-Paarungen für n = 1,2,4,5.
(Paul weiß, wie viele es für n = 5 gibt.)

Das dritte Mitglied der Catalanischen Familie dieses Abschnitts sind die *leeren Klammer-*
terme. Das hatten wir doch schon, werden Sie denken. Richtig, Catalan hatte ja Klammerungen betrachtet. Diese enthielten aber Variablen, während es hier um *leere* geht. Das sind
korrekt gebildete Klammerausdrücke, nur ohne Variablen- und Operationssymbole. Formal
können wir sie rekursiv definieren: Jeder Klammerterm ist eine Folge vollständiger Klammerungen (mindestens eine), die entweder leer sind oder selbst wieder leere Klammerterme
enthalten. Bei *n* Klammerpaaren bezeichnen wir diese Gebilde als *leere n-Klammerterme*.

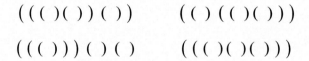

4 verschiedene leere 5-Klammerterme

Aber sind leere Klammerterme kombinatorisch nicht doch dasselbe wie Catalans *n*-Klamme-
rungen? Eine naheliegende Frage, aber schauen wir uns das konkret an. Es gibt die folgenden 5
3-Klammerungen:

$$((a \cdot b) \cdot (c \cdot d)), (((a \cdot b) \cdot c) \cdot d), ((a \cdot (b \cdot c)) \cdot d), (a \cdot ((b \cdot c) \cdot d)), (a \cdot (b \cdot (c \cdot d)))$$

Wenn *leere* Klammerterme dasselbe wären wie solche Klammerterme *mit Variablen*, dann
müssten wir die leeren doch aus diesen Termen herstellen können, indem wir einfach die
Variablen weglassen. Aus den 3-Klammerungen erhalten wir dann folgendes:

$$(\,(\,)\,(\,)\,)\,,\,(\,(\,(\,)\,)\,)\,,\,(\,(\,(\,)\,)\,)\,,\,(\,(\,(\,)\,)\,)\,,\,(\,(\,(\,)\,)\,)$$

Das sind jedoch nicht 5 verschiedene leere Klammerterme, sondern nur 2, denn die letzten 4
sind nun gleich. Es ist klar, woran das liegt: Bei Catalan steht zwischen einer öffnenden bzw.
schließenden Klammer und der nächsten manchmal eine Variable mit einem Operator: $(a \cdot ($,
manchmal steht aber auch nichts dazwischen: $((\,$, weil die Klammern unmittelbar aufeinander folgen. Löschen wir nun die Variablen, können ursprünglich unterschiedliche Terme danach dasselbe Aussehen haben. Wir sehen also: Leere Klammerterme sind nicht einfach
‚Catalan-Klammerungen ohne Variablen'; sie sind *kombinatorisch wirklich etwas Neues*.

Zeichnen Sie alle leeren n-Klammerterme für n ≤ 5.
(Paul kennt hier die Anzahl für n = 5 natürlich auch.)

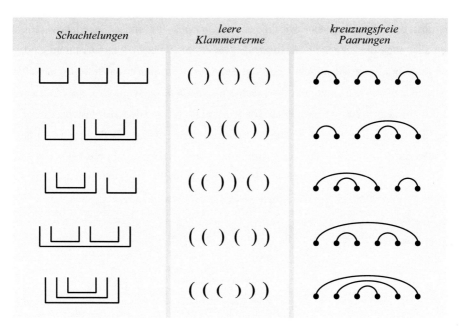

Schachtelungen	leere Klammerterme	kreuzungsfreie Paarungen
	( ) ( ) ( )	
	( ) (( ))	
	(( )) ( )	
	(( ) ( ))	
	((( )))	

Jeweils alle $C_3 = 5$ Beispiele

Auch ohne sie erst zeichnen zu müssen, wissen wir, dass Schachtelungen, kreuzungsfreie Paarungen und leere Klammerterme ebenfalls zur Catalanischen Familie gehören, dass es also für den Fall n immer jeweils C_n Stück davon geben muss. Denn in allen drei Fällen haben wir Dyck-Wörter vor uns, nur in verkleideter Bild-Form. Am wenigstens verkleidet sind die *leeren Klammerterme*. Da sie stets nur aus den beiden Klammersymbolen bestehen, sind sie Wörter über dem Alphabet $\{(,)\}$. Und sofern sie korrekt gebildet sind, müssen erstens beide Symbole gleich oft in ihnen vorkommen, und zweitens muss in jedem Anfangsstück die Anzahl der öffnenden Klammern mindestens so groß sein wie die der schließenden, weil sonst eine Klammer geschlossen würde, die noch gar nicht geöffnet worden ist. *Leere Klammerterme* sind also *Dyck-Wörter über dem Alphabet* $\{(,)\}$. Bei n Klammerpaaren haben sie die Länge $2n$, und ihre Anzahl ist C_n.

Um auch *Schachtelungen* in Dyck-Wörter zu übersetzen, stellen wir uns das Symbol ⌊⌋ für eine ganze Schachtel in zwei Symbole ⌊ und ⌋ zerlegt vor, so wie auch eine vollständige Klammer aus einer öffnenden (und einer schließenden Klammer) besteht. Da die Schachtelböden nun wegfallen, stehen nicht mehr ‚Schachteln in Schachteln', sondern es stehen nur noch öffnende und schließende Schachtel-Symbole auf einer Ebene nebeneinander. D.h. wir haben eine Schachtelung durch ein Wort über einem 2-elementigen Alphabet ausgedrückt. Und wie bei korrekt gebildeten Klammertermen kommen öffnende und schließende Symbole auch bei den Schachtelungen gerade so vor, wie es die Definition für Dyck-Wörter verlangt.

Damit unsere Übersetzung aber wirklich eine *Codierung* ist, muss sie bijektiv sein. Wir müssen also noch die *eindeutige Rekonstruierbarkeit* der Schachtelung aus ihrem Codewort zeigen: Dazu brauchen wir in dem Codewort nur Schritt für Schritt das jeweils am weitesten links stehende *öffnende* Symbol mit dem nächsten *schließenden* Symbol zu *einer* Schachtel zu verbinden (zwischen beiden Symbolen können bereits fertig wiederhergestellte Schachteln stehen), bis alle verbunden sind. Dieses Verfahren funktioniert laut Definition genau bei den Dyck-Wörtern. (Machen Sie sich das ausführlich klar.) – Damit ist unsere Übersetzung also tatsächlich eine Codierung der *leeren n-Klammerterme* durch Dyck-Wörter der Länge $2n$. Weshalb es von beiden gleich viele geben muss, nämlich jeweils genau C_n Stück.

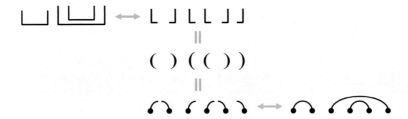

Schachtelungen, Paarungen, Klammerterme als Dyck-Wörter

Ganz entsprechend verfahren wir auch bei *kreuzungsfreien Paarungen*. Wir zerlegen wieder jedes Paarsymbol ⌒ in ein öffnendes Symbol ⌐ und ein schließendes ⌐. Damit wird auch jede kreuzungsfreie Paarung zu einer Folge von öffnenden und schließenden Symbolen, die ebenso die Definition für Dyck-Wörter erfüllt. Dass kreuzungsfreie Paarungen im Wesentlichen dasselbe sind wie Schachtelungen, sehen wir übrigens sofort, wenn wir sie auf den Kopf stellen (vertikal spiegeln). Wir können sie dann unmittelbar als Schachtelungen lesen:

Kreuzungsfreie Paarungen als ‚gespiegelte Schachtelungen'

Damit haben wir gezeigt:

Satz   *Schachtelungen, kreuzungsfreie Paarungen, leere Klammerterme*

Es gibt Bijektionen jeweils zwischen

- der Menge der Schachtelungen mit n Schachteln,
- der Menge der kreuzungsfreien Paarungen mit n Punktepaaren,
- der Menge der leeren Klammerterme mit n Klammerpaaren,
- der Menge der Dyck-Wörter der Länge $2n$.

Die Anzahl dieser Objekte ist also ebenfalls jeweils C_n.

6 Treppenparkettierungen

Zahlen und Terme können wir oft einfach und anschaulich als geometrische Figuren, als sogenannte *Zahlfiguren* darstellen. So hat zum Beispiel die prominente Summe $1+2+3+\ldots+n$
der ersten natürlichen Zahlen eine besonders schöne Zahlfigur in Form einer Treppe. Wir
nennen eine solche Figur eine *n-mal-n-Treppenfigur*.

4-mal-4-Treppenfigur

Wie viele andere Figuren auch, kann man Treppenfiguren *parkettieren*, d.h. mit kleineren
Figuren *lückenlos und überschneidungsfrei auslegen*. Parkettierungsprobleme sind beliebte
Aufgaben der Unterhaltungsmathematik, sie sind aber auch aus rein kombinatorischer Sicht
attraktiv. Ein interessantes Spezialproblem stellen die *n-Treppenparkettierungen* dar, bei
denen eine *n-mal-n*-Treppenfigur genau mit *n* Rechtecken parkettiert wird.

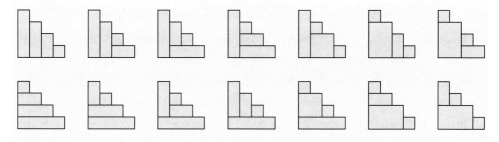

Alle 4-Treppenparkettierungen

Für uns kommt das besondere Interesse an den *n*-Treppenparkettierungen daher, dass auch sie
zur Catalanischen Familie gehören. Entwickeln Sie ein ‚Gefühl dafür‘, indem Sie erst einmal
selbst eingehend Treppenparkettierungen konstruieren. Dazu dient die folgende Übung –
nehmen Sie sich genügend Zeit dafür.

 Zeichnen Sie alle n-Treppenparkettierungen für $n = 1, 2, 3$ und 5.

Die Ergebnisse bei dieser Übung lassen vermuten, dass die Anzahlen der *n*-Treppenparkettie-
rungen wieder die Catalan-Zahlen C_n sind. Aber wie kann man das verstehen? Es scheint
ziemlich aussichtslos, hier wieder den Trick des letzten Abschnitts anzuwenden und Treppen-

parkettierungen irgendwie als Dyck-Wörter zu codieren. Bei Klammertermen, Schachtelungen und kreuzungsfreien Paarungen hatte das ja auch nur deshalb funktioniert, weil diese sich leicht in Zeichenketten (Wörter) umwandeln ließen. Obwohl Schachtelungen und Paarungen zunächst zweidimensional aussehen und keineswegs eindimensional wie eine Zeichenkette. Aber Treppenparkettierungen sind doch nun wirklich zweidimensionale Gebilde, die sich nicht leicht ‚linearisieren‘ lassen, wie wir es für eine Übersetzung in Codewörter brauchen.

Doch halt, hatten wir das nicht schon in diesem Kapitel? Eine zweidimensionale Struktur, die dann doch vollständig als Dyck-Wort codiert werden konnte? Das waren die Binärbäume, für die der Links-Käfer beim Durchlaufen automatisch ein Codewort produzierte.

Auch Treppenparkettierungen können wir so codieren. Allerdings nicht direkt mit einem eigenen Dyck-Wort, sondern auf dem Umweg über einen genau zur Treppenparkettierung passenden Binärbaum. Dessen *L-R*-Dyck-Wort ist dann indirekt auch eine Codierung für die Treppenparkettierung. Aber wenn es zu jeder Treppenparkettierung so einen ‚genau passenden‘ Binärbaum gibt, dann brauchen wir eine Codierung (mit Dyck-Wörtern) ja gar nicht. Wenn wir wissen wollen, dass auch die Treppenparkettierungen zur Catalanischen Familie gehören, dann reicht es, eine Bijektion zwischen diesen und einem Familienmitglied zu finden. Und wie wir wissen, gehören die Binärbäume zur Familie. – Wie gehen wir vor?

Den Binärbaum *konstruieren* wir, indem wir ihn direkt in die Treppenparkettierung hineinzeichnen. Er ergibt sich nach einer einfachen Regel unmittelbar aus der Zeichnung der Parkettierung. Die für eine Bijektion nötige *Rekonstruierbarkeit* der Parkettierung aus dem Binärbaum ist technisch ein wenig mühsamer. Denn während eine Treppenparkettierung immer ziemlich gleich aussieht, egal wer sie gezeichnet hat, kann die Darstellung eines Binärbaums von Zeichner zu Zeichner doch sehr unterschiedlich ausfallen. Die individuellen Unregelmäßigkeiten müssen wir erst einmal ‚ausbügeln‘ und den Baum nach einheitlichem Schema neu zeichnen. Dann aber können wir auch die Treppenparkettierung direkt in ihn hineinzeichnen.

Sie werden die Methode sofort durchschauen, wenn Sie die nächste Abbildung studieren:

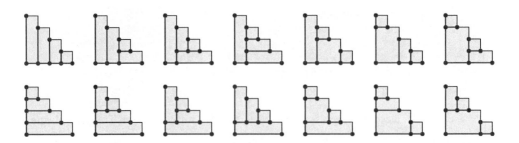

Bijektion zwischen 4-Treppenparkettierungen und 5-Binärbäumen

Kombinatorisch passen 4-Treppenparkettierungen und 5-Binärbäume zueinander, weil beide den Fall $n = 4$ repräsentieren. Für die Konstruktion des Binärbaumes und die Rekonstruktion der ursprünglichen Treppenparkettierung müssen wir präzise Regeln formulieren, um sicher zu sein, dass beides wirklich immer funktioniert.

Konstruktion des $(n+1)$-*Binärbaums zu einer n-Treppenparkettierung*

Markiere in jedem der n Rechtecke der n-Treppenparkettie-
rung die untere linke Ecke sowie die Kanten nach oben und
rechts (mit Endecken). Die Reihenfolge ist dabei unwichtig.

Wenn alle n Rechtecke so markiert sind, hat man insgesamt $2n$ Kanten eingefügt, die jeweils zu zweit von einer Ecke ausgehen. Daraus folgt erstens, dass sie insgesamt einen Binärbaum bilden und zweitens, wegen der Kantenzahl $2n$, dass dieser $n+1$ Blätter hat.

Rekonstruktion der n-Treppenparkettierung aus einem $(n+1)$-*Binärbaum*

1. Zunächst muss man den Binärbaum so neu zeichnen, dass alle zusammenstoßenden Kanten *rechtwinklig* zueinander stehen und *alle Pfade* von der Wurzel zu den Blättern in *n gleiche Teile unterteilt* sind. Dazu fügt man ggf. Hilfsecken ein; wo es mehrere Möglichkeiten dazu gibt, wählt man jeweils diejenige, die näher zum Blatt liegt.

2. Nun wird jede Verzweigung zu einem Rechteck aufgefüllt (in der Abb. oben den Pfeil um-kehren). Hilfsecken bleiben dabei also unberücksichtigt, da sie keine Verzweigungen sind.

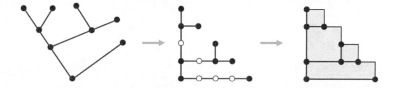

Da ein $(n+1)$-Binärbaum $2n$ Kanten hat, sind bei der Rekonstruktion n Rechtecke entstan-den. Je zwei der $(n+1)$ Blätter bilden mit je einer Ecke von jedem der n Rechtecke eine Stufe. Es sind also n Stufen entstanden. Daher ist die rekonstruierte Gesamtfigur eine n-mal-n-Treppenfigur. Zusammen mit den n Rechtecken ist sie also eine n-Treppenparkettierung.

Damit haben wir gezeigt:

> **Satz *Treppenparkettierungen und Binärbäume***
>
> Es gibt eine Bijektion zwischen der Menge der n-Treppenparkettierungen und der Menge der $(n+1)$-Binärbäume.
>
> Die Anzahl der n-Treppenparkettierungen ist also ebenfalls C_n.

7 Gitterwege

In einem Gitter bezeichnen wir einen Pfad von einem Gitterpunkt A zu einem Gitterpunkt B entlang den Gitterkanten als *Gitterweg*, wenn er *nur Schritte nach oben sowie nach rechts* enthält. Dabei ist der Sonderfall $A = B$ eingeschlossen (*leerer Weg*, Weg der Länge 0). Gitterwege führen also immer *umweglos* vom Startpunkt A zum Zielpunkt B, der nie links oder unterhalb von A liegen kann. (Manche Autoren unterscheiden *Gitterwege*, die auch Umwege enthalten dürfen, und *kürzeste Gitterwege*; diese letzteren entsprechen unserem Begriff *Gitterweg.*) Liegt B genau über A oder auf gleicher Höhe wie A, so enthält der Weg ausschließlich Schritte nach oben bzw. nach rechts. Wir betrachten hier der Einfachheit halber *quadratische Gitter*, was aber keine Einschränkung darstellt. Aus kombinatorischer Sicht würde sich bei einem nichtquadratisch rechtwinkligen, parallelogrammförmigen oder sogar verzerrten Gitter nichts ändern, solange nur die Struktur des Gitters gleich bleibt (s. Abb.).

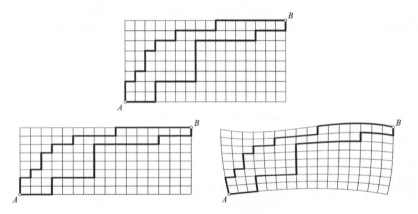

Wir können jeden Gitterweg bequem *codieren*, indem wir für jeden Schritt nach oben ein O und für jeden nach rechts ein R notieren, und zwar genau in der Reihenfolge, in der die Schritte auf dem Pfad von A nach B auftreten. Zum Beispiel ergibt sich für den roten Weg der Code

OOROROORORORRORRRRORRRRRR .

Da das Rechteck zwischen A und B das Format ‚8 mal 16‘ hat, besteht das Codewort aus 8 Os und 16 Rs. (Bei Formaten von Bildern, Fotos etc. gibt man üblicherweise die Höhe zuerst an; anders als bei *Koordinaten*, wo ja die x-Koordinate zuerst kommt.) Wenn wir für das Gitter ein Koordinatensystem definieren und dessen Nullpunkt in den Startpunkt $A = (0;0)$ legen, dann hat der Zielpunkt die Koordinaten $B = (16;8)$. Jeder Gitterweg von A nach B hat als Codewort ein eindeutig bestimmtes Wort aus 8 Os und 16 Rs (also ein Wort der Länge 24). Umgekehrt lässt sich aus jedem solchen Wort der damit codierte A-B-Gitterweg eindeutig rekonstruieren. Zwischen der Menge der A-B-Gitterwege und der Menge der 24-Wörter aus 8 Os und 16 Rs gibt es also eine *Bijektion*. Nach der *Gleichheitsregel* sind demnach beide

Mengen gleichmächtig. Daher können wir die Anzahl der Gitterwege bestimmen, indem wir die Anzahl dieser Codewörter bestimmen. Sie ist gleich der Anzahl der Möglichkeiten, von den 24 Positionen des Wortes die 8 Positionen für die Os auszuwählen bzw. die 16 Positionen für die Rs. Es gibt also $\binom{24}{8} = \binom{24}{16}$ solche Codewörter und daher ebenso viele Gitterwege von $(0;0)$ nach $(16;8)$.

Das können wir sofort verallgemeinern:

> **Satz** *Anzahl der Gitterwege*
> Die Anzahl der Gitterwege von $(0;0)$ nach $(m;n)$ ist $\binom{n+m}{n} = \binom{n+m}{m}$.

Untere Gitterwege

Nun betrachten wir speziell Gitterwege, die vom Startpunkt $(0;0)$ zu einem Zielpunkt $(n;n)$ *auf der Winkelhalbierenden* verlaufen. Dies ist ein Spezialfall des letzten Abschnitts, nämlich der Fall $m = n$. Daher können wir sofort folgern, dass es $\binom{n+n}{n} = \binom{2n}{n}$ solcher Wege gibt.

Binomialkoeffizienten der Form $\binom{2n}{n}$ nennt man übrigens *mittlere Binomialkoeffizienten*, denn sie stehen im Pascalschen Dreieck genau in der Mitte ihrer Zeile (und müssen daher die größte Zahl in dieser Zeile sein). Denken Sie daran, dass die oberste Zeile im Pascalschen Dreieck die Nummer 0 hat und ein Element enthält. In der k-ten Zeile stehen daher immer $k+1$ Zahlen. In Zeilen mit gerader Nummer steht daher stets eine ungerade Anzahl von Zahlen, von denen also eine genau in der Mitte stehen muss. Die Nummer der Zeile, in der $\binom{2n}{n}$ steht, ist $2n$, also gerade.

Von den Wegen nach $(n;n)$ sind für uns besonders die sogenannten *unteren Gitterwege nach* $(n;n)$ interessant: Dies sind Gitterwege von $(0;0)$ nach $(n;n)$, die *niemals die Winkelhalbierende überschreiten*; sie verlaufen also nur durch Gitterpunkte $(x;y)$ mit $y \leq x$. Durch die Bestimmung der Anzahl unterer Gitterwege werden wir endlich eine Formel für C_n finden.

Einige untere Gitterwege für $n = 4$

 Zeichnen und zählen Sie alle unteren Gitterwege nach $(n;n)$ für $n = 1, 2, 3, 4$.

Erinnern Sie die unteren Gitterwege an etwas? – Richtig, wenn Sie Ihr Blatt nach links drehen (um 135 Grad), dann erkennen Sie, dass die *unteren Gitterwege* nichts anderes sind als *Dyck-Pfade*, nur eben in gedrehter Darstellung.

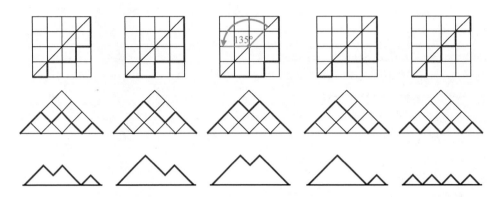

Untere Gitterwege als gedrehte Dyck-Pfade

Es gibt also eine Bijektion zwischen den unteren Gitterwegen und den Dyck-Pfaden, wie wir mit Hilfe der Codewörter leicht zeigen können:

> **Satz   *Dyck-Pfade und untere Gitterwege***
>
> Es gibt eine Bijektion zwischen der Menge der Dyck-Pfade mit je n Vor- und Zurück-Schritten und der Menge der unteren Gitterwege nach $(n;n)$.
>
> Die Anzahl der unteren Gitterwege nach $(n;n)$ ist also ebenfalls C_n.

Beweis

Die Codewörter für beliebige Gitterwege nach $(n;n)$ bestehen aus je n Os und Rs. Ein Gitterweg ist genau dann ein *unterer*, wenn keiner seiner Punkte oberhalb der Winkelhalbierenden liegt. Das ist genau dann der Fall, wenn an jedem Punkt des Weges die Anzahl der zurückliegenden Rechts-Schritte mindestens so groß ist wie die der Aufwärts-Schritte. Mit anderen Worten: genau dann, wenn jedes Anfangsstück des Codewortes mindestens so viele Rs enthält wie Os. Also genau dann, wenn das Codewort ein Dyck-Wort ist.   ∎

Warum aber sollten wir *untere Gitterwege* betrachten wollen, wenn sie doch nichts anderes sind als die schon bekannten *Dyck-Pfade*? Nun, dafür gibt es einen einfachen Grund: Die unteren Gitterwege lassen sich *viel leichter zählen* als die Dyck-Pfade. Und das liegt daran, dass uns bei den Gitterwegen die ihnen zugrundeliegende Gitterstruktur beim Zählen hilft. Die *allgemeinen* Gitterwege haben wir bereits gezählt (siehe den vorletzten Satz), und für die *unteren* Gitterwege geht das ähnlich, wenn auch beweistechnisch etwas komplizierter.

Wenn uns diese Zählung der unteren Gitterwege gelingt, haben wir unser Hauptproblem gelöst: Dank der von uns bereits gefundenen Bijektionen (Codierungen) zwischen den einzelnen Mengen wissen wir bereits, dass die Lösung aller hier behandelten Probleme die Catalan-Zahlen C_n sind. Daher brauchen wir nur für *eine* Menge der Catalanischen Familie eine Formel zur Berechnung ihrer Mächtigkeit zu finden, die dann zugleich auch die Lösungsformel für die übrigen Probleme ist, weil sie eben C_n berechnet.

> **Satz** *Anzahl der unteren Gitterwege*
>
> Die Anzahl der unteren Gitterwege nach $(n;n)$ ist $\dfrac{1}{n+1}\dbinom{2n}{n}$.

Beweis

Die Gitterwege von $(0;0)$ nach $(n;n)$, die *keine* unteren Wege sind, wollen wir hier suggestiv als *schlechte* Gitterwege bezeichnen. Den Beweis führen wir in drei Schritten.

Erster Schritt

Gegeben sei irgendein schlechter Gitterweg W von $(0;0)$ nach $(n;n)$. Da er schlecht ist, enthält er mindestens einen Gitterpunkt, der *oberhalb* der Winkelhalbierenden $y = x$ liegt.

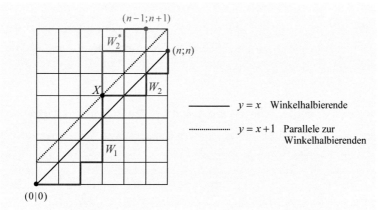

1. X sei der *erste* Gitterpunkt auf W, der *oberhalb* der Winkelhalbierenden liegt. X muss dann um 1 oberhalb der Winkelhalbierenden liegen (sonst wäre X nicht der erste dieser Punkte). X liegt also auf der Geraden $y = x+1$ (Parallele zur Winkelhalbierenden).

2. Wir teilen den schlechten Weg W auf in die beiden Teilwege W_1 von $(0;0)$ nach X sowie W_2 von X nach $(n;n)$.

3. Wir spiegeln W_2 an der Geraden $y = x+1$ nach W_2^*. Da X als Punkt auf der Spiegelachse dabei nicht verlagert wird, startet W_2^* in X, dem Endpunkt von W_1. D.h. $W^* = W_1 W_2^*$ ist ein Gitterweg. W^* endet im Spiegelbild des Endpunkts $(n;n)$ von W_2, also in $(n-1;n+1)$.

Jedem *schlechten* Weg $W = W_1 W_2$ von $(0;0)$ nach $(n;n)$ entspricht auf diese Weise ein Gitterweg $W^* = W_1 W_2^*$ von $(0;0)$ nach $(n-1;n+1)$, der eindeutig durch W bestimmt ist. Andererseits können wir aber auch aus jedem Gitterweg W^* von $(0;0)$ nach $(n-1;n+1)$ den Weg W von $(0;0)$ nach $(n;n)$ eindeutig rekonstruieren, der bei unserem Spiegelungsverfahren auf W^* abgebildet wird: Dazu suchen wir den ersten Punkt X auf W^*, der oberhalb der Winkelhalbierenden liegt (den muss es geben, weil W^* zwischen $(0;0)$ und $(n-1;n+1)$ durch $y = x+1$ laufen muss) und spiegeln den Rest von W^*, also den Wegteil von X bis $(n-1;n+1)$, an $y = x+1$. So erhalten wir einen eindeutig bestimmten Weg W nach $(n;n)$, der *schlecht* sein muss, da er durch X läuft, also oberhalb der Winkelhalbierenden, und der nach dem Spiegelungsverfahren auf W^* abgebildet wird. Nach der Gleichheitsregel haben wir damit gezeigt: Es gibt genauso viele *schlechte* Gitterwege nach $(n;n)$ wie Gitterwege nach $(n-1;n+1)$.

Zweiter Schritt

Die Anzahl der Gitterwege von $(0;0)$ nach $(a;b)$ ist $\binom{a+b}{a}\left[=\binom{a+b}{b}\right]$ (s. Satz S. 113). Die Anzahl der Wege nach $(n-1;n+1)$ und damit auch die der *schlechten* Wege nach $(n;n)$ erhalten wir daraus, indem wir $a = n+1$ und $b = n-1$ einsetzen:

$$\binom{(n+1)+(n-1)}{n+1} = \binom{2n}{n+1}$$

Dritter Schritt

Da es $\binom{2n}{n}$ Gitterwege nach $(n;n)$ gibt, erhalten wir die Anzahl der unteren Wege durch Subtraktion der Anzahl der *schlechten* Wege:

$$\binom{2n}{n} - \binom{2n}{n+1}$$

Dieser Term lässt sich noch vereinfachen, indem der rechte Binomialkoeffizient auf die Form des linken gebracht wird, so dass dieser sich ausklammern lässt. Wir zeigen die Umformung in allen Einzelschritten (machen Sie sich den zweiten Schritt ausführlich klar):

$$\overbrace{(2n)^{n+1} = 2n \cdot (2n-1) \cdot (2n-2) \cdot \ldots \cdot (2n-n)}$$

$$\binom{2n}{n+1} = \frac{(2n)^{n+1}}{(n+1)!} = \frac{(2n)^n \cdot (2n-n)}{(n+1) \cdot n!} = \frac{(2n)^n \cdot n}{(n+1) \cdot n!} = \frac{n}{n+1} \cdot \frac{(2n)^n}{n!} = \frac{n}{n+1} \binom{2n}{n}$$

Durch Ausklammern erhalten wir die Anzahl der ‚guten' unteren Wege nach $(n;n)$:

$$\binom{2n}{n} - \binom{2n}{n+1} = \binom{2n}{n} - \frac{n}{n+1} \binom{2n}{n} = \left(1 - \frac{n}{n+1}\right) \cdot \binom{2n}{n} = \left(\frac{n+1}{n+1} - \frac{n}{n+1}\right) \cdot \binom{2n}{n} = \frac{1}{n+1} \binom{2n}{n}$$

Dies muss die n-te Catalan-Zahl C_n sein, für die wir damit endlich eine Formel haben: ∎

Satz *Formel für die Catalan-Zahlen*

$$C_n = \frac{1}{n+1} \binom{2n}{n} \left[= \frac{(2n)!}{(n+1)!n!}\right] \quad (n \geq 1)$$

Rechnen Sie kurz nach, dass der Term in der Klammer korrekt ist.

Damit sind wir am Ende unserer Erforschung der Catalanischen Familie angekommen. Einen Überblick über die Resultate dieses Kapitels sehen Sie auf der nächsten Seite.

Die Anfänge der Zahlenfolgen von Catalan-Zahlen C_n und Eulerschen Triangulationszahlen E_n zeigt die folgende Tabelle:

n	1	2	3	4	5	6	7	8	9	10	11	12	13	14	15
C_n	1	2	5	14	42	132	429	1.430	4.862	16.796	58.786	208.012	742.900	2.674.440	9.694.845
E_n	–	–	1	2	5	14	42	132	429	1.430	4.862	16.796	58.786	208.012	742.900

8 Kreuzungsfreie Partitionen

Zum Schluss noch ein kurzer Hinweis auf ein weiteres Mitglied der Catalanischen Familie.

C_n ist auch die Anzahl der *kreuzungsfreien Partitionen* einer *n*-Menge. Was diese sind, zeigt ein Vergleich der Abbildungen. Die Teilmengen sind farbig markiert, unmarkierte Einzelpunkte stellen einelementige Teilmengen dar.

Die Gesamtzahl aller Partitionen einer *n*-Menge ist die *Bell-Zahl* B_n (siehe nächstes Kapitel *Mengenpartitionen*). Eine 5-Menge hat insgesamt $B_5 = 52$ Partitionen. Davon sind $C_5 = 42$ *kreuzungsfrei* (s. Abb. rechts). Die restlichen 10 sind *kreuzende* Partitionen (s. Abb. unten).

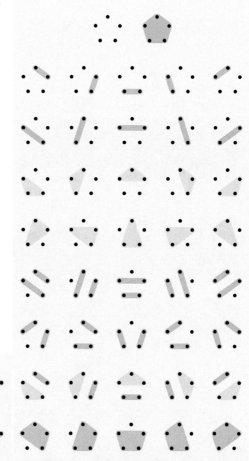

Die 10 kreuzenden Partitionen einer 5-Menge

Die 42 kreuzungsfreien Partitionen einer 5-Menge

Die Catalanische Familie

Jede der angegebenen Mengen hat jeweils die Mächtigkeit C_n.

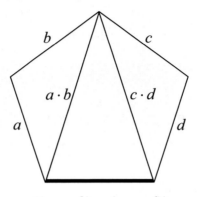

Triangulationen
des $(n+2)$-Ecks

Bijektion

n-Klammerungen
mit n Multipl.
$n+1$ Faktoren

$$((a \cdot b) \cdot (c \cdot d))$$

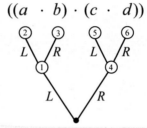

Binärbäume
mit $n+1$ Blättern

*n-Treppen-
parkettierungen*

Vor-Zurück-Wege
mit je n Vor- und
Zurück-Schritten

$$L \ L \ R \ R \ L \ R$$
$$V \ V \ Z \ Z \ V \ Z$$

untere Gitterwege
mit je n Hoch- und
Rechts-Schritten

Dyck-Pfade
mit je n Vor- und
Zurück-Schritten

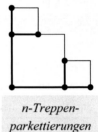

135°

leere Klammerterme
mit je n öffnenden und
schließenden Klammern

$$C_n = \frac{1}{n+1}\binom{2n}{n}$$

Schachtelungen
mit n Schachteln

kreuzungsfreie Paarungen
mit n Punktepaaren

8 Mengenpartitionen

Auf wie viele Arten kann man eine Menge in Teilmengen zerlegen?

Beispiele

Auf wie viele Arten können sich vier Personen auf zwei Ruderboote verteilen, wenn es nur darauf ankommt, wer mit wem in einem Boot sitzt, aber nicht, welches Boot das ist (z.B. weil die sowieso alle gleich aussehen)? – Auf wie viele Arten können wir einen Apfel, eine Birne, eine Banane und einen Pfirsich auf zwei gleiche Teller legen, wobei wieder allein wichtig ist was auf denselben Teller kommt, egal auf welchen (z.B. weil Teller aus demselben Service für uns immer gleich aussehen und wir sie später auf den Tisch stellen und dann ohnehin nicht mehr wissen, ‚welcher Teller welcher war‘)? – Wie viele verschiedene Möglichkeiten gibt es, vier mit 1 bis 4 beschriftete Tischtennisbälle auf zwei nicht unterscheidbare Schachteln zu verteilen?

Analyse

Bevor wir über Antworten nachdenken, sollten wir hier zunächst die Fragen selbst in den Blick nehmen:

- Was bedeutet es kombinatorisch, wenn das ‚Wer mit wem?‘ oder das ‚Was auf denselben Teller kommt‘ wichtig ist? Was bedeutet die Beschriftung von 1 bis 4? Die drei Formulierungen sind verschieden, doch sie laufen kombinatorisch auf dasselbe hinaus: Ob es sich um Menschen, Obstsorten oder Ballnummern handelt, spielt beim Zählen keine Rolle. Kombinatorisch relevant ist nur: Die zu verteilenden Objekte sind alle individuell unterscheidbar. Das hat zur Folge, dass wir mehr Verteilungsmöglichkeiten als verschieden ansehen und darum jeweils einzeln zählen müssen (als bei ununterscheidbaren Objekten). Wir halten fest: In allen drei Beispielen sollen *unterscheidbare* Objekte verteilt werden.

- Für das Zählen macht es ebenfalls keinen Unterschied, ob die Verteilung in Boote, Schachteln oder auf Teller vorgenommen wird. Kombinatorisch geht es hier nur darum, dass *Objekte* in *Fächer* verteilt werden. Und auch bei den Fächern – wie eben bei den Objekten – ist nur relevant, ob sie individuell unterscheidbar sind oder nicht. Beachten Sie: Natürlich sind zwei Ruderboote immer verschieden (was man spätestens erkennt, wenn das eine ein Leck hat, das andere aber nicht). Darum geht es aber bei unseren Zählaufgaben nicht. Es geht nicht um *Verschiedenheit*, sondern um *Unterscheidbarkeit*. Genaugenommen geht es eigentlich nicht einmal um Unterscheidbarkeit; sondern nur darum, ob wir beim Zählen aller kombinatorischen Möglichkeiten die Unterscheidbarkeit *beachten* wollen oder nicht. Wenn sie keine Rolle spielen soll, dann nennen wir die Objekte bzw. Fächer einfach ‚*ununterscheidbar*'. Über die tatsächliche Ununterscheidbarkeit sagen wir damit nichts; es ist schlicht unsere Entscheidung, was wir beim Zählen berücksichtigen wollen. In den drei Beispielen oben sehen wir die Fächer aus vernünftigen Gründen eben als ununterscheidbar an. Wir halten fest: In jedem unserer drei Beispiele sollen *unterscheidbare* Objekte auf <u>*ununterscheidbare*</u> Fächer verteilt werden. Dies ist die kombinatorische *Grundaufgabe* dieses Kapitels.

1 Stirling-Zahlen

Sehen wir noch etwas näher hin: Wenn wir *n* unterscheidbare Objekte in *k* ununterscheidbare Fächer legen, dann passt das Wort *Verteilung* nicht wirklich. Denn dabei klingt doch immer die Frage mit, an wen oder was wir verteilen. Wir haben aber gerade erkannt, dass die Adressaten (Fächer) nicht relevant sind, wenn wir sie nicht unterscheiden können oder wollen. Wichtig ist allein deren Anzahl. Daher sollten wir besser von *Aufteilung*, *Einteilung* oder *Zerlegung* sprechen. Das mag sich spitzfindig anhören, aber durch diese sprachliche Differenzierung sehen wir deutlicher, worum es hier mathematisch geht: Es geht um die *Zerlegung einer Menge von n Objekten in k Teilmengen*. Wenn sich vier Leute auf zwei ununterscheidbare Boote aufteilen wollen, dann müssen sie zwei Gruppen bilden; welche Gruppe dann welches Boot besteigt, ist nicht zu unterscheiden. Wir halten fest:

> **Der mathematische Kern der Grundaufgabe**
> Die Verteilung von *n* unterscheidbaren Objekten auf *k* ununterscheidbare Fächer
> ist mathematisch nichts anderes als die *Zerlegung einer n-Menge in k Teilmengen*.

Bei einer Zerlegung muss in jede Teilmenge mindestens ein Element kommen (d.h. keine Teilmenge ist leer), und zwar *jedes* Element in *genau eine* Teilmenge (d.h. die Vereinigung der Teilmengen ist *M*, und je zwei Teilmengen sind disjunkt; man sagt: die Teilmengen sind ‚paarweise disjunkt'). Eine solche Zerlegung bezeichnet man mit dem gleichbedeutenden Fremdwort als *Partition*. Damit auch etwas zum Zerlegen vorhanden ist, darf *M* nicht leer sein.

> **Definition *Partition, k-Partition***
> Eine *Partition* einer (nichtleeren) Menge *M* ist eine Menge von nichtleeren Teilmengen von *M*, bei der jedes Element von *M* in genau einer Teilmenge enthalten ist. Eine Partition mit genau *k* Teilmengen nennt man *k-Partition*.

Zurück zu den Beispielen. Es ist nun klar, dass es für alle drei Beispiele eine gemeinsame Lösung gibt. Wir müssen nur alle 2-Partitionen einer 4-Menge bestimmen und zählen:

$$\{1,2,3,4\} = \{1,2,3\} \cup \{4\}$$
$$= \{1,2,4\} \cup \{3\}$$
$$= \{1,3,4\} \cup \{2\} \qquad \{1,2,3,4\} \text{ hat 7 2-Partitionen.}$$
$$= \{2,3,4\} \cup \{1\} \qquad \text{Jede 4-Menge hat 7 2-Partitionen!}$$
$$= \{1,2\} \cup \{3,4\}$$
$$= \{1,3\} \cup \{2,4\} \qquad \textit{Stirling-Zahl } S_{4,2} = 7$$
$$= \{1,4\} \cup \{2,3\}$$

Natürlich kommt es nicht darauf an, wie wir die Elemente der Menge bezeichnen. Für jede Menge mit 4 Elementen gibt es die gleichen 7 Zerlegungsmöglichkeiten in 2 Teilmengen, ggf. nur mit anderen Namen in den Teilmengen. Diese Zahl 7 nennen wir nach dem schottischen Mathematiker *James Stirling* (1692-1770) die *Stirling-Zahl (zweiter Art)* $S_{4,2}$.

> **Definition   *Stirling-Zahlen (zweiter Art)***
>
> 1. Die Anzahl der k-Partitionen einer n-Menge wird mit $S_{n,k}$ bezeichnet. Die Zahlen $S_{n,k}$ heißen *Stirling-Zahlen (zweiter Art)*.
> 2. Damit sind die Stirling-Zahlen zunächst nur für $n, k > 0$ definiert. Aus formalen Gründen erweitern wir die Definition auf $n, k \geq 0$ durch die Festlegung
> $$S_{0,0} = 1 \quad \text{und} \quad S_{n,0} = 0 \quad \text{für } n > 0.$$

Erläuterungen zu den Definitionen

- In unserer Definition der Partitionen wird gefordert, dass die Menge M nicht leer sein darf. Denn in diesem Fall hätte M nur eine einzige Teilmenge, nämlich sich selbst, also die leere Teilmenge; die darf aber in einer Partition nicht vorkommen. Partitionen gibt es folglich nur für n-Mengen mit $n > 0$.

- Wenn man eine Menge partitioniert, dann muss jedes ihrer Elemente ‚irgendwo hin'; eine Partition muss also stets mindestens *eine* Teilmenge enthalten. Daher muss $k > 0$ sein.

- Da die Teilmengen jeweils mindestens ein Element von M enthalten müssen, kann es von ihnen nicht mehr geben als M Elemente hat. Daher muss $k \leq n$ sein.

- Damit ist klar: Partitionen gibt es nur für $k, n > 0$ und $k \leq n$. Weil man mit Stirling-Zahlen aber manchmal bequemer rechnen kann, wenn sie auch für $k, n = 0$ definiert sind, definiert man sie *künstlich* auch für diese Fälle. Allerdings kann man sie in diesen Fällen nicht mehr *inhaltlich* interpretieren, d.h. als Anzahlen von *k*-Partitionen. Zum bloßen Rechnen braucht man das auch nicht. – Solche künstlichen Definitionserweiterungen kennen Sie längst. Sie folgen dem *Kontinuitätsprinzip*: Rechenregeln werden *formal* auch für Fälle definiert, die *inhaltlich* keinen Sinn mehr ergeben. Und zwar so, dass durch den Wert, der in diesen Fällen zugewiesen wird, die Regel weiterhin genau wie im Normalfall ‚funktioniert‘.

Kontinuitätsprinzip

Dafür kennen Sie aus der Schule das Paradebeispiel: a^0. Der Normalfall für a^n ist $n > 0$. Der Exponent n sagt, wie oft a als Faktor dasteht. Inhaltlich ist also a^0 reiner Nonsens. Wenn a ‚nullmal‘ als Faktor dasteht, also überhaupt nicht, dann wird gar nicht multipliziert, und dann kann es auch keinen Wert für a^0 geben.

Nun gibt es aber die sehr bequemen Potenzregeln, z.B. $a^m / a^n = a^{m-n}$. Was aber, wenn hier $m = n$ ist? Dann würde da stehen: $a^m / a^m = a^{m-m} = a^0$. Damit die Regel auch dafür funktioniert, können wir a^0 einen Wert zuweisen, mit dem sie auch in diesem Fall gültig bleibt. Wegen $a^m / a^m = 1$ kann dies nur der Wert 1 sein (für $a \neq 0$).

Darum erweitern wir die Definition für Potenzen, indem wir zusätzlich formal festlegen: $a^0 = 1$. Natürlich ist das inhaltlich immer noch Nonsens, weil links der Faktor a immer noch ‚nullmal‘ steht. Den Sonderfall 0 kann man eben nicht inhaltlich interpretieren. Aber mit der neuen Festlegung können wir auch weiterhin (‚kontinuierlich‘) dieselbe alte Regel nutzen. Das ist bequem.

Aus demselben Grund definieren wir auch Potenzen mit negativen Exponenten durch $a^{-m} = 1 / a^m$. Dann bleibt die Potenzregel $a^m / a^n = a^{m-n}$ auch für $n > m$ richtig: Beispiel: $a^2 / a^5 = a^{2-5} = a^{-3} = 1 / a^3$.

Ganz ähnlich liegen auch andere Sonderfall-Definitionen, wie z.B. $0! = 1$.

Neben der Schreibweise $S_{n,k}$ gibt es für die Stirling-Zahlen zweiter Art noch eine alternative Notation (*Karamata*-Schreibweise), analog zu den Binomialkoeffizienten, aber mit geschweiften Klammern:

$$S_{n,k} = \left\{ {n \atop k} \right\}$$

Im Folgenden lassen wir den Zusatz *‚zweiter Art‘* der Einfachheit halber stets weg; es sind immer diese gemeint. Die Stirling-Zahlen *erster Art* behandeln wir hier nicht.

Einfache Fälle

$S_{n,1} = 1$ Denn die Zerlegung einer Menge M in *nur eine* Teilmenge ist nur auf eine einzige Weise möglich: Diese Teilmenge muss gleich der Menge M selbst sein. Eine Menge M hat also immer nur eine 1-Partition, nämlich $\{M\}$.

$S_{n,n}=1$ Wenn eine Menge in ebenso viele Teilmengen zerlegt werden soll, wie sie Elemente hat, dann muss jede dieser Teilmengen genau eines der Elemente enthalten. Diese einzige n-Partition von $M = \{a_1, a_2, \ldots, a_n\}$ ist also $\{\{a_1\}, \{a_2\}, \ldots, \{a_n\}\}$.

$S_{n,2} = 2^{n-1} - 1$ Eine n-Menge M hat stets 2^n Teilmengen. Um eine 2-Partition von M herzustellen, können wir irgendeine Teilmenge T wählen; die andere Teilmenge der 2-Partition muss dann die Komplementmenge $\bar{T}$ sein, und wir erhalten die 2-Partition $M = \{T, \bar{T}\}$. Es stehen aber nicht alle 2^n Teilmengen zur Verfügung. Die leere Teilmenge fällt weg, weil bei Partitionen keine Teilmenge leer sein darf. Aus dem gleichen Grund fällt dann aber auch M selbst als Teilmenge weg, weil deren Komplement die verbotene leere Teilmenge wäre. Uns bleiben also nur $2^n - 2$ Teilmengen zur Herstellung von 2-Partitionen. – Aber Vorsicht, wir zählen hier doppelt! Denn wir hätten statt T ja auch die Komplementmenge $\bar{T}$ zuerst wählen können; und dann als zweite Teilmenge deren Komplement $\bar{\bar{T}} = T$ (das Komplement des Komplements ist wieder die Ausgangsmenge). Das führt aber zu derselben 2-Partition $M = \{\bar{T}, \bar{\bar{T}}\} = \{\bar{T}, T\} = \{T, \bar{T}\}$. Die Reihenfolge der Teilmengen spielt bei Partitionen aber keine Rolle. Die beiden bisher einzeln gezählten 2-Partitionen $\{\bar{T}, T\}$ und $\{T, \bar{T}\}$ sind gleich. Folglich liefern die $2^n - 2$ Teilmengen nur halb so viele 2-Partitionen. Deren Anzahl ist demnach $\frac{1}{2}(2^n - 2) = 2^{n-1} - 1$.

$S_{n,3} = \frac{1}{2}3^{n-1} - 2^{n-1} + \frac{1}{2}$ Die aufwendige Herleitung dieser Formel können wir uns an dieser Stelle ersparen, da sie nichts inhaltlich Neues bringt, sondern nur eine bekannte kombinatorische Idee, verbunden mit einem Training im Umformen verschachtelter Summen mit Binomialkoeffizienten.

Herleitung einer Rekursionsformel für die Stirling-Zahlen

Das letzte Beispiel ist eine *direkte Formel* zur Bestimmung von $S_{n,k}$, doch leider nur für den Spezialfall $k = 3$. Schon sie ist so komplex, dass wir die Hoffnung, eine direkte Formel für den allgemeinen Fall $S_{n,k}$ herleiten zu können, also für beliebige k, hier lieber aufgeben. Eine allgemeine Formel eines anderen Typs ist aber fast ebenso wertvoll wie eine direkte und recht einfach herzuleiten, nämlich eine *Rekursionsformel*. Eine solche hatten wir ja auch für das Pascalsche Dreieck gefunden, um die Binomialkoeffizienten einer Zeile bequem aus denen der Vorgängerzeile zu berechnen: das *Additionsgesetz* $\binom{n}{k} = \binom{n-1}{k-1} + \binom{n-1}{k}$.

Mit einer solchen Rekursionsformel können wir einen Wert durch Rückführung (Rekursion) auf vorangehende Werte berechnen. Im Pascalschen Dreieck z.B. jede innere Zahl durch Addition der beiden schräg darüber stehenden. Eine solche Rekursionsformel gibt es auch für die Stirling-Zahlen. Wie wir noch sehen werden, lassen auch diese sich in einem Dreieck darstellen, und auch bei ihnen erlaubt eine Rekursionsformel die Berechnung der inneren Zahlen mit Hilfe der jeweils schräg darüber stehenden. Die Analogie *Pascal–Stirling* geht sogar noch weiter und tiefer: Wir können die Rekursionsformel für die Stirling-Zahlen fast genau mit derselben Methode herleiten, mit der wir bereits das Additionsgesetz für das Pascalsche Dreieck hergeleitet haben; zumindest ist die Beweisidee in beiden Fällen identisch. Daher werden Sie das Folgende am besten verstehen, wenn Sie zuvor noch einmal einen Blick auf den Beginn unserer Herleitung des Additionsgesetzes werfen (S. 63).

Wir betrachten eine beliebige (nichtleere) n-Menge M. In M wählen wir irgendein beliebiges Element aus, das wir im Folgenden festhalten; wir nennen es a. Gemäß der Definition von Partitionen muss jede Partition von M genau eine M-Teilmenge enthalten, in der dieses Element a vorkommt. Nun gibt es nur zwei Möglichkeiten: *Entweder* ist a das einzige Element dieser Teilmenge (dann ist diese also die einelementige Teilmenge $\{a\}$), *oder* es liegen außer a noch weitere Elemente von M in dieser Teilmenge (dann kann diese Partition jedenfalls *nicht* auch noch die Teilmenge $\{a\}$ enthalten). Daher können wir die Gesamtmenge aller k-Partitionen der n-Menge M in zwei *disjunkte* Teilmengen aufteilen, je nachdem, ob die Partitionen die einelementige Teilmenge $\{a\}$ *enthalten (rote Menge)* oder *nicht enthalten (blaue Menge)*. Nach dem *Spezialfall der Summenregel* (S. 21) ist $S_{n,k}$ die Summe der Mächtigkeiten der roten und der blauen Menge. Diese beiden Mächtigkeiten müssen wir nun bestimmen.

Menge aller k-Partitionen von M	$=$	Menge aller k-Partitionen von M, die $\{a\}$ enthalten	$\cup$	Menge aller k-Partitionen von M, die $\{a\}$ nicht enthalten
$\downarrow$		$\downarrow$		$\downarrow$
Mächtigkeiten: $S_{n,k}$	$=$	$S_{n-1,k-1}$	$+$	$k \cdot S_{n-1,k}$

Die linke Seite der Gleichung ist klar, weil $S_{n,k}$ gerade so definiert ist. Nun zur rechten Seite: Wie viele Partitionen liegen in der *roten Menge*? Jede dieser ‚roten Partitionen' besteht aus k Teilmengen, von denen eine die Teilmenge $\{a\}$ ist. Jede rote Partition hat also die Form $\{T_1,\ldots,T_{k-1},\{a\}\}$. Weil a bereits in $\{a\}$ vorkommt, kann a in keiner der Teilmengen $T_1,\ldots,T_{k-1}$ vorkommen. Daher ist $\{T_1,\ldots,T_{k-1}\}$ eine $(k-1)$-Partition der $(n-1)$-Menge $M-\{a\}$. Fügen wir in eine dieser $(k-1)$-Partitionen $\{T_1,\ldots,T_{k-1}\}$ die herausgenommene Teilmenge $\{a\}$ wieder ein, so erhalten wir wieder die ursprüngliche rote Partition. Auf diese Weise ergibt sich aus jeder roten Partition eine eindeutig bestimmte $(k-1)$-Partition von $M-\{a\}$; und umgekehrt aus jeder $(k-1)$-Partition von $M-\{a\}$ eindeutig die ursprüngliche rote Partition. Mit anderen Worten: von beiden gibt es gleich viele. Es gibt ebenso viele rote Partitionen wie es $(k-1)$-Partitionen der $(n-1)$-Menge $M-\{a\}$ gibt. Und deren Anzahl ist $S_{n-1,k-1}$.

Wie viele Partitionen liegen in der *blauen Menge*? Hier ist jede Partition von der Form $\{T_1, ..., T_{k-1}, T_k\}$, wobei in genau einer dieser k Teilmengen a als Element vorkommt. Da aber in dieser Teilmenge a nicht das einzige Element ist (so sind die ‚blauen Partitionen' definiert), können wir a aus dieser Teilmenge herausnehmen, ohne dass die Teilmenge leer würde. D.h. auch nach Entfernen von a aus der jeweiligen Teilmenge bleibt die k-Partition eine k-Partition, allerdings nun eine der $(n-1)$-Menge $M - \{a\}$ (• siehe die Anmerkung unten). Umgekehrt können wir jede k-Partition der $(n-1)$-Menge $M - \{a\}$ zu einer k-Partition von M erweitern, die $\{a\}$ *nicht* enthält (also vom blauen Typ ist), indem wir lediglich in eine der k Teilmengen das Element a einfügen. Die Anzahl der k-Partitionen der $(n-1)$-Menge $M - \{a\}$ ist $S_{n-1,k}$. Weil wir a in *jede* der k verschiedenen Teilmengen einfügen können, können wir aus jeder einzelnen der $S_{n-1,k}$ k-Partitionen von $M - \{a\}$ jeweils k verschiedene blaue Partitionen machen. Insgesamt enthält die blaue Menge also $k \cdot S_{n-1,k}$ Partitionen.

Anmerkung: An der Stelle • wird klar, dass unsere Rekursionsformel nur für $n > k$ gelten kann. Wir argumentieren dort nämlich mit einer k-Partition einer $(n-1)$-Menge. Die kann es aber nur geben, wenn $n - 1 \geq k$, d.h. $n > k$ ist.

Damit haben wir die gesuchte Rekursionsformel hergeleitet:

Satz *Rekursionsformel für die Stirling-Zahlen*

$$S_{n,k} = S_{n-1,k-1} + k \cdot S_{n-1,k} \quad (\text{für } n > k)$$

Auf der nächsten Seite finden Sie eine ausführliche Demonstration, mit der Sie unsere Herleitung noch einmal für einen konkreten Fall nachspielen können.

Reflexion

Wieso kann eine Beweismethode, die wir bei dem Additionsgesetz für Binomialkoeffizienten benutzt hatten, auch bei der Rekursionsformel für Stirling-Zahlen funktionieren? Worin besteht ihr strategisches Prinzip? Worin bestehen die Gemeinsamkeiten dieser beiden Fälle?

- Bei Binomialkoeffizienten geht es um die Anzahl der k-Teilmengen einer n-Menge (also um die Anzahl der *wiederholungsfreien Kombinationen ,k aus n'*). Bei Stirling-Zahlen um die Anzahl der k-Partitionen einer n-Menge (also um die Anzahl der *Partitionen ,n in k'*). Binomialkoeffizienten wie auch Stirling-Zahlen sind also durch zwei Variablen n, k bestimmt. Daher sind beide in einer zweidimensionalen Anordnung darstellbar. In beiden Fällen muss $k \leq n$ sein. Daher ist bei beiden eine Anordnung in Form eines Dreiecks möglich.

- In beiden Fällen gibt es jeweils eine Formel, mit der sich die Anzahl für den *Fall n* aus zwei Anzahlen für den *Fall* $n-1$ berechnen lassen; es ist also eine Rekursionsformel („Rekursion' von lat. *recurrere*: zurückgehen, zurückführen).

- Sowohl bei den *k*-Teilmengen (Binomialkoeffizienten) als auch bei den *k*-Partitionen (Stirling-Zahlen) starten wir mit einer *n*-Menge *M*. Bei beiden besteht der Rückschritt von *n* auf $n-1$ darin, dass wir in *M* ein beliebiges Element *a* wählen, das wir gesondert betrachten, das wir gewissermaßen aus der Menge ‚isolieren'. Dadurch wird die Untersuchung der *n*-Menge reduziert auf die Untersuchung der $(n-1)$-Menge $M-\{a\}$.

- Dieser ‚Rekursionstrick' ist so effektiv, dass wir ihn sogar noch ein drittes Mal anwenden werden (s. S. 130). Und wieder, um eine Rekursionsformel herzuleiten. Denn der Trick besteht eben darin, den Rückschritt von *n* auf $n-1$ zu vollziehen.

Demonstration am Beispiel

Wir wählen $n=5$, $k=3$, $M=\{1,2,3,4,5\}$ und daraus das feste Element $a=5$.

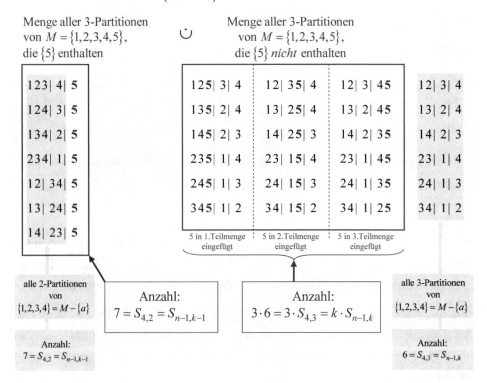

Das Stirling-Dreieck

Wie oben begründet, gibt es für die Stirling-Zahlen wie für die Binomialkoeffizienten eine Dreieck-Darstellung. Wie sieht die für Stirling-Zahlen aus? Wir unterscheiden zwei Formen:

Das *einfache Stirling-Dreieck*, in dem nur die Stirling-Zahlen $S_{n,k}$ für $k,n>0$ aufgeführt sind (die sich inhaltlich als Anzahl von k-Partitionen einer n-Menge interpretieren lassen), sowie das *erweiterte Stirling-Dreieck* mit den zusätzlichen, ‚künstlichen' Werten für $k,n=0$.

Satz *Konstruktionsregel für das Stirling-Dreieck*

1. *Randgesetz:*   Beim einfachen Stirling-Dreieck haben die Randzahlen alle den Wert 1: $S_{n,1}=S_{n,n}=1$.

2. *Additionsgesetz:* Bei beiden Stirling-Dreiecken ist jede innere Zahl die Summe der beiden schräg darüber stehenden Zahlen, wobei die rechte zuvor mit der Zeilen-Positionsnummer der unteren Zahl zu multiplizieren ist: $S_{n,k}=S_{n-1,k-1}+k\cdot S_{n-1,k}$ $(n>k)$

$$S_{n,k}=S_{n-1,k-1}+k\cdot S_{n-1,k}$$

```
        1
      1   1
    1   3   1
  1   7   6   1
1  15  25  10   1
1  31  90  65  15   1
1  63 301 350 140  21  1
```

$$65=25+4\cdot 10$$

Einfaches Stirling-Dreieck

```
        S_{1,1}
      S_{2,1}   S_{2,2}
    S_{3,1}   S_{3,2}   S_{3,3}
  S_{4,1}   S_{4,2}   S_{4,3}   S_{4,4}
S_{5,1}  S_{5,2}  S_{5,3}  S_{5,4}  S_{5,5}
S_{6,1}  S_{6,2}  S_{6,3}  S_{6,4}  S_{6,5}  S_{6,6}
S_{7,1}  S_{7,2}  S_{7,3}  S_{7,4}  S_{7,5}  S_{7,6}  S_{7,7}
```

$$S_{6,4}=S_{5,3}+4\cdot S_{5,4}$$

```
        1
      0   1
    0   1   1
  0   1   3   1
0   1   7   6   1
0  1  15  25  10   1
0  1  31  90  65  15   1
0  1  63 301 350 140  21  1
```

```
        S_{0,0}
      S_{1,0}   S_{1,1}
    S_{2,0}   S_{2,1}   S_{2,2}
  S_{3,0}   S_{3,1}   S_{3,2}   S_{3,3}
S_{4,0}  S_{4,1}  S_{4,2}  S_{4,3}  S_{4,4}
S_{5,0}  S_{5,1}  S_{5,2}  S_{5,3}  S_{5,4}  S_{5,5}
S_{6,0}  S_{6,1}  S_{6,2}  S_{6,3}  S_{6,4}  S_{6,5}  S_{6,6}
S_{7,0}  S_{7,1}  S_{7,2}  S_{7,3}  S_{7,4}  S_{7,5}  S_{7,6}  S_{7,7}
```

Erweitertes Stirling-Dreieck

Beachten Sie

- Zum erweiterten Stirling-Dreieck: Damit auch hier jede innere Zahl die Summe der schräg darüber stehenden ist, definiert man $S_{n,0} = 0$ (für $n > 0$).

- Die Binomialkoeffizienten $\binom{n}{k}$ im Pascalschen Dreieck wie auch die Stirling-Zahlen $S_{n,k}$ im Stirling-Dreieck sind so positioniert, dass n die Zeilennummer und k die Spaltennummer angibt. Stellen wir die Dreiecke wie üblich symmetrisch dar, so werden die ‚Spalten' allerdings zu ‚Diagonalen'. D.h. die Werte für gleiches k stehen nicht senkrecht, sondern schräg untereinander. Wenn sie senkrecht stehen sollen, muss man die Form eines rechtwinkligen Dreiecks wählen, was Pascal bei seinem Dreieck auch getan hat. Wer sich an ‚schrägen Spalten' stört, kann k auch als die *Zeilen-Positionsnummer* bezeichnen.

- Die Zeilennummern n und die Spaltennummern (Zeilen-Positionsnummern) k beginnen
  - beim *erweiterten Stirling-Dreieck* wie beim *Pascalschen Dreieck* jeweils bei 0,
  - beim *einfachen Stirling-Dreieck* aber jeweils bei 1.

2 Bell-Zahlen

In den Beispielen zu Anfang dieses Kapitels hatten wir gefragt, wie viele Möglichkeiten es gibt, vier Personen auf zwei Ruderboote zu verteilen. Wobei es nur darauf ankommen sollte, *wer mit wem* in einem Boot sitzt, und nicht darauf, *welches der Boote* es ist. Im Alltag werden wir uns ja manchmal auch mehr dafür interessieren, mit wem wir zusammen sind, als welches von den vielen gleichartigen Booten wir gerade ergattern. Im Alltag würden wir uns aber vielleicht zunächst erst einmal fragen, *wie viele* Boote wir denn überhaupt nehmen wollen. Warum gerade zwei? Mit mehr als vier Booten könnten wir zu viert natürlich nichts anfangen, aber die Zahlen von 1 bis 4 kämen doch alle in Frage, sofern so viele Boote frei sind. Wie viele Verteilungsmöglichkeiten gäbe es denn dann?

Wenn Sie sich an die Definition von Partitionen erinnern, werden Sie jetzt vielleicht einwenden, dass wir hier gar nicht mehr mit ihnen modellieren können. Denn wenn 4 Boote zur Verfügung stehen, wir aber nur 3 nehmen, dann bleibt ja eines leer. Und leere Teilmengen sind bei Partitionen doch ausgeschlossen. Das stimmt schon, aber schauen wir genauer hin: Dass wir uns zum Beispiel für 3 Boote entscheiden, bedeutet ja, dass wir jedes von ihnen auch benutzen. Formal gesagt: Es bleibt beim Aufteilen der Menge aus uns Vieren keine der 3 Teilmengen (Bootsbesatzungen) leer. Es ist also wirklich eine Partition, und daher ist die Anzahl unserer Verteilungsmöglichkeiten die der 3-Partitionen. Nehmen wir 4 Boote, so ist es die Anzahl der 4-Partitionen; und bei einem oder zwei Booten entsprechend. Legen wir die Zahl unserer Boote nicht vorher fest, dann ist also die Gesamtzahl der Verteilungsmöglichkeiten die *Summe* der Anzahlen der 1-, 2-, 3- und 4-Partitionen. In der vierten Zeile des

Stirling-Dreiecks (die Zeilensummen sind bei beiden Formen gleich) können wir ablesen, dass diese Summe $S_{4,1} + S_{4,2} + S_{4,3} + S_{4,4} = 1 + 7 + 6 + 1 = 15$ ist. Wenn wir uns *auf bis zu vier* Boote verteilen wollen, dann haben wir dafür also insgesamt 15 Möglichkeiten. Diese Zeilensumme der 4. Zeile im Stirling-Dreieck ist die 4. *Bell-Zahl* B_4. Benannt nach dem schottisch-amerikanischen Mathematiker *Eric Temple Bell* (1883-1960), der übrigens unter dem Pseudonym John Taine auch Science-Fiction-Romane geschrieben hat (‚The Antarktos Cycle‘).

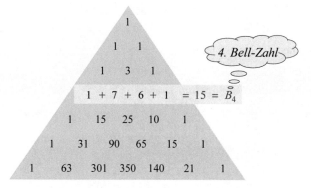

Gesamtzahl aller Partitionen als
Zeilensumme im Stirling-Dreieck

Definition *Bell-Zahlen*

1. Die Anzahl aller Partitionen einer nichtleeren n-Menge ($n > 0$) wird mit B_n bezeichnet. Die Zahlen B_n heißen *Bell-Zahlen*.

2. Aus formalen Gründen erweitern wir die Definition auf $n \geq 0$ durch $B_0 = 1$.

Erläuterungen zur Definition

- Zu Punkt 1: Hieraus folgt, dass B_n für $n > 0$ die Zeilensumme der n-ten Zeile im Stirling-Dreieck ist (wegen $S_{n,0} = 0$ für $n > 0$ in beiden Formen des Dreiecks). Denn die Anzahl aller Partitionen ist die Summe der Anzahlen aller k-Partitionen.

- Beim Pascalschen Dreieck ergab die Zeilensumme der n-ten Zeile die Anzahl aller Teilmengen einer n-Menge, nämlich 2^n. Das musste so sein, weil in dieser Zeile die Binomialkoeffizienten ‚0 aus n‘, ‚1 aus n‘, usw. bis ‚n aus n‘ stehen. Und dies sind ja jeweils die Anzahlen der 0-, 1-, usw. bis n-elementigen Teilmengen einer n-Menge. Deren Summe ist folglich die Anzahl aller Teilmengen der n-Menge, also 2^n. Beim Stirling-Dreieck ist es ganz ähnlich. In der n-ten Zeile stehen hier die Anzahlen der 1-, 2- bis n-Partitionen einer n-Menge. Deren Summe ist demnach die Anzahl *aller* Partitionen der n-Menge. Diese Zeilensumme der n-ten Zeile des Stirling-Dreiecks ist daher die n-te Bell-Zahl.

- Zu Punkt 2: Wollten wir auch B_0 inhaltlich interpretieren können, dann müsste B_0 die Anzahl der Partitionen der leeren Menge sein. Da diese keine Partitionen hat, müssten wir B_0 also den Wert 0 zuweisen.

- Inhaltliche Interpretierbarkeit ist uns aber auch hier weniger wichtig als das Kontinuitäts-prinzip: Der folgende Satz soll auch für $n = 0$ gelten! D.h. auch B_0 soll Zeilensumme im Stirling-Dreieck sein. Daher müssen wir $B_0 = 1$ setzen. Denn in der 0-ten Zeile des erweiterten Stirling-Dreiecks steht nur $S_{0,0} = 1$. Das erklärt Punkt 2 in der Definition oben. Ähnlich wie für die Stirling-Zahlen gilt also auch für die Bell-Zahlen: Definiert sind sie für alle natürlichen Zahlen $n \geq 0$; inhaltlich interpretierbar sind sie aber nur für $n > 0$.

Satz   *Bell-Zahlen und Stirling-Dreieck*

Die n-te Bell-Zahl ist die Zeilensumme der n-ten Zeile des Stirling-Dreiecks:

$$B_n = \sum_{k=0}^{n} S_{n,k} \text{ (für } n \geq 0)$$

1	$1 = B_0$	$S_{0,0}$
$0 + 1$	$1 = B_1$	$S_{1,0} + S_{1,1}$
$0 + 1 + 1$	$2 = B_2$	$S_{2,0} + S_{2,1} + S_{2,2}$
$0 + 1 + 3 + 1$	$5 = B_3$	$S_{3,0} + S_{3,1} + S_{3,2} + S_{3,3}$
$0 + 1 + 7 + 6 + 1$	$15 = B_4$	$S_{4,0} + S_{4,1} + S_{4,2} + S_{4,3} + S_{4,4}$
$0 + 1 + 15 + 25 + 10 + 1$	$52 = B_5$	$S_{5,0} + S_{5,1} + S_{5,2} + S_{5,3} + S_{5,4} + S_{5,5}$
$0 + 1 + 31 + 90 + 65 + 15 + 1$	$203 = B_6$	$S_{6,0} + S_{6,1} + S_{6,2} + S_{6,3} + S_{6,4} + S_{6,5} + S_{6,6}$
$0 + 1 + 63 + 301 + 350 + 140 + 21 + 1$	$877 = B_7$	$S_{7,0} + S_{7,1} + S_{7,2} + S_{7,3} + S_{7,4} + S_{7,5} + S_{7,6} + S_{7,7}$

Bell-Zahlen
als Zeilensummen im
Stirling-Dreieck

Die Folge der Bell-Zahlen beginnt also mit 1, 1, 2, 5, 15, 52, 203, 877 ...

Die Bell-Zahlen lassen sich aber nicht nur mit Hilfe der *Stirling-Zahlen* berechnen. Es gibt für sie auch eine eigene Rekursionsformel, die statt diesen die *Binomialkoeffizienten* verwendet.

Herleitung einer Rekursionsformel für die Bell-Zahlen

Unser Ziel ist es, eine Formel der Form $B_n = ... B_k$ ...zu entwickeln, mit der eine Bell-Zahl B_n mit Hilfe von *vorhergehenden* Bell-Zahlen B_k (also $k < n$) berechnet werden kann. Um eine möglichst einfache Schreibweise zu erreichen, ist es hier vorteilhaft, nicht eine Formel für $B_n = ...$ herzuleiten, sondern eine für $B_{n+1} = ...$. Das ergibt sich automatisch, wenn wir statt einer n-Menge eine $(n+1)$-Menge betrachten. M sei also irgendeine $(n+1)$-Menge.

Wir können hier wieder den ‚Rekursionstrick' anwenden, den wir bereits zweimal in ähnlichen Situationen eingesetzt haben. Zuerst beim Beweis für das Additionsgesetz des Pascalschen Dreiecks (im zweiten Beweis) und später noch einmal bei der Herleitung der Rekursionsformel für die Stirling-Zahlen in diesem Kapitel.

Der Trick besteht auch diesmal darin, in der Ausgangsmenge irgendein beliebiges Element $a \in M$ herauszupicken, das wir dann festhalten. Sie erinnern sich: Durch dieses Festhalten eines Elements reduziert sich die kombinatorische Komplexität zumindest ein wenig, da nun ein Element weniger bei den kombinatorischen Variationsmöglichkeiten ‚mitmischen' kann. Und das ist bereits der Ansatz für die angestrebte Rekursion. Wie Sie wissen, besteht der Sinn einer Rekursion darin, ein Problem der Stufe n zu lösen, indem man es auf Fälle der Stufe $n-1$, also von zumindest ein wenig geringerer Komplexität zurückführt. Bzw. wie im vorliegenden Fall von Stufe $n+1$ auf Stufe n oder niedriger.

In diesem Fall kommen wir in fünf Schritten zum Ziel; wir gehen sehr ausführlich vor:

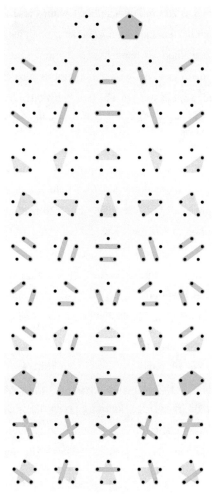

Die $B_5 = 52$ Partitionen einer 5-Menge (vgl. S. 117)

Erster Schritt

Wir wählen aus der $(n+1)$-Menge M ein beliebiges Element a und betrachten die Partitionen von M. Bei jeder dieser Partitionen muss das Element a jeweils in genau einer der Teilmengen vorkommen, nennen wir sie T. Es kann sein, dass a das einzige Element von T ist; es können aber auch noch weitere Elemente in T liegen. Wie viele können das sein? Da M außer a noch n weitere Elemente hat (hier findet die Rückführung von $n+1$ auf n statt), können auch in T außer a noch bis zu n weitere Elemente liegen. Wir bezeichnen die Anzahl dieser weiteren Elemente in T mit k und betrachten nun jeden der hierbei möglichen Fälle $k = 0, \ldots, n$.

Zweiter Schritt

T soll nun also außer a noch k weitere Elemente haben. Wie viele Teilmengen mit dieser Eigenschaft hat M denn? Wie viele verschiedene Möglichkeiten gibt es, eine solche Teilmenge zusammenzustellen? Nun, diese Zusammenstellung besteht doch darin, dass wir aus den n Elementen, die M außer a noch hat, k Elemente (zusätzlich zum festen Element a) für T auswählen. Es handelt sich also um eine Auswahl ,k aus n', und davon gibt es $\binom{n}{k}$ Stück. Für jeden der Fälle $k = 0, \ldots, n$ gibt es also jeweils $\binom{n}{k}$ von solchen Teilmengen T. Das ist aber noch nicht die Anzahl der Partitionen von M, die wir bestimmen wollen. Denn jede dieser Teilmengen T kann ja auf viele Arten zu einer Partition von M vervollständigt werden.

Dritter Schritt

Wie viele Möglichkeiten gibt es denn jeweils, eine solche Vervollständigung vorzunehmen, wenn T gegeben ist? Wie viele Möglichkeiten gibt es, zu T weitere disjunkte Teilmengen hinzuzufügen, die insgesamt alle restlichen Elemente von M enthalten; also alle, die nicht schon in T liegen? Nun, M hat insgesamt $n + 1$ Elemente; in T liegen davon $k + 1$ Elemente (a und k weitere). Folglich müssen die noch hinzuzufügenden Teilmengen insgesamt alle übrigen Elemente enthalten, das sind $n + 1 - (k + 1) = n - k$. Diese Teilmengen müssen also eine Partition einer $(n - k)$-Menge bilden. Deren Anzahl ist die Bell-Zahl B_{n-k}. Jede der Teilmengen T lässt sich also zu jeweils B_{n-k} verschiedenen Partitionen vervollständigen.

Vierter Schritt

Da es für jeden der möglichen Fälle $k = 0, \ldots, n$ jeweils $\binom{n}{k}$ verschiedene Teilmengen T gibt, und da jede einzelne davon auf B_{n-k} verschiedene Arten zu einer Partition von M vervollständigt werden kann, gibt es für jedes $k = 0, \ldots, n$ also $\binom{n}{k} B_{n-k}$ Partitionen. Um die Gesamtzahl *aller* Partitionen zu erhalten, müssen wir diese Zahlen für alle $k = 0, \ldots, n$ addieren. Die Gesamtzahl aller Partitionen von M ist also

$$B_{n+1} = \sum_{k=0}^{n} \binom{n}{k} B_{n-k}.$$

Fünfter Schritt

Eigentlich sind wir jetzt fertig. Aber wir können diese Formel noch ein wenig umformen, so dass der Index von B einfacher wird. Es gilt nämlich:

$$\sum_{k=0}^{n} \binom{n}{k} B_{n-k} = \sum_{k=0}^{n} \binom{n}{k} B_{k}$$

Bis auf den Index (links $n - k$, rechts nur k) sind beide Seiten der Gleichung identisch. Daher wäre es sehr bequem, wenn einfach $B_{n-k} \overset{?}{=} B_k$ wäre. Das wäre so etwas wie ein Symmetriegesetz für Bell-Zahlen. Das kann aber nicht gelten. Denn für festes k kann n ja beliebige Werte annehmen, d.h. es könnte nur gelten, wenn alle Bell-Zahlen gleich wären. Aber die Idee ‚Symmetriegesetz' ist gut. Für Binomialkoeffizienten gibt es das ja: $\binom{n}{k} = \binom{n}{n-k}$. Wenn wir dann noch ausnutzen, dass in einer Summe die Reihenfolge der Summanden beliebig ist, könnte uns die Umformung der linken auf die rechte Seite gelingen. Wir machen Folgendes:

Zunächst ersetzen wir den ‚unerwünschten' Term $n-k$ durch die Hilfsvariable $k'=n-k$ *(Substitution)*. Umgekehrt ist dann also $k=n-k'$. Damit erhalten wir:

$$B_{n+1} = \sum_{k=0}^{n} \binom{n}{k} B_{n-k} = \sum_{n-k'=0}^{n} \binom{n}{n-k'} B_{k'}$$

Die neue Summe umfasst alle Summanden für $n-k'=0$ (d.h. $k'=n$) bis $n-k'=n$ (d.h. $k'=0$), also alle Summanden für $k'=n$ bis $k'=0$. Also in absteigender Reihenfolge. Da aber wie gesagt die Reihenfolge von Summanden beliebig ist, können wir sie auch aufsteigend notieren. Es gilt daher (wir schreiben stets die gesamte Umformung auf):

$$B_{n+1} = \sum_{k=0}^{n} \binom{n}{k} B_{n-k} = \sum_{n-k'=0}^{n} \binom{n}{n-k'} B_{k'} = \sum_{k'=0}^{n} \binom{n}{n-k'} B_{k'}$$

Die Laufvariable in der Summe ist jetzt k'. Laufvariablen können wir aber stets umbenennen, weil das, was sie tun, vollständig durch die Angabe ihres Laufbereichs ‚von … bis' festgelegt ist; d.h. wie sie heißen, ist egal. Wir dürfen für sie nur keinen Variablennamen verwenden, der bereits in der Summe vorkommt. Wir können k' hier also einfach in das alte k umbenennen, weil dies in der letzten Summe nicht mehr vorkommt:

$$B_{n+1} = \sum_{k=0}^{n} \binom{n}{k} B_{n-k} = \sum_{n-k'=0}^{n} \binom{n}{n-k'} B_{k'} = \sum_{k'=0}^{n} \binom{n}{n-k'} B_{k'} = \sum_{k=0}^{n} \binom{n}{n-k} B_{k}$$

Und hier erinnern wir uns an das Symmetriegesetz für Binomialkoeffizienten $\binom{n}{k} = \binom{n}{n-k}$:

$$B_{n+1} = \sum_{k=0}^{n} \binom{n}{k} B_{n-k} = \sum_{n-k'=0}^{n} \binom{n}{n-k'} B_{k'} = \sum_{k'=0}^{n} \binom{n}{n-k'} B_{k'} = \sum_{k=0}^{n} \binom{n}{n-k} B_{k} = \sum_{k=0}^{n} \binom{n}{k} B_{k}$$

∎

Wir haben damit bewiesen:

Satz *Rekursionsformel für die Bell-Zahlen*

$$B_{n+1} = \sum_{k=0}^{n} \binom{n}{k} B_{k} \ (n \geq 0)$$

Ab B_1 lassen sich die Bell-Zahlen mit dieser Formel rekursiv berechnen. Anstelle der Stirling-zahlen arbeitet sie mit Binomialkoeffizienten. Im Pascalschen Dreieck können wir die Rekursionsformel anschaulich machen. Wie der Binomialkoeffizient zeigt, spielt sich die Berechnung von B_{n+1} ausschließlich in der n-ten Zeile des Pascalschen Dreiecks ab: B_{n+1} ist die mit den vorangehenden Bell-Zahlen B_0 bis B_n gewichtete (multiplizierte) n-te Zeilensumme.

> Alles spielt sich in der n-ten Zeile des Pascalschen Dreiecks ab.

$$B_{n+1} = \sum_{k=0}^{n} \binom{n}{k} B_{k}$$

Die folgende Abbildung zeigt diesen Zusammenhang im Detail:

$$1 \cdot 1 = 1$$

$$1 \cdot 1 + 1 \cdot 1 = 2$$

$$1 \cdot 1 + 2 \cdot 1 + 1 \cdot 2 = 5$$

$$1 \cdot 1 + 3 \cdot 1 + 3 \cdot 2 + 1 \cdot 5 = 15$$

$$1 \cdot 1 + 4 \cdot 1 + 6 \cdot 2 + 4 \cdot 5 + 1 \cdot 15 = 52$$

$$1 \cdot 1 + 5 \cdot 1 + 10 \cdot 2 + 10 \cdot 5 + 5 \cdot 15 + 1 \cdot 52 = 203$$

$$1 \cdot 1 + 6 \cdot 1 + 15 \cdot 2 + 20 \cdot 5 + 15 \cdot 15 + 6 \cdot 52 + 1 \cdot 203 = 877$$

$$\binom{0}{0} \cdot B_0 = B_1$$

$$\binom{1}{0} \cdot B_0 + \binom{1}{1} \cdot B_1 = B_2$$

$$\binom{2}{0} \cdot B_0 + \binom{2}{1} \cdot B_1 + \binom{2}{2} \cdot B_2 = B_3$$

$$\binom{3}{0} \cdot B_0 + \binom{3}{1} \cdot B_1 + \binom{3}{2} \cdot B_2 + \binom{3}{3} \cdot B_3 = B_4$$

$$\binom{4}{0} \cdot B_0 + \binom{4}{1} \cdot B_1 + \binom{4}{2} \cdot B_2 + \binom{4}{3} \cdot B_3 + \binom{4}{4} \cdot B_4 = B_5$$

$$\binom{5}{0} \cdot B_0 + \binom{5}{1} \cdot B_1 + \binom{5}{2} \cdot B_2 + \binom{5}{3} \cdot B_3 + \binom{5}{4} \cdot B_4 + \binom{5}{5} \cdot B_5 = B_6$$

$$\binom{6}{0} \cdot B_0 + \binom{6}{1} \cdot B_1 + \binom{6}{2} \cdot B_2 + \binom{6}{3} \cdot B_3 + \binom{6}{4} \cdot B_4 + \binom{6}{5} \cdot B_5 + \binom{6}{6} \cdot B_6 = B_7$$

Bell-Zahlen
als gewichtete Zeilensummen im
Pascalschen Dreieck

Wir können daher den letzten Satz etwas anschaulicher auch so formulieren:

Satz Bell-Zahlen und Pascalsches Dreieck

Die $(n+1)$-te Bell-Zahl (für $n \geq 0$) ist die Summe der Produkte der 0-ten bis n-ten Bell-Zahl mit jeweils der 0-ten bis n-ten Zahl in der n-ten Zeile des Pascalschen Dreiecks.

9 Die Entdeckung des Unendlichen

Hilberts Hotel und Cantors Diagonalen

Die Kombinatorik ist, wie wir gesagt haben, die mathematische Theorie des intelligenten Zählens. Sie hat Methoden entwickelt, mit denen wir auch da noch zählen können, wo wir uns ohne sie im Gestrüpp undurchsichtiger Komplexität hoffnungslos verheddern würden. Das kombinatorische Zählen ist oft gewissermaßen ‚Zählen in der Champions League'.

Zählen in seiner ursprünglichen und einfachsten Form ist *Abzählen*. Wenn ein Kind die Brötchen aus der Tüte in den Korb auf dem Frühstückstisch legt und mit jedem Griff die Zahlwörter *eins, zwei, drei ...* der Reihe nach aufsagt, dann hat es am Ende eine *Bijektion* zwischen der Menge der Brötchen und einer Menge von Zahlwörtern hergestellt. Die Zahl, die zum letzten dieser Wörter gehört, ist die Anzahl der ausgepackten Brötchen. Das ist die alltägliche Anwendung der *Gleichheitsregel*: Zwei Mengen haben genau dann dieselbe Mächtigkeit, wenn es eine Bijektion zwischen ihnen gibt. Wer die Zahlwörter-Folge kann und zu jedem nächsten Gegenstand das nächste Zahlwort aufsagt, konstruiert dadurch automatisch und natürlich meist unbewusst eine Bijektion. *‚Gleich viele' ist nur ein anderer Ausdruck für ‚Bijektion'.* Darum definieren wir den Begriff der Gleichmächtigkeit durch Bijektionen:

> **Definition** *Gleichmächtige Mengen*
> Zwei endliche oder unendliche Mengen heißen *gleichmächtig (äquivalent)*, wenn es zwischen ihnen eine *Bijektion* gibt. Symbolisch: $|A| = |B|$ oder $A \cong B$

1 Das Problem mit dem Unendlichen

Im Alltag haben die abgezählten Mengen immer etwas gemeinsam: Sie sind endlich. Unendliches kann man ja auch nicht zählen, werden viele sagen. Aber das stimmt nicht. Bijektionen gibt es nicht nur zwischen endlichen Mengen. Und da liegt der einfache Ansatz für das Zählen im Unendlichen; im Kern ist es hier dasselbe wie im Endlichen. Natürlich macht das Aufsagen von Zahlwörtern hier keinen Sinn mehr, man würde nie damit fertig. Auch kann das Herstellen einer Bijektion hier nicht mehr automatisch und darum zumeist unbewusst geschehen, wie beim Aufsagen von Zahlwörtern. Und man verwendet hier auch nicht, wie bei diesen, immer dieselbe Bijektion. Welche Bijektion jeweils ‚funktioniert', muss man hier oft erst geschickt herausfinden. Aber das ist auch bei endlichen Mengen oft der Fall, denken Sie an die Catalan-Zahlen. Der eigentliche Unterschied zwischen dem Endlichen und dem Unend-

© Der/die Autor(en), exklusiv lizenziert an
Springer-Verlag GmbH, DE, ein Teil von Springer Nature 2023
P. Berger, *Kombinatorik*, https://doi.org/10.1007/978-3-662-67396-6_9

lichen ist kein mathematischer, sondern ein psychologischer. Er steckt in diesem einen Wort, das einen ganzen Wust an diffusen und falschen Vorstellungen mit sich schleppt, allerlei mystisches Geraune, das bei manchen einen wahren Horror auslösen kann – das Wort ‚unendlich‘. Dieser Horror ist völlig unbegründet. Kinder kennen ihn nicht. Sie begegnen schon früh den natürlichen Zahlen und wissen, dass die natürlichen Zahlen nicht aufhören. Sie brauchen das Wort ‚unendlich‘ also überhaupt nicht, um zu verstehen, worum es geht. Dass es zu jeder natürlichen Zahl immer eine nächste gibt, macht ja gerade ihren Sinn aus. Es ist nichts, das einem Angst machen könnte. Die natürlichen Zahlen sind die einfachste und klarste Sache der Welt. Sie sind etwas ganz Natürliches, darum heißen sie ja auch so.

Der Horror vor dem Unendlichen ist uns also nicht angeboren, wir müssen ihn erst lernen. Um ihn wieder zu *ver*-lernen, gibt es einen einfachen Weg: Lassen wir das ominöse Wort doch einfach weg. Kinder brauchen es nicht, und wir auch nicht. Sagen wir statt ‚davon gibt es unendlich viele‘ einfach immer ‚davon gibt es für jede natürliche Zahl eines‘. Nutzen wir konsequent unsere Vorstellung vom Paare-Bilden, von Bijektionen. (Dass es auch Mengen gibt, die viel mehr Elemente haben als nur ‚für jede natürliche Zahl eines‘, werden wir in diesem Kapitel noch sehen.)

Die ‚mathematische Reformation‘: Cantors Theorie des aktual Unendlichen

Dem ‚Horror des Unendlichen‘ erliegen keineswegs nur mathematische Laien. Ein Blick in die Geschichte der Mathematik zeigt: Einst befiel er vor allem die Fachleute. Als der deutsche Mathematiker *Georg Cantor* (1845-1918) seine Theorie der unendlichen Mengen vorstellte, waren es nicht Laien, sondern angesehene Mathematiker, die mit vehementer Ablehnung und völligem Unverständnis reagierten und zum Teil mit einer Diffamierungskampagne gegen Cantor zu Felde zogen. Ein Verhalten, das in seiner schon panischen Heftigkeit und Aggressivität bei einigen seiner Gegner durchaus Symptome einer paranoiden Störung zeigte.

Cantor hatte als Dreißigjähriger damit begonnen, die innovative Theorie zu entwickeln, die wir heute *Mengenlehre* nennen. Er verfolgte damit eine revolutionäre Idee: das Unendliche in der Form unendlicher Zahlen *(‚transfinite Zahlen‘)* dem präzisen mathematischen Denken zugänglich zu machen. Das gelang ihm dadurch, dass er sie als Mengen konstruierte.

Es gehört zu den Tragödien der europäischen Geistesgeschichte, dass Cantor zeit seines Lebens mit den genialen Ideen und Resultaten seiner Theorie – einer Erweiterung des mathematischen Horizonts, wie es sie in der Mathematik nie zuvor gegeben hatte – gegen den herrschenden Mainstream in der Mathematik nicht ankam. Sein Ansatz, der uns heute so klar und einfach erscheint, wurde damals schlicht von den weitaus meisten Mathematikern nicht verstanden, vielmehr für ausgemachten Nonsens gehalten. Die demütigende, persönlich tief verletzende Ablehnung durch seine Kollegen hat schließlich dazu geführt, dass Cantor sich für ein Jahrzehnt ganz von der Mathematik abwandte und sich bis in seine späten Jahre immer wieder zur psychiatrischen Behandlung in Sanatorien begeben musste. Die in seinen letzten Jahren einsetzende Anerkennung (vor allem im Ausland) kam um Jahrzehnte zu spät, sie konnte für Cantor aufgrund seiner schweren Erkrankung keine Genugtuung mehr sein. Erst nach Cantors Tod begann man, die Genialität seines Denkens zu begreifen und zu bewundern.

Das Unverständnis seiner Kollegen hatte bei allen dieselbe Ursache: Eine tief verwurzelte und daher nicht hinterfragbare Überzeugung davon, wie man sich eine Menge (man sagte damals ‚Mannigfaltigkeit') von unendlich vielen Objekten vorzustellen habe. Auf keinen Fall nämlich als eine irgendwie abgeschlossene Gesamtheit; vielmehr als eine unaufhörlich wachsende Ansammlung, deren Fertigstellung niemals abgeschlossen sein könne. Auch Cantor war mit dieser Überzeugung aufgewachsen, und auch für ihn war die Korrektur der eigenen tiefsitzenden – konventionellen, aber falschen – Vorstellung vom Unendlichen keine leichte Sache. Doch seine Entdeckungen zwangen ihn dazu. Darin aber konnten seine Kollegen ihm nicht folgen. Sie weigerten sich, die Resultate seiner Forschung auch nur zur Kenntnis zu nehmen. Das begann schon mit etwas so Elementarem wie der Gesamtheit der natürlichen Zahlen. Für sie war unvorstellbar, dass diese Gesamtheit ein ‚jemals fertiges Ganzes' sein könne. Das ‚Unendlich-Viele' war für sie in mathematischen Konzepten wie dem der natürlichen Zahlen zwar als prinzipielle Möglichkeit angelegt; es konnte sich jedoch nie abschließend konkretisieren in einem fertig vorliegenden unendlichen Objekt, mit dem etwa operiert werden könnte wie mit endlichen Objekten. Konsequenterweise bezeichneten sie Gesamtheiten wie die der natürlichen Zahlen als nur *potentiell unendlich*. Was für uns heute selbstverständlich ist – das Konzept einer Menge, die unendlich viele Elemente enthält und dennoch ein ebenso abgeschlossenes mathematisches Objekt ist wie z. B. die Gesamtheit der Zahlen 1 bis 1000 –, war für sie schlicht nicht denkbar. Das Konzept tatsächlich unendlicher – sie sagten: *,aktual unendlicher'* – Gesamtheiten lehnten sie als völlig sinnlos und in sich widersprüchlich ab.

Und nun präsentierte Cantor mit seiner Mengenlehre ausgerechnet eine Theorie der unendlichen Mächtigkeiten, also nichts anderes als eine explizite *Theorie des aktual Unendlichen!* (Sie können den Streit *,aktual* versus *potentiell unendlich'* an einem Beispiel nachvollziehen, das Sie aus der Schule kennen werden. Lesen Sie dazu die Info-Box auf der nächsten Seite.)

Cantor war sich bewusst, dass seine Ideen auf Widerstand stoßen würden. In seinen Veröffentlichungen war er daher stets um Abwiegelung und Besänftigung seiner Leser bemüht, indem er betonte, wie sehr er deren vermutliche Einwände verstehen könne; er könne aber nicht anders, er sei durch zwingende mathematische Argumente zu seinen neuartigen Ideen gelangt, geradezu gegen seinen eigen Willen. In einem wegweisenden Aufsatz schreibt er:

Aktual unendlich oder nur potentiell unendlich?

Die Vorstellung, dass es nichts aktual Unendliches geben könne, sondern allenfalls etwas potentiell Unendliches, ist auch heute weit verbreitet, und sie ist nachvollziehbar. Aber sie ist mathematisch falsch. Sie kennen aus der Schule ein Beispiel, bei dem es zwar nicht um Mengen geht, sondern um Zahlen, das aber genau mit dieser falschen Vorstellung zu tun hat:

Frage: Was ist $0,\overline{9}$? Klar, die Folge der Neunen hinter dem Komma hört nie auf. Aber wie stellen Sie sich $0,\overline{9}$ vor: Als *eine* fertig vorliegende Zahl ‚Null Komma und dann nur noch Neunen' – oder als eine *Folge* von Zahlen 0,9–0,99–0,999–0,9999–0,99999 usw. mit immer mehr Neunen?

Warum ist das wichtig? Nun, wenn Sie $0,\overline{9}$ als *Folge* von Zahlen sehen, dann werden Sie vermutlich sagen, dass $0,\overline{9}$ *ungefähr* 1 ist, weil sich Ihre Folge zwar immer mehr dem Wert 1 nähert, jede einzelne Zahl aber stets etwas kleiner ist. Wenn Sie $0,\overline{9}$ dagegen als *eine* fertige Zahl sehen, dann werden Sie sagen, dass $0,\overline{9}$ *genau* 1 ist. Und so ist es auch. Der Grenzwert der Folge oben ist exakt 1.

Die Aussage ‚$0,\overline{9}$ ist ungefähr 1' ist ebenso so wahr und sinnvoll wie die Aussage ‚10 ist ungefähr 10'. Sie sind beide falsch. Und die Ursache dieses Irrtums ist eine falsche Vorstellung von der Zahl $0,\overline{9}$. Die hat nämlich unendlich viele Neunen nach dem Komma und ist trotzdem *eine* wirklich fertig vorliegende, abgeschlossene Zahl. Und keine irgendwie ‚potentiell fertige' Zahl. So etwas gibt es nicht. So wie es auch keine ‚potentiell unendliche' Menge gibt. Entweder sie ist unendlich, oder sie ist endlich. Dazwischen gibt es nichts.

„Dabei verhehle ich mir keineswegs, daß ich mit diesem Unternehmen in einen gewissen Gegensatz zu weitverbreiteten Anschauungen über das mathematische Unendliche und zu häufig vertretenen Ansichten über das Wesen der Zahlengröße mich stelle. […] Zu dem Gedanken, das Unendlichgroße nicht bloß in der Form des unendlich Wachsenden […] zu betrachten, sondern es auch in der bestimmten Form des Vollendet-unendlichen mathematisch durch Zahlen zu fixieren, bin ich fast wider meinen Willen, weil im Gegensatz zu mir wertgewordenen Traditionen, durch den Verlauf vieljähriger wissenschaftlicher Bemühungen und Versuche logisch gezwungen worden, und ich glaube daher auch nicht, daß Gründe dagegen sich werden geltend machen lassen, denen ich nicht zu begegnen wüsste." [1]

---

1 G. Cantor: Grundlagen einer allgemeinen Mannigfaltigkeitslehre, Mathematische Annalen 21, 1883, S. 545 (Alle Zitate werden hier in der originalen Schreibung wiedergegeben.)

Es ist vielleicht kein Zufall, dass seine Worte „fast wider meinen Willen" ein wenig klingen wie Luthers heroischer Satz: „Hier stehe ich und kann nicht anders." Wir können Cantor in der Tat als einen ‚Reformator der Mathematik' sehen. Zumal die Heftigkeit der Ablehnung von Cantors Ideen bei einigen seiner Gegner durchaus religiöse Hintergründe sichtbar werden ließ. Von *Leopold Kronecker* (1823-1891) ist der Satz überliefert: „Die ganzen Zahlen hat der liebe Gott gemacht, alles andere ist Menschenwerk." Und das war keineswegs nur so dahingesagt, sondern das wohlüberlegte Statement der (nicht nur mathematischen) Weltanschauung eines höchst angesehenen Wissenschaftlers, der zu Cantors erbittertsten Gegnern gehörte.

Über dessen Bewertung seiner Ideen schreibt Cantor 1883 in einem Brief:

> „Kronecker […] erklärte mir mit dem freundschaftlichsten Lächeln, […] daß das Ganze nur Humbug sei." [2]

Dass die Vorstellung vom nur potentiell Unendlichen eine lange Tradition im Denken selbst der größten Mathematiker hatte, zeigt uns ein Brief von *Carl Friedrich Gauß* (1777-1855). Er bezieht sich zwar nicht auf Mengen, sondern auf Zahlen(grenzwerte); doch seine Argumente legten den Grund auch für die spätere Ablehnung aktual unendlicher Mengen:

> „Was nun aber Ihren Beweis […] betrifft, so protestire ich zuvörderst gegen den Gebrauch einer unendlichen Grösse als einer *Vollendeten*, welcher in der Mathematik niemals erlaubt ist. Das Unendliche ist nur eine façon de parler [Redensart], indem man eigentlich von Grenzen spricht, denen gewisse Verhältnisse so nahe kommen als man will, während andern ohne Einschränkung zu wachsen verstattet ist." [3]

Antinomien: Warum die Mengenlehre axiomatisiert werden musste

Wir dürfen an dieser Stelle nicht verschweigen, dass das Konzept des aktual Unendlichen durchaus auch Probleme hat, die nicht nur historischer und psychologischer Art sind, sondern bei seiner mathematischen Umsetzung entstehen. Gerade die Mengenlehre, die diesem, das mathematische Denken befreienden, Konzept überhaupt erst zum Durchbruch verholfen hat, weist eine Reihe von Fallen auf, in die ein allzu naives Denken über das Unendliche fast automatisch hineintappt.

Ein prominentes Beispiel hierfür ist die Vorstellung einer *Menge aller Mengen*. Cantor selbst hat gezeigt, dass es nicht möglich ist, alle denkbaren Gesamtheiten zu einer Menge zusammenzufassen *(‚Zweite Cantorsche Antinomie')*. Er konnte zeigen, dass die Potenzmenge jeder Menge stets größere Mächtigkeit hat als die Menge *(‚Satz von Cantor')*. Gäbe es die Menge

2 H. Meschkowski / W. Nilson (Hrsg.): Georg Cantor - Briefe, Springer, Berlin: 1991, S. 127

3 Brief von Gauß an Heinrich Christian Schumacher vom 12.7.1831, in: C. F. Gauss: Werke, Bd. 8, Königliche Gesellschaft der Wissenschaften: 1900, S. 216

aller Mengen tatsächlich, dann müsste ihre Potenzmenge mehr Mengen enthalten als die Menge aller Mengen. Die Potenzmenge wäre also eine Menge von mehr Mengen als es gibt.

Die Entdeckung solcher Antinomien, die beim Aufbau der Mengenlehre trotz sorgfältigen Nachdenkens entstanden und zum Teil zunächst unentdeckt geblieben sind, wurde als Warnung verstanden, dass die durch Cantor gewonnene neue Freiheit im mathematischen Denken an manchen verborgenen Stellen durch Widersprüche gefährdet ist. Man sah die Notwendigkeit, die Mengenlehre in einem streng axiomatischen System aufzubauen, das beweisbar widerspruchsfrei ist. Der Initiator dieser ‚neuen Mathematik' auf der Grundlage absichernder Formalisierung war *David Hilbert* (1862-1943), dessen enorme Reputation unter seinen Kollegen als der wohl größte lebende Mathematiker diesem Erneuerungsprogramm *(‚Hilberts Programm')* bald zum Erfolg verhalf. Zum Leitspruch wurde Hilberts Satz: „Aus dem Paradies, das Cantor uns geschaffen, soll uns niemand vertreiben können."[4] Er sah in Cantors Theorie der transfiniten Zahlen „die bewundernswerteste Blüte mathematischen Geistes und überhaupt eine der höchsten Leistungen rein verstandesmäßiger menschlicher Tätigkeit".

Für die Axiomatisierung der Mengenlehre hat ein System seit langem ‚Standardstatus'. Es wurde von *Ernst Zermelo* (1871-1953) und *Abraham Fraenkel* (1891-1965) entwickelt und wird heute von den meisten Mathematikerinnen und Mathematikern als Grundgerüst der Mathematik verwendet, die *Zermelo-Fraenkel-Mengenlehre* (vgl. S. 193).

2 Hilberts Hotel

Von Hilbert stammt auch ein populärwissenschaftliches Gedankenexperiment, das uns erkennen lässt, wie sehr unser Denken im Zusammenhang mit unendlichen Mengen in Konflikt mit unserer Intuition geraten kann, das uns aber zugleich einen Weg zeigt, diesen Konflikt durch einfaches und klares Denken aufzulösen. Hilbert war es wichtig, unsere Fähigkeit zu trainieren, mit dem Begriff des Unendlichen, abseits aller mystischen Interpretationen, konstruktiv und rational umzugehen. Und das Beste an diesem Gedankenexperiment: Auch Kinder lassen sich gern darauf ein, und sie blicken, wie der Autor aus vielfältiger eigener Erfahrung weiß, danach oft erheblich klarer durch als die großen Mathematiker früherer Zeiten. Den Anstoß zu seinem Gedankenexperiment dürfte wohl der aufklärerische Impetus Hilberts gegeben haben.

> „Das Unendliche hat wie keine andere Frage von jeher so tief das Gemüt der Menschen bewegt; das Unendliche hat wie kaum eine andere Idee auf den Verstand so anregend und fruchtbar gewirkt; das Unendliche ist aber auch wie kein anderer Begriff so der Aufklärung bedürftig."

---

4 Alle drei Zitate aus: D. Hilbert: Über das Unendliche, Mathematische Annalen 95, 1926, S. 170, 167, 163

Sein Gedankenexperiment hat mit einem Hotel zu tun, mit *Hilberts Hotel*. Sie erinnern sich an das Schubfachprinzip. Es gilt für jede Anzahl von Fächern, aber natürlich nur für *endliche* Anzahlen. Aus ihm folgt z. B., dass in einem Hotel mit, sagen wir, 100 Einzelzimmern kein weiterer Gast mehr untergebracht werden kann, wenn bereits 100 Gäste im Haus sind. In Hilberts Hotel gibt es aber sehr viele Einzelzimmer, nämlich für jede natürliche Zahl eines. Daher können wir hier das Schubfachprinzip nicht mehr anwenden. Wir werden sehen, welche Folgen das hat.

Wir wollen Hilberts Gedankenexperiment hier so vorstellen, wie es nach der Erfahrung des Autors auch Kinder einer 5. oder 6. Klasse spannend genug finden und gerne mitspielen. Sie sollen auf den folgenden Seiten die imaginierten Adressaten sein (daher das ‚Du‘ in der Anrede). Wir stellen Hilberts Hotel nicht nach Deutschland, wir nehmen ein Land aus einer Fantasy-Story, in dem manches ein wenig anders ist als in unserer Welt. Vor allem, was das Zählen und die Zahlen betrifft. Und weil wir jenes Problemwort nicht verwenden wollen, nehmen wir einfach das Fremdwort dafür (infinit) und nennen das Land *Infinitalien*.

Das Wort, das in Infinitalien niemand braucht

Wenn du in einen Bus einsteigst, fällt dir dann auf, dass er nur endlich viele Plätze hat? Nein, das ist ja nichts Besonderes. Niemand von uns würde sagen: „Heute bin ich in einem end-lichen Bus gefahren!" Genauso ist es auch in Infinitalien. Das heißt: In Infinitalien ist es eigentlich genau andersherum. In Infinitalien haben die Busse Sitznummern, wie bei uns auch, aber hier gibt es immer für *jede natürliche Zahl* einen Sitz. Und weil das für die Leute in Infinitalien etwas ganz Normales ist, würde niemand von ihnen sagen: ‚Heute bin ich in einem unendlichen Bus gefahren.‘ Das Wort ‚unendlich‘ braucht hier niemand. In Infinitalien ist es nichts Rätselhaftes oder irgendwie Mysteriöses, dass alles so viele Plätze hat wie es natürliche Zahlen gibt. In Infinitalien findet man das eben ganz – *natürlich*.

Hilberts Hotel: Stufe 1

In Infinitalien haben also die Busse für jede natürliche Zahl einen Sitzplatz. Und ebenso auch die Kinos, die Theater usw. – und in den Hotels gibt es für jede natürliche Zahl ein Zimmer. An der infinitalienischen Riviera, direkt am Meer, liegt *Hilberts Hotel*. Neulich geschah dort etwas sehr Seltsames. Es war Abend, das Hotel vollständig ausgebucht, kein Zimmer mehr frei (in Hilberts Hotel gibt es nur Einzelzimmer). Und dann kam spät noch ein Tourist, der unbedingt auch noch ein Zimmer brauchte. Aber wie sollte das gehen, es war ja nichts mehr frei. Den Hotelportier hat das aber überhaupt nicht gestört. Er machte einfach eine kleine Durchsage an alle Hotelgäste, und dann wandte er sich einladend an den neuen Gast und sagte freundlich: „Bitte sehr, Zimmer 1 ist nun frei. Ich wünsche einen angenehmen Aufenthalt."

Aha, sagst du jetzt vielleicht, eine Scherzfrage. Nein, durchaus nicht. Niemand nimmt dich auf den Arm. Es hat auch kein Gast das Hotel verlassen, um sein Zimmer freizumachen (und es wurden auch von keiner Tür zwei Nullen entfernt und durch eine Eins ersetzt). Nun, wie ist es? Kannst du dir denken, was der Portier gesagt hat? Übrigens: Der Portier wusste, dass es zu jeder natürlichen Zahl immer eine nächste gibt. Aber das weißt du ja auch …

 Lesen Sie erst weiter, nachdem Sie über diese Frage eingehend nachgedacht haben.

Die Durchsage des Hotelportiers

„Liebe Gäste, unser Haus ist voll belegt. Aber es ist noch ein Gast angekommen, den wir nicht draußen stehen lassen wollen. Bitte ziehen Sie in ein neues Zimmer um, und zwar einfach in das nächste. Also in das mit der Zimmernummer, die um 1 größer ist als Ihre jetzige. Vielen Dank."

Stimmt, so funktioniert es. Aber nur in Infinitalien. Weil es dort für jedes Zimmer immer ein nächstes gibt. Und es funktioniert auch nur, wenn alle Hotelgäste gleichzeitig umziehen. Täten sie es nacheinander, dann könnte der Umzug ziemlich lange dauern. (Warum?)

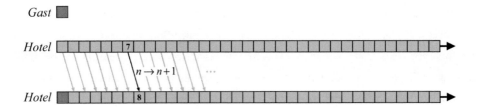

So findet der neue Gast noch Platz in Hilberts Hotel

Hilberts Hotel: Stufe 2

Das Spiel geht weiter. Ein paar Tage später geschah in Hilberts Hotel etwas noch Seltsameres. Das Hotel war wie üblich vollständig ausgebucht. Und dann kam da doch ein ganzer Bus mit Touristen an, ebenfalls voll besetzt. Alle Sitzplätze – du weißt schon: für jede natürliche Zahl einer – waren besetzt. Alle Leute im Bus wollten natürlich noch ein Zimmer in Hilberts Hotel haben. Das war diesmal aber doch wirklich unmöglich, oder? Der Hotelportier aber machte wieder eine kleine Durchsage, der Busfahrer ebenfalls. Und dann fanden alle neuen Gäste noch mühelos Platz. Jeder hatte sein Einzelzimmer, die neuen Gäste und die alten. – Was hat der Hotelportier gesagt? Und was der Busfahrer? Überlege wieder, lass dir Zeit.

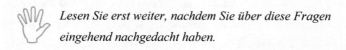

*Lesen Sie erst weiter, nachdem Sie über diese Fragen
eingehend nachgedacht haben.*

Die Durchsage des Hotelportiers

„Liebe Gäste, bitte ziehen Sie in ein neues Zimmer um. Ihre neue Zimmernummer
erhalten Sie, wenn Sie Ihre alte verdoppeln. Vielen Dank."

Die Durchsage des Busfahrers

„Liebe Reisende, Sie können nun Ihr Zimmer in Hilberts Hotel beziehen. Ihre
Zimmernummer erhalten Sie, wenn Sie Ihre Sitznummer verdoppeln und dann 1
abziehen."

Eine wirklich gute Idee. In Infinitalien allerdings ein ganz alltäglicher Trick. Die Hotelgäste
ziehen einfach in die Zimmer mit einer geraden Zimmernummer um, und schon sind alle
Zimmer mit einer ungeraden Nummer frei für die Bus-Passagiere. Und die reichen natürlich,
weil es immer noch eine ungerade Zahl gibt (und immer noch eine gerade).

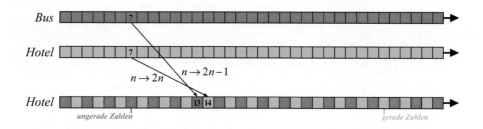

So finden alle Touristen im Bus noch Platz in Hilberts Hotel

Allerdings gibt es hier ein Problem mit der Zeit. Eben haben wir schon darauf bestehen müssen, dass die Hotelgäste alle zugleich umziehen. Wenn sie das wirklich synchron schaffen,
dann dauert der Umzug von so vielen Leuten genau so lang wie der Umzug nur einer einzigen
Person. Aber jetzt liegen die Dinge etwas komplizierter.

Der Gast aus Zimmer n muss n Zimmer weiter ziehen. Der Weg wird also umso länger, je
größer n ist. Gäbe es eine größte Zimmernummer, dann gäbe es auch einen längsten Weg. Es
gibt aber keine größte Zimmernummer, weil es keine größte natürliche Zahl gibt. Daher gibt
es auch keinen längsten Weg. Die Wege der umziehenden Gäste werden mit wachsender
Zimmernummer immer länger, sie haben keine obere Grenze. Bei uns wäre der Umzug niemals zu Ende. In Infinitalien aber ruft man in solchen Fällen einfach *Velox!* – und alles geht
sofort: Losgegangen, angekommen, keine Zeit vergangen. Aber im Ernst: Das Zeitproblem

darf uns nicht irritieren. In unseren Überlegungen geht es doch allein um die Frage, ob wir für alle neu ankommenden Gäste Zimmer im eigentlich voll belegten Hotel freimachen können, ohne dass jemand das Haus verlässt. Und das klappt mit unserer Methode ja wirklich.

Hilberts Hotel: Stufe 3

Viele Gäste von Hilberts Hotel kommen mit der Fähre; jede transportiert ausschließlich Busse. Für jede natürliche Zahl gibt es einen Bus-Stellplatz. In jedem voll besetzten Bus sitzen genauso viele Leute wie Hilberts Hotel Zimmer hat, und auf einer voll besetzten Fähre stehen auch ebenso viele Busse. – So eine voll besetzte Fähre mit voll besetzten Bussen legt gerade am Kai vor dem Hotel an. Kannst du jedem Passagier auf der Fähre ein Zimmer im Hotel zuweisen (alle Zimmer sind frei)? Geht nicht? Geht doch! Mit einem Trick, den man nach seinem Erfinder, dem österreichischen Logiker *Kurt Gödel* (1906-1978), *Gödelisierung* nennt. (Da das Folgende teilweise recht formal wird, wechseln wir nun vom ‚Du‘ wieder zum ‚Sie‘.)

Alle Passagiere aus allen Bussen unterbringen: Der Trick mit der Gödelisierung

Wir nutzen aus, dass wir jeden Passagier auf der Fähre eindeutig anhand zweier natürlicher Zahlen identifizieren können: seiner *Busnummer b* und seiner *Platznummer p* in diesem Bus. Jeder Passagier ist also durch ein Paar $(b; p)$ natürlicher Zahlen eindeutig bestimmt. Die Menge aller dieser Paare bezeichnet man als $\mathbb{N} \times \mathbb{N} = \mathbb{N}^2$. Wenn Sie auf Kästchenpapier ein Koordinatensystem zeichnen, das auf beiden Achsen nur die natürlichen Zahlen im Abstand jeweils einer Kästchenbreite zeigt, dann ist die Menge $\mathbb{N}^2$ durch alle Kästchenecken (Gitterpunkte) repräsentiert. (Wir lassen die natürlichen Zahlen bei 0 beginnen.)

Das Problem, alle Passagiere im Hotel unterzubringen, entspricht exakt dem Problem, jeden Gitterpunkt dieses Koordinatensystems auf einem eigenen Punkt der *x*-Achse unterzubringen (Abstand je eine Kästchenbreite). Also eine unendliche *zweidimensionale* Menge auf dem *eindimensionalen Zahlenstrahl*? Das ist doch völlig unmöglich! – Nein, ist es nicht. Wir lösen das Problem, indem wir zeigen, dass wir den Paaren aus $\mathbb{N}^2$ Nummern (natürliche Zahlen) zuordnen können; und zwar so, dass

1. jedes Paar eine Nummer erhält (d.h. jeder Passagier erhält ein Zimmer);
2. jedes Paar nur *eine* Nummer erhält (d.h. kein Passagier erhält mehrere Zimmer);
3. zwei *verschiedene* Paare *verschiedene* Nummern erhalten (d.h. jeder Passagier erhält sein eigenes Zimmer).

Die Gödelisierung ist eine genial einfache und universelle Methode, mit der man Paare und allgemein *n*-Tupel natürlicher Zahlen (sogar Formeln, ganze Beweise, überhaupt alle Zeichenfolgen endlicher Länge) durch jeweils eine eindeutig bestimmte natürliche Zahl codieren kann, aus der sich das Original wieder eindeutig rekonstruieren lässt. Als Zimmernummer für

Passagier $(b; p)$ wählen wir dann einfach die zu $(b; p)$ gehörende Codenummer der Gödelisierung, die sogenannte *Gödelnummer*.

Wie funktioniert eine Gödelisierung? Sie nutzt den *Fundamentalsatz der Arithmetik*: Jede
natürliche Zahl hat eine bis auf die Reihenfolge der Faktoren stets *eindeutige Primfaktorzerlegung*. Gödelnummern sind eigentlich nichts anderes als Primfaktorzerlegungen. Um *Paare*
zu codieren, brauchen wir *zwei* Primzahlen. Bequemerweise nehmen wir die beiden kleinsten
und ordnen jedem Paar $(b; p)$ die natürliche Zahl $2^b 3^p$ zu. Diese Zuordnung erfüllt unsere
oben formulierten Anforderungen 1 bis 3. Denn:

Zu 1: Für jedes Paar $(b; p)$ ist der Term $2^b 3^p$ definiert. Jedes Paar erhält also eine Nummer.

Zu 2: Für jedes Paar $(b; p)$ ist der Wert des Terms $2^b 3^p$ eindeutig bestimmt. (Ausrechnen
liefert eine genau bestimmte Zahl.) Jedes Paar erhält also nur eine Nummer.

Zu 3: Würden zwei verschiedene Paare $(b; p)$ und $(b'; p')$ dieselbe Nummer n erhalten, dann
müsste $n = 2^b 3^p = 2^{b'} 3^{p'}$ sein. Weil die beiden Paare verschieden sind, ist $b \neq b'$ oder
$p \neq p'$ oder beides. D.h. n hätte zwei unterschiedliche Primfaktorzerlegungen, was
wegen der Eindeutigkeit der Primfaktorzerlegung aber nicht sein kann. Also erhalten
verschiedene Paare immer auch verschiedene Nummern.

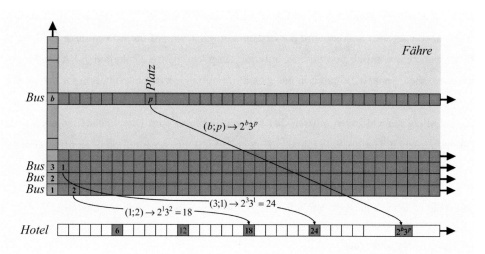

So finden alle Passagiere der Fähre Platz in Hilberts Hotel

Formal ist unsere Gödelisierung die Funktion $f : \mathbb{N}^2 \to \mathbb{N}$ mit $f(b, p) = 2^b 3^p$. Mit ihr bringen wir alle Passagiere der Fähre in Hilberts Hotel unter, wobei wir nur die Zimmer mit einer
Zimmernummer der Form $2^b 3^p$ belegen. Die vielen Zimmer mit einer anderen Nummer
bleiben frei. Formal gesagt: f ist keine Bijektion zwischen $\mathbb{N}^2$ und $\mathbb{N}$, sondern eine zwischen
$\mathbb{N}^2$ und einer echten Teilmenge von $\mathbb{N}$, nämlich der Zahlen, die nur die Primfaktoren 2 und 3

haben. Die Eigenschaften 1-3 besagen, dass f *linkstotal*, *rechtseindeutig* und *linkseindeutig* ist, mit anderen Worten: f ist eine *injektive Abbildung* (s. Übersicht *Abbildungen*, S. 151).

Wenn Bus- und Platznummern jeweils bei 1 beginnen, dann muss jede Gödelnummer *beide* Primfaktoren 2 und 3 haben. Die kleinsten möglichen Gödelnummern sind dann 6, 12, 18, 24 (s. die Abbildung oben, die von dieser Zählung ausgeht). Beginnt die Zählung dagegen bei 0, so kann jede Gödelnummer *höchstens* die Primfaktoren 2 und/oder 3 haben. D.h. es kommen zu den kleinsten Gödelnummern noch die Zahlen $2^0 3^0$, $2^1 3^0$ und $2^0 3^1$ hinzu, also 1, 2, und 3.

Aus der eindeutigen Rekonstruierbarkeit des Originals aus der Gödelnummer folgt, dass zwei Reisende niemals dasselbe Zimmer erhalten. Denn wenn Sie im Hotel vor dem Zimmer eines Passagiers der Fähre stehen, dann können Sie sofort herausfinden, in welchem Bus er gesessen hat und auf welchem Platz. Der Passagier ist also genau identifizierbar. Sie müssen dazu nur seine Zimmernummer in ihre Primfaktoren zerlegen. Zum Beispiel muss der Gast in Zimmer $3.570.467.226.624 = 2^{10} 3^{20}$ auf Platz 20 im Bus 10 gesessen haben. Zugleich sehen Sie hier übrigens, wie schnell Gödelnummern wachsen: Schon kleine Zahlen wie 10 und 20 führen zu einer ‚gigantischen‘ Zimmernummer.

Damit ist nun auch die dritte Stufe von Hilberts Hotel geklärt. Wir haben gelernt, dass für $\mathbb{N}$, wie für unendliche Mengen generell, manches nicht mehr stimmt, von dem wir doch intuitiv so fest überzeugt waren. Aber wird die Irritation, mit der wir auf die Erkenntnisse zu Hilberts Hotel reagieren, wirklich von unserer Intuition ausgelöst? Unsere Intuitionen hat die Evolution über einen riesigen Zeitraum in unser Gehirn programmiert. Eine Intuition für unendliche Mengen können wir daher aber gar nicht haben. Weil es die in der Welt nicht gibt, in der wir uns im Alltag zurechtfinden müssen, hat sich die Evolution um Unendlichkeiten auch nicht kümmern können. Darum *kann* Hilberts Hotel nicht mit unserer Intuition in Konflikt geraten. Es wird eher so sein, dass wir beim ‚inneren Widerstand‘ gegen die neuen Erkenntnisse einfach eine intuitive Vorstellung, die wir von endlichen Objekten haben, und die für diese auch zutreffend ist, ohne nachzudenken auf eine grundsätzlich andere Situation übertragen.

Übungen zu Hilberts Hotel

Tipp: Bei sechs der folgenden Übungen finden Sie die Antwort ohne Stift und Papier.

1. Vor Hilberts Hotel, wie üblich voll besetzt, fahren 3 Busse vor, deren Passagiere alle im Hotel untergebracht zu werden wünschen. Formulieren Sie Durchsagen des Portiers und der drei Busfahrer, die das Problem lösen. Kein Zimmer soll unbenutzt bleiben.

2. Wie viele der ersten 100 Zimmer in Hilberts Hotel bleiben frei, wenn die Zimmerzuweisung wie eben durch die Gödelisierung $(b; p) \to 2^b 3^p$ vorgenommen wird?

3. Wie viele Zimmer bleiben von den ersten 100 frei, wenn stattdessen die Gödelisierung $(b;p) \rightarrow 2^p 3^b$ mit vertauschten Variablen gewählt wird? Müssen Sie hier rechnen oder können Sie die Antwort sofort geben? Begründung?

4. Wir vergrößern die Fähre zur Superfähre, die nicht nur *ein* Deck hat, auf dem es für jede natürliche Zahl einen Bus-Stellplatz gibt, sondern für jede natürliche Zahl ein solches Deck. Geben Sie eine Gödelisierung zur Unterbringung aller Passagiere in Hilberts Hotel an. Wie viele Zimmer bleiben von den ersten 100 frei? Wie viele von den ersten 1000?

5. Modifizieren Sie Ihre Gödelisierung, indem Sie die Primzahlen beibehalten, aber die Exponenten vertauschen (analog zu Übung 3). Wie viele Zimmer bleiben nun frei?

6. Paul hat bei Übung 4 eine Gödelisierung gewählt, über die wir leider absolut nichts wissen. Wo hat der Gast, der durch Pauls Gödelisierung in Zimmer 360 untergebracht wurde, auf der Superfähre gesessen? Wenn es mehrere Möglichkeiten geben sollte: Welche sind das?

7. Wie viele Möglichkeiten gibt es bei Pauls Gödelisierung für den Gast in Zimmer 900?

8. Wo können die Passagiere auf der Superfähre gesessen haben, die wir nach der Zimmernummer exakt lokalisieren können, auch wenn wir von der Gödelisierung, nach der sie ihr Zimmer zugewiesen bekommen haben, lediglich die drei benutzten Primzahlen kennen?

Lösungen

Zu 1 Der Portier bittet die Hotelgäste, in das Zimmer umzuziehen, deren Nummer das Vierfache ihrer bisherigen Zimmernummer ist. Die Busfahrer sagen fast dasselbe, nur sollen die Passagiere in Bus 1 bzw. 2 bzw. 3 vom Vierfachen der Sitznummer noch die Busnummer subtrahieren.

Zu 2 Bei dieser Gödelisierung entstehen nur 9 Gödelnummern ≤ 100. Da sie die beiden kleinsten Primzahlen 2 und 3 verwendet, ist dies noch die am langsamsten wachsende von allen Gödelisierungen von Paaren natürlicher Zahlen. Von den ersten 100 Zimmern werden also nur 9% besetzt. Wie die Tabelle zeigt, werden von den Zimmern

b,p	1	2	3	4	5
1	6	18	54	162	486
2	12	36	108	324	972
3	24	72	216	648	
4	48	144	432		
5	96	288	864		
6	192	576			
7	384				
8	768				

bis 1000 sogar nur 24 besetzt, also 2,4%. (Werte über 1000 sind in der Tabelle weggelassen.)

Zu 3 Der Unterschied der Terme $2^p 3^b$ und $2^b 3^p$ besteht allein im Vertauschen der beiden Variablen b, p. Wie bei allen zweistelligen Funktionen, die sich nur durch Variablentausch unterscheiden, erhält man ihre Wertetabellen aus der jeweils anderen durch Spiegelung an der

Diagonalen. Folglich haben beide Terme dieselbe Wertemenge. Was übrigens schon allein daraus folgt, dass $2^p 3^b$ und $2^b 3^p$ jeweils genau die natürlichen Zahlen als Werte annehmen können, die nur die Primfaktoren 2 und 3 haben. Für Hilberts Hotel bedeutet das: Bei beiden Gödelisierungen bleiben nicht nur gleich *viele* Zimmer frei, sondern sogar *genau dieselben* Zimmer. Denn wenn die beiden Wertemengen gleich sind, dann enthalten beide natürlich auch dieselben Zahlen ≤ 100.

Zu 4 Die Tabelle zeigt die Gödelnummern bis 1000 für die Gödelisierung $(d;b;p) \to 2^d 3^b 5^p$ (Decknummer d). Nur 3% der Zimmer bis 100 werden belegt, 1,8% der Zimmer bis 1000.

d	1	2	1	3	1	2	4	1	2	3	1	5	3	4	1	1	2	6
b	1	1	2	1	1	2	1	3	1	2	2	1	1	2	1	4	2	1
p	1	1	1	1	2	1	1	1	2	1	2	1	2	1	3	1	2	1

$\quad\quad$ 30 $\;$ 60 $\;$ 90 $\;$ 120 $\;$ 150 $\;$ 180 $\;$ 240 $\;$ 270 $\;$ 300 $\;$ 360 $\;$ 450 $\;$ 480 $\;$ 600 $\;$ 720 $\;$ 750 $\;$ 810 $\;$ 900 $\;$ 960

Zu 5 Dies ist der analoge Fall zu Übung 3, nur diesmal mit drei Primzahlen statt mit zwei, da jetzt zusätzlich zu Busnummer b und Platznummer p noch die Decknummer d verarbeitet werden muss. Egal, welche (verschiedenen) Primzahlen p_1, p_2, p_3 Sie wählen (und in welcher Reihenfolge), alle Gödelisierungen $(d;b;p) \to p_1^{d} p_2^{b} p_3^{p}$ haben dieselbe Wertemenge. Sie besteht jeweils aus allen natürlichen Zahlen, die nur die Primfaktoren p_1, p_2, p_3 haben. Auch hier bleiben stets dieselben Zimmer frei.

Zu 6 Dass wir über Pauls Gödelisierung nichts wissen, stimmt nicht ganz. Denn wir kennen eine ihrer Gödelnummern, und deren Primfaktorzerlegung $360 = 2^3 3^2 5^1$ verrät uns, dass Paul bei seiner Gödelisierung die Primzahlen 2, 3, 5 verwendet hat. Allerdings wissen wir nicht, wie sein Zuordnungsterm genau aussieht. Möglich sind alle Terme der Form $2^x 3^y 5^z$, wobei xyz eine der sechs Permutationen von $\{d,b,p\}$ sein muss. Da die Exponenten der Primfaktorzerlegung die Zahlen 3, 2 und 1 sind, wissen wir nur, dass dies die Nummern von Deck, Bus und Sitz des Gastes waren. Welche aber wozu gehört, das wissen wir nicht. Aber eine der sechs Möglichkeiten muss es sein.

Zu 7 Die Primfaktorzerlegung $900 = 2^2 3^2 5^2$ zeigt, dass Paul die Primfaktoren 2, 3 und 5 gewählt hat (dazu brauchen wir Übung 6 nicht bearbeitet zu haben), und dass $d = b = p = 2$ sein muss. Es gibt also nur eine Möglichkeit: Der Gast im Zimmer 900 muss auf dem 2. Deck in Bus 2 auf Platz 2 gesessen haben.

Zu 8 Wenn die Lokalisierung eindeutig ist, dann spielt die Verteilung von d, b, p als Exponenten auf die drei Primzahlen keine Rolle; auch bei Vertauschen muss stets dieselbe Zahl herauskommen. Das ist dann, und nur dann, möglich, wenn $d = b = p$ ist. Das ist auf jedem Deck genau einmal der Fall: Wenn Bus- und Platznummer zugleich die Decknummer sind.

3 Abzählbare und überabzählbare Mengen

Die Kombinatorik ist die Theorie des intelligenten Zählens. Ihr Ziel ist es, die Anzahlen der Elemente von Mengen herauszufinden. Statt zu sagen, dass eine Menge n Elemente hat, kann man ebenso gut sagen, dass ihre *Mächtigkeit* oder ihre *Kardinalzahl* (oder ihre *Kardinalität*) n ist. Die Bezeichnungen sind synonym. Ziel der Kombinatorik ist also die Bestimmung von Kardinalzahlen. Und weil auch unendliche Mengen Mächtigkeiten haben, gehören auch unendliche Kardinalzahlen zu ihrem Metier.

Wie die Brötchen in der Tüte können wir die Mächtigkeit jeder endlichen Menge bestimmen, indem wir sie abzählen. Endliche Mengen sind immer *abzählbar*. Doch auch sie können so groß sein, dass unsere Zeit nicht ausreichen würde, um sie wirklich abzuzählen. Mit *Abzählbarkeit* ist nicht die reale, sondern die prinzipielle Möglichkeit des Abzählens gemeint, ohne Beachtung der Grenzen, die uns in der Realität gesetzt sind. *Wir nennen eine Menge abzählbar, wenn sie höchstens die Mächtigkeit von* $\mathbb{N}$ *hat. Im anderen Fall nennen wir sie überabzählbar.*

Wie wir gesehen haben, gibt es auch *unendliche* Mengen, die abzählbar sind. Zuallererst natürlich die Menge selbst, die wir zum Abzählen benutzen: die Menge $\mathbb{N}$ der natürlichen Zahlen. Auch die unendlich vielen Zimmer in Hilberts Hotel waren abzählbar, denn es gab dort ja ‚für jede natürliche Zahl ein Zimmer'. Auch die Primzahlen sind abzählbar, denn wenn wir sie uns der Größe nach geordnet vorstellen, dann gibt es eine erste, eine zweite, eine dritte usw. Wie beim Brötchenzählen weisen wir so jeder einzelnen Primzahl eine Nummer nach der Reihenfolge zu, also eine *Ordinalzahl*. Unser Ziel ist aber die Bestimmung der Anzahl der gesamten Menge, also eine *Kardinalzahl*. Und da wir damit (prinzipiell) niemals aufhören, und da wir dabei keine natürliche Zahl auslassen, sondern jede ebenfalls in ihrer üblichen Reihenfolge als Nummer verwenden, stellen wir auf diese Weise eine Bijektion zwischen der Menge der Primzahlen und $\mathbb{N}$ her. Beide Mengen haben demnach dieselbe Mächtigkeit, dieselbe Kardinalzahl. So haben wir den Begriff der Gleichmächtigkeit ja gerade definiert. Sie erinnern sich: Weil nichts unsere Vorstellung von ‚gleich viele' besser wiedergibt als eben die Existenz einer Bijektion. Es gibt also gleich viele Primzahlen wie überhaupt natürliche Zahlen. Wir werden noch beweisen, dass dies für alle unendlichen Teilmengen von $\mathbb{N}$ gilt.

Wir werden im Folgenden für zwei prominente Mengen der Mathematik ihre Abzählbarkeit untersuchen. Wir werden die Abzählbarkeit von $\mathbb{Q}$ beweisen, der Menge der rationalen Zahlen. Und wir werden beweisen, dass die Menge $\mathbb{R}$ der reellen Zahlen nicht abzählbar, also *überabzählbar* ist. Diese Beweise werden wir so führen, wie ihr Erfinder sie geführt hat, Georg Cantor. Wir werden sehen, dass seine Ideen unmittelbar überzeugend sind und so genial einfach, dass es für uns heute umso rätselhafter sein muss, dass die meisten seiner Kollegen damals nicht in der Lage waren, ihn zu verstehen. Aber dies ist nun auch wirklich der einzige rätselhafte Aspekt an unendlichen Mengen.

Um die Abzählbarkeit unendlicher Mengen von der endlicher Mengen abzugrenzen, bezeichnen wir sie (die ersteren) als *abzählbar unendlich*.

Bijektionen durch vollständige Wege: Eine Modellierung für die Schule

Wir haben überlegt, dass es genauso viele Primzahlen gibt wie überhaupt natürliche Zahlen. Und wie wir in Hilberts Hotel gesehen haben, gilt dies ebenso für die Teilmengen der geraden und der ungeraden Zahlen. Es gilt einfach immer: *Jede unendliche Teilmenge von* $\mathbb{N}$ *hat genau so viele Elemente wie* $\mathbb{N}$.

Um das verstehen und sogar beweisen zu können, muss man keineswegs den Begriff *Bijektion* kennen. In der (Grund-)Schule können wir ihn durch ein *handlungsorientiertes Modell* ersetzen:

1. Wir repräsentieren (modellieren) die natürlichen Zahlen und ihren Zahlenstrahl ganz konkret, z.B. als Wäscheklammern auf einer links beginnenden und nach rechts (wie wir uns vorstellen) endlos weiterlaufenden Leine.

2. Ist nun T irgendeine unendliche Teilmenge von $\mathbb{N}$, so stellen wir uns vor, dass alle zu T gehörenden Wäscheklammern (und nur die) rot sind.

3. Nun gehen wir (in der Vorstellung) an der Leine entlang, unaufhörlich nach rechts, wobei wir jedem Element von T, an dem wir vorbeikommen, eine Nummer ankleben.

4. Dazu stellen wir uns vor, dass wir eine Tasche mit Klebe-Etiketten dabei haben: Für jede natürliche Zahl ein Etikett, auf dem nur diese eine Zahl steht. Jede Zahl kommt nur einmal vor, d.h. auf verschiedenen Etiketten stehen immer auch verschiedene Zahlen.

5. Immer, wenn wir zu einer roten Wäscheklammer kommen, nehmen wir ein Etikett aus der Tasche und kleben es darauf. (Irgendein Etikett, es muss nicht unbedingt das mit der nächsten Zahl sein.) Weil die roten Klammern niemals aufhören (T ist ja unendlich), brauchen wir ohne Ende immerfort weitere Etiketten; jede natürliche Zahl wird daher irgendwann einmal aufgeklebt. (Wir sagen: Die Nummerierung erfolgt mit ,ganz $\mathbb{N}$ ').

6. Weil wir immer an der Leine entlang gehen und nicht aufhören zu gehen, kommen wir auf unserem Weg *an jedem Element von T* irgendwann einmal vorbei; und weil wir nicht hin- und hergehen, auch nur einmal. (Einen solchen Weg nennen wir *vollständig*).

Diese ganze Klebeaktion nennen wir *Durchnummerierung (von T mit ganz* $\mathbb{N}$ *) entlang einem vollständigen Weg.*

Abbildungen

Irgendeine Vorschrift, die Elementen einer ‚linken Menge' Elemente einer ‚rechten Menge' zuordnet, nennen wir **Zuordnung**.

Elemente der linken Menge, denen etwas zugeordnet wird, sowie Elemente der rechten Menge, die zu etwas zugeordnet werden, nennen wir (an der Zuordnung) **beteiligt**.

Eine Zuordnung heißt

linkstotal   wenn jedes linke Element beteiligt ist

rechtstotal   wenn jedes rechte Element beteiligt ist

linkseindeutig   wenn ausgeschlossen ist, dass zwei verschiedenen linken Elementen dasselbe rechte Element zugeordnet ist

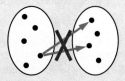

rechtseindeutig wenn ausgeschlossen ist, dass zwei verschiedene rechte Elemente demselben linken Element zugeordnet sind

Eine **Abbildung** ist eine linkstotale und rechtseindeutige Zuordnung.

Eine **injektive** Abbildung ist eine linkseindeutige Abbildung.

Eine **surjektive** Abbildung ist eine rechtstotale Abbildung.

Eine **bijektive** Abbildung ist eine linkseindeutige und rechtstotale Abbildung

Statt   **linke Menge | rechte Menge** sagt man auch

         Ausgangsmenge | Zielmenge oder

         Definitionsmenge | Wertemenge oder

         Urbildmenge | Bildmenge.

Eine injektive Abbildung nennt man auch **Injektion**.
Eine surjektive Abbildung nennt man auch **Surjektion**.
Eine bijektive Abbildung nennt man auch **Bijektion.**
Hinweis: Die Bezeichnung *eineindeutig* ist problematisch, da sie in der Literatur als Synonym sowohl für *bijektiv* als auch für *injektiv* verwendet wird.

Dass eine solche Durchnummerierung mit ganz $\mathbb{N}$ entlang einem vollständigen Weg tatsächlich das konstruiert, was wir eine Bijektion $f : \mathbb{N} \to T$ nennen, zeigen wir, ohne diesen Begriff verwenden zu müssen. Wir weisen die vier Eigenschaften einer Bijektion nach, indem wir vier einfache Fragen beantworten. Fragen, die Kinder ab der 5. und sogar ab der 4. Klasse erfahrungsgemäß eigenständig beantworten können. Die dabei zugleich verstehen, was sie durch ihre Antworten gezeigt haben: Dass es *in T und in* $\mathbb{N}$ *gleich viele Elemente* geben muss. Denn sie erkennen, dass sie durch die Klebeaktion Paare aus jeweils einem *T*-Element und einer natürlichen Zahl gebildet haben, und zwar so, dass alle Elemente beider Mengen ,verheiratet' werden, ohne dass eines übrigbleibt. (Die vier Eigenschaften, die eine Bijektion haben muss: *links-* und *rechtstotal* sowie *links-* und *rechtseindeutig*, stehen für Fachleute jeweils am Ende der entsprechenden Antwort. Werfen Sie einen Blick auf die Übersicht *Abbildungen*.)

Beweis, dass die Klebeaktion alle Elemente von T und $\mathbb{N}$,miteinander verheiratet'

1. Kleben wir jedes Etikett in der Tasche irgendwann einmal auf, oder kann es sein, dass Etiketten übrig bleiben? – Nein, das kann nicht sein. Weil die roten Klammern nicht aufhören (*T* ist unendlich), hört auch das Aufkleben nicht auf. Deshalb muss jedes Etikett irgendwann einmal drankommen. *(linkstotal)*

2. Erhält jede rote Klammer auf diese Weise ein Etikett? – Klar, wir kommen ja an jeder roten Klammer vorbei. Und sobald wir da sind, kleben wir ein Etikett darauf. Deshalb ist es so wichtig, dass wir einen *vollständigen* Weg gehen. *(rechtstotal)*

3. Kann es passieren, dass eine rote Klammer zwei verschiedene Nummern erhält? – Nein, wir kleben ja auf jede rote Klammer immer nur ein Etikett, und auf jedem Etikett steht nur eine Zahl. *(linkseindeutig)*

4. Kann es passieren, dass wir zwei verschiedenen roten Klammern Etiketten aufkleben, auf denen dieselbe Nummer steht? – Nein, denn in der Tasche sind überhaupt keine verschiedenen Etiketten, auf denen dieselbe Zahl steht. *(rechtseindeutig)*

Wir kehren zur mathematischen Fachsprache zurück: Wir haben damit gezeigt, dass es Bijektionen von $\mathbb{N}$ auf jede unendliche Teilmenge von $\mathbb{N}$ gibt. Mit anderen Worten:

> **Satz** *Unendliche Teilmengen von* $\mathbb{N}$
> Jede unendliche Teilmenge von $\mathbb{N}$ hat dieselbe Mächtigkeit wie $\mathbb{N}$.

Bei den Teilmengen von $\mathbb{N}$ mussten wir zeigen, dass sie *nicht weniger* Elemente als $\mathbb{N}$ haben. Deshalb war es wichtig, dass wir wirklich *mit ganz* $\mathbb{N}$ durchnummerieren. Einen vollständigen Weg brauchten wir nicht lange zu suchen: Wenn wir am ganzen Zahlenstrahl von $\mathbb{N}$ entlanggehen, kommen wir automatisch an allen Elementen der Teilmenge T vorbei.

Wir werden später noch die Mengen $\mathbb{N}^2$ und $\mathbb{Q}$ durchnummerieren. Hier liegt der Fall anders. Weil von vornherein klar ist, dass jede dieser Mengen *mindestens* so viele Elemente hat wie $\mathbb{N}$, geht es nun darum, zu zeigen, dass sie *nicht mehr* Elemente als $\mathbb{N}$ haben. Wenn wir hier beim Durchnummerieren nicht alle natürlichen Zahlen verwenden sollten, wäre das völlig unerheblich: Wenn sogar eine Teilmenge der natürlichen Zahlen zum Durchnummerieren ausreicht, dann können die beiden Mengen ‚erst recht‘ nicht mehr Elemente als $\mathbb{N}$ haben. Dafür ist es nun, bei diesen komplizierten Mengen, aber entscheidend und nicht mehr so einfach, einen wirklich *vollständigen* Weg zum Durchnummerieren zu finden. Denn sollte der Weg nicht vollständig sein, dann hätten wir *nicht jedem* Element von $\mathbb{N}^2$ bzw. $\mathbb{Q}$ eine Nummer zugewiesen, dann hätten wir nur eine Teilmenge durchnummeriert, womit nichts bewiesen wäre. Die ganze Menge könnte durchaus mehr Elemente haben als $\mathbb{N}$.

Reflexion: Echte Teile sind nicht immer kleiner als das Ganze

Wir haben gezeigt, dass echte Teilmengen genauso viele Elemente haben können wie die ganze Menge (sofern sie unendlich ist). Das ist die umgekehrte Situation von Hilberts Hotel, wo eine unendliche Menge noch in eine andere ‚hineinpasste‘. Beide Erkenntnisse basieren auf einfachen mathematischen Überlegungen und haben doch ein beachtliches Irritationspotenzial. Eine intuitive Alltagsvorstellung, die von der Evolution, wie wir bereits überlegt haben, nur für endliche Objekte angelegt sein kann, gilt für unendliche nicht. Wo ist das Problem?

Das haben Erkenntnisse manchmal so an sich, nicht nur mathematische: Sie zwingen uns, Vorstellungen zu korrigieren, die sich als Vorurteile herausstellen. Ob antike Seefahrer plötzlich behaupten, die Erde sei eine Kugel; oder die Astronomen später, die Erde sei auch keineswegs das Zentrum des Kosmos; oder noch später Siegmund Freud, unser Denken werde von etwas gesteuert, auf das wir keinen Zugriff hätten. Unbequeme Neuigkeiten, ja und?

Wie Einstein entdeckt hat, dass unsere Vorstellung vom Raum nur in unmittelbarer Nähe der Erde zutrifft, in den ‚Weiten des Alls‘ jedoch ganz falsch wird, wo der Raum durch massereiche Körper gekrümmt wird – die also nicht andere Körper auf krumme Bahnen ziehen, sondern den Raum selbst krumm ziehen –, so hat Cantor gezeigt, dass unsere Vorstellung von Anzahlen nur in der unmittelbaren Nähe unserer Alltagswelt richtig ist, wo alles endlich ist, dass sie in den ‚Weiten des Unendlichen‘ aber nicht mehr stimmt. Unsere intuitive Überzeugung, *ein echter Teil müsse immer kleiner sein als das Ganze*, ist von ebenso begrenzter Wahrheit wie unsere intuitive Vorstellung vom Raum. Auch die Vorstellung von der Erde als Scheibe haben Menschen einmal verlernen müssen. Und sie haben es geschafft.

Die Abzählbarkeit aller Texte endlicher Länge

Wenn wir natürliche Zahlen unter dem Aspekt ihrer Schreibweise betrachten, dann sind sie endliche Folgen von Ziffern. Allerdings Ziffernfolgen, die nie mit 0 beginnen, weil wir führende Nullen weglassen. Umgekehrt stellen alle endlichen Ziffernfolgen, die nicht mit 0 beginnen, eine natürliche Zahl dar. Deren Menge hat also dieselbe Mächtigkeit wie $\mathbb{N}$, sie ist also abzählbar.

Wenn wir am Computer einen Text schreiben, dann sehen wir zwar auf dem Bildschirm Buchstaben und Satzzeichen. Intern aber werden nur die Codezahlen für das jeweilige Zeichen verarbeitet. Das können wir auch tun, nicht konkret, nur als ein Gedankenexperiment: Wir schreiben eine Liste, in der wir jedem der üblichen Druckzeichen, die in Büchern so vorkommen können, eine Zahl zuweisen, eine Zahl ohne Nullen. Dann können wir einen beliebigen Roman Zeichen für Zeichen durch diese Zahlen ersetzen. Dabei entsteht eine lange Ziffernfolge. Damit wir daraus anschließend den Roman exakt wieder rekonstruieren können, müssen wir überall markieren, wo eine Codezahl aufhört und die nächste beginnt; wir schreiben nach jeder Codezahl einfach eine 0. Da sie in den Codezahlen nicht vorkommt, ist keine Verwechslung mit einer Codezahl-Ziffer möglich.

Wir haben damit demonstriert, dass man alle Romane, jeden beliebigen Text, der jemals geschrieben werden kann (auch jeder noch so zufällig ‚zusammengetippte' Nonsenstext), in einer einzigen natürlichen Zahl codieren kann. (Nur Texte *endlicher* Länge können geschrieben werden.) Da wir Nullen nur zwischen Codezahlen setzen, beginnt der Code für einen Text nie mit 0. Jeder Text hat seine eigene eindeutige Gesamt-Codezahl, und dies ist eine natürliche Zahl, aus der er wieder eindeutig rekonstruierbar ist. Umgekehrt ist aber nicht jede natürliche Zahl der Code eines Textes. Denn in ihr kann zwischen zwei Nullen eine Zahl stehen, die wir nicht als Druckzeichen-Code verwendet haben. Aber jedenfalls wissen wir: Mehr verschiedene (endliche) Texte als natürliche Zahlen kann es nicht geben. Und nur endlich viele Texte kann es nicht geben, weil ihre Länge zwar endlich, aber nicht begrenzt ist.

In der Fachsprache bezeichnet man eine Zeichenfolge meist als *Wort* und den Zeichenvorrat, aus dem sie zusammengesetzt werden kann, als *Alphabet*. Eine natürliche Zahl ist also ein Wort über dem Alphabet $\{0,1,2,\dots,9\}$. Auch ein Roman ist in diesem Sinn nur ein Wort.

Wenn wir noch eine Stufe abstrakter denken, dann können wir statt von Zeichenfolgen über einem Alphabet allgemein von Folgen irgendwelcher Objekte aus einer Grundmenge sprechen. Es ändert sich dadurch nichts. Denn woraus die Folgen zusammengesetzt sind, was ihre Glieder konkret sind, ist für ihre Anzahl unerheblich. Wichtig ist nur, dass jede Folge nur endlich viele Glieder hat, und dass für jede Position in der Folge insgesamt nur endlich viele

Objekte zur Verfügung stehen. (Für unendliche Alphabete bzw. Grundmengen und für unendlich lange Folgen gelten unsere Überlegungen nicht.) Wir können also festhalten:

> **Satz** *Abzählbarkeit der Wörter endlicher Länge und der endlichen Folgen*
> 1. Die Menge der *Wörter endlicher Länge* über einem *endlichen* Alphabet ist stets abzählbar unendlich.
> 2. Die Menge der *endlichen Folgen* von Objekten aus einer *endlichen* Grundmenge ist stets abzählbar unendlich.

Bijektionen mit explizitem Funktionsterm finden

Mitunter muss man zur Lösung eines Problems nicht nur wissen, *dass* eine Bijektion existiert, sondern *explizit*, welches Element dabei genau welchem zugeordnet wird. In Hilberts Hotel, 2. Stufe mussten Portier und Busfahrer zur Lösung des Unterbringungsproblems ihren Gästen jeweils genau beschreiben, wie sie ihre Zimmernummer selbst berechnen konnten. Die alten Gäste sollten in Zimmer mit gerader Nummer umquartiert werden, die neuen Gäste aus dem Bus in die übrigen Zimmer, also in die mit ungerader Nummer. Aus mathematischer Sicht hatte der Portier also eine Bijektion der Form $f : \mathbb{N} \to \mathbb{G}$ auf die Menge der *geraden* Zahlen zu finden, der Busfahrer eine der Form $f : \mathbb{N} \to \mathbb{U}$ auf die Menge der *ungeraden* Zahlen. Beide hätten eine große Auswahl an solchen Bijektionen gehabt, sie haben sich aber praktischerweise jeweils für die einfachste Möglichkeit entschieden:

$$\text{der Portier für } f_{Port}(n) = 2n \text{ und der Busfahrer für } f_{Bus}(n) = 2n - 1.$$

Zur Übung wollen wir ein weiteres Beispiel betrachten. Es betrifft die *Abzählbarkeit von* $\mathbb{Z}$, der Menge der ganzen Zahlen. Wir können dabei zwei Fertigkeiten trainieren: einen vollständigen Weg durch eine Menge zu finden, die größer zu sein scheint als $\mathbb{N}$, und für die damit hergestellte Bijektion einen expliziten Funktionsterm zu finden, mit dem wir zu jeder Nummer genau berechnen können, welche der abgezählten Zahlen sie erhält.

> **Satz** *Abzählbarkeit der ganzen Zahlen*
> Die Menge $\mathbb{Z}$ der ganzen Zahlen ist abzählbar.

Übung: Finden Sie für eine Bijektion $f : \mathbb{N} \to \mathbb{Z}$ einen expliziten Funktionsterm $f(n) = \cdots$. Lassen Sie die natürlichen Zahlen mit 0 beginnen. Am besten gehen Sie in fünf Schritten vor:

1. Suchen Sie zunächst einen vollständigen Weg durch $\mathbb{Z}$.
2. Stellen Sie anhand des Weges eine Wertetabelle für *f* auf.
3. Leiten Sie aus der Tabelle einen Funktionsterm ab.

4. Begründen Sie, dass Ihr Term für alle $n \in \mathbb{N}$ den richtigen Wert liefert.

5. Bestimmen Sie auch den Funktionsterm der Umkehrabbildung $f^{-1} : \mathbb{Z} \to \mathbb{N}$.

Beachten Sie:

- Ein vollständiger Weg entsteht sicher nicht, wenn Sie auf dem Zahlenstrahl nur nach rechts oder nur nach links laufen. In welche Richtung Sie auch starten, Sie müssen immer auch wieder zurück. Da liegt die Idee nahe, dies ganz *regelmäßig* zu tun.

- Fragen Sie sich, wenn Sie die Wertetabelle vorliegen haben, worauf die geraden Zahlen und worauf die ungeraden abgebildet werden. Formulieren Sie dafür jeweils einen Term und fügen Sie die Terme in eine Definition mit Fallunterscheidung von *f* zusammen.

 Lesen Sie erst weiter, wenn Sie die Punkte 1-3 der Übung bearbeitet und über die Punkte 4 und 5 zumindest eingehend nachgedacht haben.

Die Abbildung zeigt, dass die beschriebene Idee funktioniert:

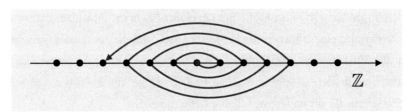

Ein vollständiger Weg durch $\mathbb{Z}$

Der regelmäßige Vor-und-Zurück-Weg liefert die folgende Wertetabelle

$\mathbb{N}$	0	1	2	3	4	5	6	7	8	...	n gerade	n ungerade
$\mathbb{Z}$	0	+1	−1	+2	−2	+3	−3	+4	−4	...	$-\frac{1}{2}n$	$\frac{1}{2}(n+1)$

Aus den Anfangswerten der Tabelle können wir ablesen: Bei einer *geraden* Zahl $n \in \mathbb{N}$ erhalten wir die ihr zugeordnete Zahl aus $\mathbb{Z}$, indem wir n halbieren und das Vorzeichen umkehren; bei einer *ungeraden* Zahl, indem wir 1 addieren (auf die nächste gerade Zahl ‚aufrunden') und das Ergebnis halbieren. Einen expliziten Term für die Umkehrabbildung f^{-1} können wir ebenfalls aus der Wertetabelle oder durch Umformen von $f(n)$ finden:

$$f(n) = \begin{cases} -\frac{1}{2}n & \text{falls } n \text{ gerade} \\ \frac{1}{2}(n+1) & \text{falls } n \text{ ungerade} \end{cases} \qquad f^{-1}(z) = \begin{cases} -2z & \text{falls } z \leq 0 \\ 2z-1 & \text{falls } z > 0 \end{cases}$$

Die Abzählbarkeit der rationalen Zahlen: Cantors erster Diagonal-Trick

Als wir in Hilberts Hotel, 3. Stufe alle Passagiere der Fähre im Hotel unterbrachten, gelang uns das mit der Gödelisierung $f(b,p) = 2^b 3^p$. Wir haben überlegt, dass dies keine Bijektion zwischen $\mathbb{N}^2$ und $\mathbb{N}$ ist, da f nur die Zahlen mit ausschließlich den Primfaktoren 2 und 3 als Werte annimmt. Aber ist das weniger aussagekräftig, als wenn f eine Bijektion wäre? Nein, eher im Gegenteil. Denn wenn die Menge $\mathbb{N}^2$, deren Mächtigkeit *mindestens* die von $\mathbb{N}$ sein muss, bijektiv sogar schon auf eine echte Teilmenge von $\mathbb{N}$ abgebildet werden kann, dann kann $\mathbb{N}^2$ *höchstens* die Mächtigkeit von $\mathbb{N}$ haben. $\mathbb{N}^2$ muss also dieselbe Mächtigkeit wie $\mathbb{N}$ haben, ist also abzählbar. ($\mathbb{N}^2$ ist mindestens so mächtig wie $\mathbb{N}$, weil allein schon die Teilmenge aller Paare z. B. der Form $(n,1)$ zu $\mathbb{N}$ gleichmächtig ist.)

Wir wollen die Abzählbarkeit von $\mathbb{N}^2$ hier ein zweites Mal beweisen: mit der Methode der Durchnummerierung entlang einem vollständigen Weg. Dieser Beweis bringt uns zwei Vorteile: Erstens ist er anschaulich. Und zweitens lässt er sich mit einer kleinen Änderung sofort zu einem Beweis für die Abzählbarkeit der rationalen Zahlen modifizieren.

Cantors Beweis der Abzählbarkeit von $\mathbb{N}^2$

Wir machen uns $\mathbb{N}^2$ anschaulich als Menge aller Punkte im unendlichen Gitter. (Zur besseren Übersichtlichkeit lassen wir hier $\mathbb{N}$ bei 1 beginnen). Die Abbildung unten zeigt Cantors Idee. Sein Weg durch alle Punkte des Gitters ist so einfach wie genial. Er läuft im ewigen Zick-Zack in beiden Dimensionen zugleich ins Unendliche. Auch wenn sie uns heute so elementar erscheint, hat Cantor mit dieser Idee doch Mathematikgeschichte geschrieben. Man bezeichnet sie als *Erstes Cantorsches Diagonal-verfahren* (oder auch Diagonal-*argument*). Sein Weg führt vom Ursprung durch die immer länger werdenden fallenden Diagonalen an jedem Punkt des Gitters $\mathbb{N}^2$ genau einmal vorbei. Es handelt sich also um einen *vollständigen Weg*. Entlang des Weges lässt sich $\mathbb{N}^2$ also mit ganz $\mathbb{N}$ durchnummerieren. Die Menge $\mathbb{N}^2$ ist folglich *abzählbar*. ∎

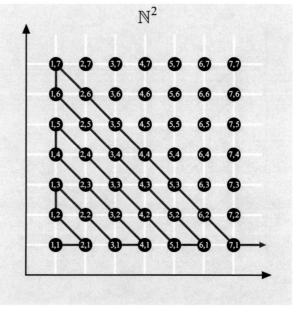

Erstes Cantorsches Diagonalverfahren für $\mathbb{N}^2$

Satz *Abzählbarkeit der Gitterpunkte (Cantor 1874)*
Die Menge $\mathbb{N}^2$ der Paare natürlicher Zahlen (Gitterpunkte) ist *abzählbar*.

Cantors Beweis der Abzählbarkeit von $\mathbb{Q}$

Cantor wollte aber eigentlich nicht die Abzählbarkeit von $\mathbb{N}^2$ zeigen, sondern die von $\mathbb{Q}$. Der Beweis dafür steht beinahe schon da. Wir müssen das Bild oben nur etwas modifizieren: Wir schreiben einfach auf jeden Gitterpunkt (x, y) von $\mathbb{N}^2$ den *Quotienten x/y seiner Koordinaten*. Dann stehen lauter rationale Zahlen im Gitter. Allerdings nur *positive* rationale Zahlen, da im Gitter $\mathbb{N}^2$ alle Koordinaten natürliche Zahlen sind. (Weil wir in unserem Bild $\mathbb{N}$ bei 1 beginnen lassen, ist die rationale Zahl 0 nicht vorhanden, aber das ist für den Beweis unerheblich.)

Steht jetzt im Gitter die Menge $\mathbb{Q}^+$? Wenn wir auf jeden Gitterpunkt den Quotienten seiner Koordinaten schreiben, dann stehen im Gitter zwar alle positiven rationalen Zahlen, allerdings meist nicht in gekürzter Form. Jede rationale Zahl steht in sämtlichen Erweiterungsformen da. Im Gitter steht also nicht $\mathbb{Q}^+$, sondern die Menge aller Erweiterungsformen der Zahlen von $\mathbb{Q}^+$, nennen wir sie $\mathbb{Q}^*$. (Eine gekürzte Form zählt man mit allen ihren Erweiterungsformen normalerweise als *eine* Zahl in verschiedenen Schreibweisen. Daher ist eigentlich $\mathbb{Q}^* = \mathbb{Q}^+$. In unserer Gitterdarstellung stellt aber jede dieser Formen einen eigenen Gitterpunkt dar und zählt jeweils einzeln; hier ist $\mathbb{Q}^+$ also eine *echte* Teilmenge von $\mathbb{Q}^*$.) – Wie Cantors vollständiger Weg durch das Gitter eben eine Aufzählung von $\mathbb{N}^2$ lieferte, so liefert er nun eine Aufzählung von $\mathbb{Q}^*$, und damit zugleich eine der Teilmenge $\mathbb{Q}^+$. Denn wir könnten gemäß unserem Schulmodell sagen, dass wir entlang des vollständigen Weges durch $\mathbb{Q}^*$ immer vorher prüfen, ob der Quotient gekürzt ist, und nur in diesem Fall ein Etikett aufkleben. Damit stellen wir eine Bijektion zwischen $\mathbb{N}$ und $\mathbb{Q}^+$ her. Und aus der Abzählbarkeit von $\mathbb{Q}^+$ folgt sofort die von ganz $\mathbb{Q}$. (Begründen Sie dies.) Damit ist der Beweis der Abzählbarkeit der Menge $\mathbb{Q}$ abgeschlossen. ■

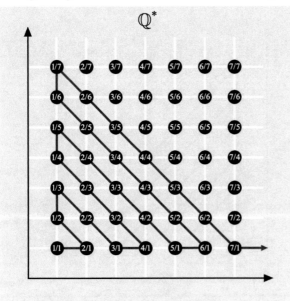

Erstes Cantorsches Diagonalverfahren für $\mathbb{Q}$

> **Satz** *Abzählbarkeit der rationalen Zahlen (Cantor 1874)*
> Die Menge $\mathbb{Q}$ der rationalen Zahlen ist *abzählbar*.

Nachtrag: Ein genauerer Blick auf das Gitter $\mathbb{Q}^*$

Betrachten Sie noch einmal die letzte Abbildung. Welche Quotienten stehen auf der Winkelhalbierenden? Dort liegen alle Punkte (x, x) mit identischen Koordinaten. Daher haben die Quotienten, die jetzt dort stehen, alle denselben Wert 1. Und analog gilt das nicht nur für die Winkelhalbierende, sondern für alle Ursprungsgeraden. Betrachten wir im Gitter $\mathbb{N}^2$ die Ursprungsgerade durch $(1, 2)$, also mit der Steigung 2. Nach $(1, 2)$ folgen darauf noch $(2, 4)$, $(3, 6)$ usw., allgemein alle Punkte der Form $(1 \cdot k, 2 \cdot k)$ für $k \in \mathbb{N}$. Daher stehen im Gitter $\mathbb{Q}^*$ hier die Quotienten $1/2$, $2/4$, $3/6$ usw.; allgemein alle Quotienten der Form $1 \cdot k / 2 \cdot k$ für $k \in \mathbb{N}$. Sie haben alle den gekürzten Wert $1/2$; dies muss der Kehrwert der Steigung sein (warum?). Allgemein haben die Quotienten auf einer Ursprungsgeraden immer denselben Wert; auf der Ursprungsgeraden $y = r \cdot x$ immer den Wert $1/r$.

Warum niemand glauben wollte, dass die rationalen Zahlen abzählbar sind

Die rationalen Zahlen liegen *dicht* in den reellen Zahlen. Damit drückt man aus, dass man jede reelle Zahl beliebig genau durch rationale Zahlen annähern kann. Zum Beispiel können wir π beliebig eng durch abbrechende Dezimalzahlen annähern, indem wir einfach immer mehr Nachkommastellen von π hinzunehmen. Die Abweichung von π muss dann immer kleiner sein als 1 auf der letzten Dezimalstelle der jeweiligen Näherungszahl. Wir können also die Abweichung so klein machen, wie wir nur wollen (nur nicht gleich 0).

Das legt die Vorstellung nahe, dass es von rationalen Zahlen ebenso viele geben müsse wie von reellen. Cantor hat später auch tatsächlich gezeigt, dass die Menge der reellen Zahlen *nicht* abzählbar ist (wir werden seinen Beweis gleich nachvollziehen). Wenn die Vorstellung also korrekt wäre, dann könnten die rationalen Zahl in der Tat auch nicht abzählbar sein.

Aber der Vorstellung liegt ein Denkfehler zugrunde, zwar nur eine Ungenauigkeit, die aber die ganze Vorstellung falsch macht. Denn durch das Näherungsverfahren wird eine reelle Zahl nicht ‚durch rationale Zahlen‘ angenähert. Das ist viel zu ungenau formuliert. Richtig wäre: Die reelle Zahl wird *durch eine unendliche Folge rationaler Zahlen angenähert*. Von rationalen Zahlen gibt es nur abzählbar viele, das hat Cantor gezeigt. Aber von den unendlichen Folgen rationaler Zahlen gibt es tatsächlich *überabzählbar* viele. Der Ansatz der Vorstellung ist also völlig richtig. Nur die weitere Schlussfolgerung wurde durch die Ungenauigkeit im Denken an der entscheidenden Stelle falsch. Die Kollegen Cantors, die seine Behauptung von der Abzählbarkeit der rationalen Zahlen so vehement als Humbug zurückwiesen, haben leider nicht so präzise nachgedacht wie Cantor. Seine Leistung besteht gerade darin, das mathematische Denken über unendliche Mengen durch begriffliche Genauigkeit korrigiert zu haben. Eine der bedeutendsten Leistungen in der gesamten Mathematikgeschichte.

Die verrückte Pointe an der ganzen Sache ist, dass Cantors Ideen so genial einfach waren, dass sie heute von jedem interessierten Schulkind im wesentlichen Kern verstanden wird. Und dieser Kern ist vollständig modelliert im Gedankenexperiment von Hilberts Hotel.

Die Überabzählbarkeit des Kontinuums: Cantors zweiter Diagonal-Trick

Als Kontinuum wird die Menge $\mathbb{R}$ der reellen Zahlen bezeichnet (vgl. *Die beiden Kontinente der Mathematik* in der Einleitung). Allgemein nennt man jede Menge mit der Mächtigkeit von $\mathbb{R}$ ein Kontinuum. Eine *nicht*abzählbare Menge bezeichnet man etwas genauer als *über*abzählbar: Denn da sie keine kleinere Mächtigkeit als $\mathbb{N}$ haben kann (dann müsste sie endlich sein und eben doch abzählbar), kann sie nur eine Mächtigkeit *über* der von $\mathbb{N}$ haben.

Erinnerung: Darstellung reeller Zahlen in Stellenwertsystemen

Zahlen können wir auf viele verschiedene Arten schreiben. Die Zahl $5\frac{1}{4}$ hat im Dezimalsystem die Schreibweise 5,25. In Stellenwertsystemen mit einer anderen Basis sieht sie natürlich anders aus, einige Beispiele (im Index steht jeweils die Basis):

$$5\tfrac{1}{4} = 5{,}25_{10} = 101{,}01_2 = 11{,}1_4 = 5{,}2_8 = 5{,}\overline{28}_{11} = 5{,}3_{12} = 5{,}\overline{3}_{13}$$

Rationale Zahlen (Bruchzahlen) können in Stellenwertsystemen abbrechende Darstellungen haben. Aber nur dann, wenn nach Kürzen im Nenner ausschließlich Primfaktoren verbleiben, die auch Primfaktoren der Basis sind. Denn nur dann lässt sich der Bruch so erweitern, dass im Nenner eine Potenz der Basis steht. Ist das nicht der Fall, so ist die Darstellung des Bruchs periodisch. Irrationale Zahlen haben stets eine nichtperiodische und nichtabbrechende Darstellung.

Wir stellen uns reelle Zahlen hier stets im Dezimalsystem vor, wobei wir abbrechende Dezimalzahlen als nichtabbrechende Zahlen mit Periode 0 auffassen. Das vereinheitlicht die Denk- und Sprechweise, weil so alle reellen Zahlen unendlich viele Nachkommastellen haben. Wir müssen dabei im Blick behalten, dass es für abbrechende Zahlen bzw. für solche mit Periode 0 immer zwei verschiedene Darstellungen gibt, zum Beispiel:

$$-123{,}457\overline{0} = -123{,}456\overline{9}$$

Zu jeder Darstellung mit Periode 0 gibt es immer eine andere mit Periode 9, die beide exakt dieselbe Zahl darstellen. Bei beiden Darstellungen sind jeweils die Vorkommazahlen und evtl. einige der ersten Nachkommastellen identisch; ab der ersten unterschiedlichen Nachkommastelle geht aber die eine Darstellung mit der Ziffernfolge $a\overline{9}$ weiter und die andere mit $b\overline{0}$, wobei $b = a + 1$ ist. Denn dann ist $b,\overline{0} = a,\overline{9}$. Das liegt daran, dass $1 = 0,\overline{9}$ ist (und daher auch $0,1 = 0,0\overline{9}$ und $0,01 = 0,00\overline{9}$ usw.).

Wir können uns reelle Zahlen immer als unendliche Ziffernfolgen (mit oder ohne Vorzeichen) vorstellen. Wenn wir damit argumentieren, müssen wir aber stets die *Uneindeutigkeit* der Dezimaldarstellung im Auge behalten: *Zahlen mit Periode 0 sind immer auch mit Periode 9 schreibbar.* So auch im folgenden Beweis, wo wir zu unendlich vielen reellen Zahlen eine neue konstruieren wollen, die von diesen allen verschieden ist.

Die Unmöglichkeit, die reellen Zahlen vollständig aufzulisten

Wir wollen beweisen, dass die Menge der reellen Zahlen nicht durchnummeriert werden kann, dass sie also überabzählbar ist. Das tun wir, indem wir zeigen, dass in einer Auflistung reeller Zahlen niemals sämtliche reellen Zahlen enthalten sein können.

Satz *Überabzählbarkeit der reellen Zahlen (Cantor 1877)*
Die Menge $\mathbb{R}$ der reellen Zahlen ist *überabzählbar.*

 Oder gleichbedeutend:

Die reellen Zahlen können *nicht vollständig aufgelistet* (nicht vollständig in einer Folge dargestellt) werden.

Beweis

Wir führen den Beweis indirekt, d.h. wir nehmen an, die Behauptung wäre falsch, und zeigen dann, dass diese Annahme zu einem Widerspruch führt.

Annahme: Die Menge $\mathbb{R}$ ist doch abzählbar. Dann gäbe es eine Auflistung $x_1, x_2, ..., x_n, ...$, in der *jede* reelle Zahl enthalten wäre. Wir zeigen aber, dass wir zu jeder solchen Auflistung immer eine Zahl $\overline{x} \in \mathbb{R}$ konstruieren können, die unmöglich in der Auflistung enthalten sein kann. (Die Zahlen müssen in der Auflistung natürlich nicht der Größe nach geordnet sein.)

Die Zahl $\overline{x}$ konstruieren wir unmittelbar aus den Zahlen $x_1, x_2, ..., x_n, ...$ der Auflistung. Und zwar so, dass sich $\overline{x}$ *von jeder dieser Zahlen an mindestens einer Nachkommastelle unterscheidet.* Hier verwenden wir wieder eine Diagonalen-Idee Cantors (s. die Abbildung auf der nächsten Seite): Wir denken uns die Zahlen der Auflistung untereinander geschrieben, so dass die Nachkommastellen eine nach rechts und unten unendliche Matrix bilden. In der Hauptdiagonale der Matrix stehen die 1. Nachkommastelle von x_1, die 2. Nachkommastelle von x_2, die 3. von x_3 usw. – allgemein immer die k-te Nachkommastelle von x_k. Die Vorkommazahlen $v_1, v_2, ..., v_n, ...$ spielen beim Beweis keine Rolle.

Wir wählen für die Zahl $\bar{x}$ als Vorkommazahl einfach 0 (oder irgendeine andere ganze Zahl), und konstruieren nun Nachkommastelle für Nachkommastelle von $\bar{x}$ so, dass sich die k-te Nachkommastelle von $\bar{x}$ immer von der k-ten Nachkommastelle von x_k unterscheidet. Das können wir leicht erreichen, indem wir immer eine Ziffer $\neq n_{kk}$ wählen. Da wir dem Problem mit der Periode aus dem Weg gehen wollen, wählen wir auch niemals eine der Ziffern 0 oder 9. Auf diese Weise konstruieren wir sicher irgendeine reelle Zahl. Welche das genau ist, hängt von der Aufzählung ab und davon, welche Ziffer von den sieben, die uns an jeder Stelle mindestens zur Verfügung stehen, wir an jeder Stelle jeweils wählen (sieben, wenn n_{kk} weder 0 noch 9 ist, sonst acht).

Zweites Cantorsches Diagonalverfahren:
Jede Auflistung reeller Zahlen ist unvollständig

Wenn unsere Zahl $\bar{x}$ in dieser Aufzählung vorkäme, dann müsste eine der Zahlen x_k genau gleich $\bar{x}$ sein. Nach Konstruktion sind aber die k-ten Nachkommastellen von x_k und $\bar{x}$ verschieden. Unabhängig von der Vorkommazahl von x_k können Dezimaldarstellungen mit unterschiedlichen Nachkommastellen nur dann dieselbe Zahl darstellen, wenn von den beiden Zahlen eine auf Periode 9 endet und die andere auf Periode 0 (s.o.). Ob x_k eine solche Periode hat, können wir nicht sagen. Aber unsere Zahl $\bar{x}$ hat jedenfalls keine von beiden.

Daher ist sicher, dass $\bar{x}$ in der Aufzählung nicht vorkommt. Die Aufzählung ist also *nicht vollständig*, im Widerspruch zur Annahme. Damit ist der Beweis abgeschlossen.   ∎

Erläuterung der Abbildung

- Die m-te Nachkommastelle von x_k bezeichnen wir als n_{km}. Aus Gründen der Übersichtlichkeit wurden die Kommata zwischen den Indizes weggelassen (eigentlich: $n_{k,m}$).

- In der Diagonalen stehen jeweils die Nachkommastellen n_{kk} von x_k.

- Für die k-te Nachkommastelle von $\bar{x}$ wählen wir irgendein $\bar{n}_{kk} \in \{1,2,3,4,5,6,7,8\} \setminus \{n_{kk}\}$.

- Die Vorkommastellen sind für den Beweis unwichtig. Dezimalzahlen können nur gleich sein, wenn sie in allen Nachkommastellen übereinstimmen oder die eine auf Periode 0, die andere auf Periode 9 endet. Das Diagonalargument braucht allein die Nachkommastellen.

- Mit *schwarz* ist alles markiert, was zur Auflistung gehört; mit *rot* alles, was die Konstruktion der Zahl $\bar{x}$ betrifft.

Zu Cantors Beweis

Indirekte Beweise haben häufig einen Nachteil: Sie zeigen, *dass* eine Aussage wahr ist (weil die gegenteilige Annahme falsch ist), zumeist aber nicht, *warum* das so ist. Zumindest bleibt dieser Aspekt oft im Hintergrund. Cantors Beweis ist eine Ausnahme: Er ist konstruktiv, weil er ein Objekt konstruiert (die Zahl $\bar{x}$), das uns konkret durchschauen lässt, warum die Annahme falsch sein muss. Ein solcher Beweis ist für uns befriedigend, denn wir wollen nicht nur ,*wissen, dass*', sondern auch ,*verstehen, warum*'. Mit der Zahl $\bar{x}$ verstehen wir, woran es liegt, dass das Intervall nicht vollständig aufgelistet (durchnummeriert) werden kann:

Wenn die Liste nicht *mehr* Zahlen enthält als jede Zahl Nachkommastellen hat, dann haben wir ,nach rechts' genug Nachkommastellen, um eine neue Zahl zu konstruieren, die sich von jeder Zahl ,nach unten' in der Liste unterscheidet. Anders gesagt: Wenn die Matrix der Nachkommastellen nur so hoch wie breit ist (also in beiden Richtungen abzählbar), dann geht die Diagonale durch die gesamte Matrix. Nur wenn die Matrix höher ist (als abzählbar, also überabzählbar), kommt die Diagonale rechts an, bevor sie unten angekommen ist. Nur dann würde das Diagonalargument Cantors nicht funktionieren, weil dann unten noch Zahlen folgen würden, auf die unsere Diagonalzahl $\bar{x}$ noch nicht angepasst werden konnte. Doch dann müsste die Auflistung überabzählbar sein, aber eine Folge ist eben nur abzählbar.

Cantors konstruktive Idee zeigt uns noch etwas Grundsätzliches: Eine unendliche Folge (hier eine Ziffernfolge) hat so ungeheuer viele Möglichkeiten, sich von anderen zu unterscheiden, dass die *Anzahl dieser Folgen weit größer sein muss als die Anzahl der Folgenglieder*. Auch dann, wenn die Elemente (wie hier die 10 Ziffern) nur aus einer endlichen Grundmenge stammen.

Anders gesagt: Von Folgen mit abzählbar unendlich vielen Elementen (irgendeiner endlichen Grundmenge mit mindestens zwei Elementen) muss es überabzählbar viele geben. (Folgen mit nur einelementiger Grundmenge sind *konstante* Folgen; sie bilden eine Ausnahme: Von ihnen gibt es für jede Länge nur jeweils eine; folglich insgesamt nur so viele, wie es verschiedene Längen, also natürliche Zahlen gibt. Die Menge der konstanten Folgen über derselben einelementigen Grundmenge ist also immer abzählbar.)

Wie schon beim Beweis der Abzählbarkeit der rationalen Zahlen, verwendet Cantor auch beim Beweis der Überabzählbarkeit der reellen Zahlen also ein Diagonalargument. Daher bezeichnet man seine Beweismethode hier als *Zweites Cantorsches Diagonalverfahren*.

Das Kontinuum $\mathbb{R}$ und andere Kontinuen

Jede Menge mit der Mächtigkeit von $\mathbb{R}$ nennt man ein *Kontinuum*, wir haben es bereits erwähnt. Viele der prominenten Mengen der Mathematik sind Kontinuen. Betrachten wir einige Beispiele:

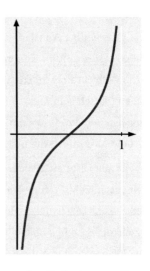

- Eine Menge braucht nicht gleich *sämtliche* reellen Zahlen, um ein Kontinuum zu sein. Jedes reelle Intervall ist schon ein Kontinuum. Das offene Intervall $(0;1)$ z.B. muss dieselbe Mächtigkeit wie $\mathbb{R}$ haben, denn aus der Tangensfunktion erhält man leicht eine Funktion f, die $(0;1)$ bijektiv auf $\mathbb{R}$ abbildet: $f(x) = \tan(\pi x - \frac{1}{2}\pi)$ (s. Abb.). Aus welcher Eigenschaft der Tangensfunktion folgt das? Offene Intervalle ‚erben' gewissermaßen die gesamte Struktur von $\mathbb{R}$.

- Da reelle Zahlen entweder rational oder irrational sind, und da die Menge der rationalen Zahlen abzählbar ist, kann die Menge der reellen Zahlen nur dann überabzählbar sein, wenn die Menge der *Irrationalzahlen* bereits überabzählbar ist. Also ist auch sie ein Kontinuum. Das könnten wir übrigens auch mit Cantors zweitem Diagonalargument zeigen, genau wie eben die Überabzählbarkeit von $\mathbb{R}$: Ob in der Auflistung allgemein reelle Zahlen stehen oder speziell irrationale, macht beim Beweis keinen Unterschied. (Bis auf den, dass wir bei irrationalen Zahlen ruhig auch die Ziffern 0 und 9 wählen könnten, weil bei ihnen das Problem mit den Perioden auf 0 bzw. 9 nicht auftritt.)

- Wie wir eben überlegt haben, ist jede Menge unendlicher Folgen von Elementen einer endlichen Grundmenge mit mehr als einem Element überabzählbar. Also insbesondere auch die Menge der *unendlichen* Wörter über einem Alphabet mit mehr als einem Zeichen. Auch sie ist also ein Kontinuum. (Wie wir vorher überlegt haben, ist die Menge der *endlichen* Wörter dagegen abzählbar. Hier muss das Alphabet auch nicht mehr als ein Zeichen enthalten; aber natürlich mindestens eines.)

- Die Menge $\mathbb{C} = \left\{ a + b\sqrt{-1} \,\middle|\, a, b \in \mathbb{R} \right\}$ der komplexen Zahlen hat dieselbe Mächtigkeit wie $\mathbb{R}^2$. Denn $f : \mathbb{C} \to \mathbb{R}^2$ mit $f\left(a + b\sqrt{-1}\right) = (a, b)$ ist offensichtlich eine Bijektion. Im nächsten Abschnitt zeigen wir, dass es Bijektionen $g : \mathbb{R}^2 \to \mathbb{R}$ gibt. Daher ist $\left|\mathbb{R}^2\right| = |\mathbb{R}|$, und damit auch $|\mathbb{C}| = |\mathbb{R}|$. Aus einer Bijektion $g : \mathbb{R}^2 \to \mathbb{R}$ gewinnen wir sofort eine Bijek-

tion $h:\mathbb{R}^3 \to \mathbb{R}$ durch $h(x,y,z) = g(g(x,y),z)$ (Begründung?). Also ist auch $\left|\mathbb{R}^3\right| = |\mathbb{R}|$.
Die Mengen $\mathbb{C}$, $\mathbb{R}^2$, $\mathbb{R}^3$ und allgemein $\mathbb{R}^n$ sind ebenfalls Kontinuen.

Weitere prominente Beispiele für Kontinuen finden Sie in der folgenden Übersicht:

Beispiele *Kontinuen*

Die folgenden Mengen haben dieselbe Mächtigkeit wie $\mathbb{R}$:

- jedes (offene oder geschlossene) reelle Intervall zwischen a und b $(a < b)$
- die Menge $\mathbb{R} \setminus \mathbb{Q}$ der irrationalen Zahlen
- die Menge $\mathbb{R}^2$ der reellen Zahlenebene
- die Menge $\mathbb{R}^3$ des reellen Zahlenraums
- die Menge $\mathbb{C}$ der komplexen Zahlen
- die Potenzmenge $\mathcal{P}(\mathbb{N})$ von $\mathbb{N}$
- die Menge der unendlichen Folgen natürlicher Zahlen
- die Menge der stetigen reellen Funktionen $f:\mathbb{R} \to \mathbb{R}$
- die Menge der unendlichen Folgen reeller Zahlen
- die Menge der Wörter unendlicher Länge über einem endlichen Alphabet mit mehr als einem Zeichen

---

Bijektionen von $\mathbb{R}^n$ auf $\mathbb{R}$

Wir wollen zumindest die Idee vorstellen, wie man zeigen kann, dass es Bijektionen von $\mathbb{R}^n$ auf $\mathbb{R}$ gibt. Dazu müssen wir nur zeigen, dass es eine Bijektion $g:\mathbb{R}^2 \to \mathbb{R}$ gibt. Denn der Rest folgt dann mit Induktion: Aus einer Bijektion $g_n:\mathbb{R}^n \to \mathbb{R}$ erhalten wir eine Bijektion $g_{n+1}:\mathbb{R}^{n+1} \to \mathbb{R}$, wenn wir wie eben $g_{n+1}(x_1,\ldots,x_{n+1}) = g\big(g_n(x_1,\ldots,x_n),x_{n+1}\big)$ definieren.

Wir können das Problem aber noch weiter reduzieren: Wir kennen bereits die Bijektion $f:(0;1) \to \mathbb{R}$ mit $f(x) = \tan(\pi x - \tfrac{1}{2}\pi)$; dies ist nur eine von vielen solchen Bijektionen. Dann ist aber $f_2:(0;1)^2 \to \mathbb{R}^2$ mit $f_2(x,y) = \big(f(x),f(y)\big)$ eine Bijektion von $(0;1)^2$ auf $\mathbb{R}^2$. Auch die Umkehrfunktionen von f und f_2 sind Bijektionen, denn Umkehrfunktionen von Bijektionen sind stets ebenfalls Bijektionen. (Bijektionen sind rechts- und linkstotal sowie rechts- und linkseindeutig; bei der Umkehrung wird rechts und links vertauscht, die vier Eigenschaften bleiben also erhalten.)

Um zu zeigen, dass es eine Bijektion $g:\mathbb{R}^2 \to \mathbb{R}$ gibt, müssen wir also nur noch eine Bijektion $h:(0;1)^2 \to (0;1)$ finden. Diese konstruieren wir mit einem Trick, der wieder ausnutzt, dass reelle Zahlen unendlich viele Nachkommastellen haben. Daher passen wie in Hilberts Hotel auch die ‚zweimal unendlichen vielen' Nachkommastellen von zwei Zahlen so zusammen, dass sie die Nachkommastellen einer dritten Zahl bilden können.

Die Idee ist folgende: Zu jedem Paar $(x, y) \in (0;1)^2$ betrachten wir die Nachkommastellen von x und y und setzen diese beiden unendlichen Ziffernfolgen durch ‚Verschränken' zu einer einzigen Folge zusammen, aus der sich die beiden ursprünglichen Folgen wieder eindeutig rekonstruieren lassen. Dieses Verschränken können wir uns vorstellen wie das Zusammenstecken zweier Kämme, bei dem sich die Zinken des einen zwischen die des anderen schieben. Die neue verschränkte Folge bildet dann die Nachkommastellenfolge der Zahl z, die wir dem Paar (x, y) zuordnen:

$$\left.\begin{array}{l} x = 0, x_1 x_2 x_3 \ldots x_n \ldots \\ y = 0, y_1 y_2 y_3 \ldots y_n \ldots \end{array}\right\} \to z = 0, x_1 y_1 x_2 y_2 x_3 y_3 \ldots x_n y_n \ldots$$

Die Abbildung $h : (0;1)^2 \to (0;1)$ mit $h(x, y) = z$ ist eine Bijektion:

- *Jedem* Paar aus $(0;1)^2$ wird eine *eindeutige* Zahl aus $(0;1)$ zugeordnet; d.h. h ist *linkstotal* und *rechtseindeutig*.

- Aus *jeder* Zahl aus $(0;1)$ kann das Paar aus $(0;1)^2$, dem diese Zahl durch h zugeordnet wird, wieder *eindeutig* rekonstruiert werden; d.h. h ist *rechtstotal* und *linkseindeutig*.

Allerdings, so ganz stimmt das noch nicht: Wie schon bei Cantors zweitem Diagonalverfahren macht auch hier die Uneindeutigkeit der Dezimaldarstellung reeller Zahlen (Zahlen mit Periode 0 sind immer auch mit Periode 9 schreibbar) eine zusätzliche Argumentation erforderlich. Wir wollen darauf nicht näher eingehen, weil es dann recht lang und technisch würde. Es lässt sich aber ‚reparieren'.

4 Bijektionen aus Injektionen: Der Satz von Cantor-Bernstein-Dedekind

In diesem Abschnitt wollen wir einen Satz beweisen, der ein bequemes Instrument ist, wenn man zeigen will, dass es zwischen zwei Mengen eine Bijektion gibt. Dieser *Satz von Cantor-Bernstein-Dedekind* ist berühmt und hat viele Mathematiker herausgefordert, einen eigenen Beweis zu finden. Es gibt ein ganzes Buch voll mit Beweisen allein für diesen Satz.

Als Vorbereitung zeigen wir zunächst einen einfacheren Satz, der ähnlich hilfreich ist und mit derselben Idee bewiesen werden kann wie der Satz von Cantor-Bernstein-Dedekind. Wir nennen ihn den ‚Umzugssatz'. Wir können ihn an einem Denkmodell veranschaulichen, das wir bereits gut kennen: an *Hilberts Hotel*, das uns durch den Beweis begleiten und dessen clevere Idee konkret erklären wird. Wie viele gute Beweise arbeitet auch dieser mit einem Trick; hier mit einer *unendlichen Kette von Umzügen* im Hotel (daher unser Name des Satzes).

Vorbemerkung

Um die Schreibweise zu vereinfachen, schreiben wir für die Menge aller *f*-Bilder einer Menge M kurz $f(M)$: also $f(M) = \{f(x) \mid x \in M\}$. Die verknüpfte Abbildung ‚*Erst f, dann g*' schreiben wir gf: also $gf(x) = g(f(x))$. Die Umkehrabbildung von f schreiben wir f^{-1}. Wir erinnern an zwei einfache Tatsachen über Abbildungen:

1. Eine Injektion $f : M \to N$ lässt sich surjektiv und damit zu einer Bijektion $f : M \to f(M)$ machen, indem man N auf die Menge $f(M)$ einschränkt, also alle Elemente von N weglässt, die von f keinem Element von M zugeordnet werden. Ebenso ist für jede Teilmenge $M' \subseteq M$ auch $f : M' \to f(M')$ eine Bijektion.

2. Ist $f : M \to N$ eine Bijektion, dann existiert $f^{-1} : N \to M$ und ist ebenfalls eine Bijektion. Eine Injektion f ist nur umkehrbar, wenn man sie auf $f(M)$ einschränkt, so dass f zur Bijektion $f : M \to f(M)$ wird. Dann existiert die Umkehrung $f^{-1} : f(M) \to M$, die ebenfalls eine Bijektion ist. Für jede Teilmenge $M' \subseteq M$ ist auch $f^{-1} : f(M') \to M'$ eine Bijektion.

Wir halten beides im folgenden Lemma (Hilfssatz) fest:

> **Lemma** *Einschränkung von Injektionen*
> Ist $f : M \to N$ eine Injektion und $M' \subseteq M$, dann gilt:
> 1. Die Einschränkung $f : M' \to f(M')$ ist eine *Bijektion*.
> 2. Die Umkehrung $f^{-1} : f(M') \to M'$ existiert und ist eine Bijektion.

Der Umzugssatz

> **Satz** *Umzugssatz*
> Sind A, B disjunkte Mengen und ist $f : A \cup B \to A$ eine Injektion, dann gibt es eine Bijektion $h : A \cup B \to A$.

Da die Behauptung sofort erfüllt ist, wenn B leer ist (weil dann $A \cup B = A$ ist und es Bijektionen $h : A \to A$ immer gibt), müssen wir hier nur den Fall betrachten, dass B *nichtleer* ist. Dann muss übrigens (mindestens) die Menge A *unendlich* sein, da eine endliche Menge $A \cup B$ nicht auf die kleinere Menge A injektiv abgebildet werden könnte. – Wir beginnen damit, dass wir beschreiben, wie unsere Modellierung an Hilberts Hotel in diesem Fall genau aussieht.

Modellierung an Hilberts Hotel

In Hilberts Hotel sind wie üblich alle Zimmer belegt, und wieder kommt ein Bus mit Reisenden an, die auch noch ihr Einzelzimmer im Hotel haben möchten. Die bereits im Hotel wohnenden Personen bilden die Menge A, die Personen im Bus die Menge B. Die beiden Mengen sind also disjunkt. Um den Umzugssatz zu beweisen, können wir seine Voraussetzung übernehmen: Es gibt eine Injektion f der Menge $A \cup B$ in die Menge A; f ordnet also jeder Person, egal ob im Hotel oder im Bus, eine Person im Hotel zu. (Da wir nur wissen, dass

f eine Injektion ist, kann es Personen in A geben, die von f keiner Person zugeordnet werden, denn f muss ja nicht surjektiv sein.)

Der Umzugstrick besteht darin, jede Person $x \in B$ aus dem Bus in das Zimmer ziehen zu lassen, das bereits von der Person $y = f(x) \in A$ bewohnt wird. Diese Person y muss nun leider umziehen, und zwar in das Zimmer, das von $z = f(y) \in A$ bewohnt wird; z wiederum zieht in das Zimmer von $f(z)$, und so geht es immer weiter. Da f injektiv ist, werden zwei verschiedene Personen durch f niemals derselben Person zugeordnet. Wenn also eine Person x_1 in das Zimmer der Person $f(x_1)$ zieht, wird jede *andere* ein- oder umziehende Person $x_2 \neq x_1$ in ein *anderes* Zimmer von $f(x_2) \neq f(x_1)$ ziehen. Doch es müssen keineswegs alle Bewohner von Hilberts Hotel umziehen, viele können einfach in ihrem Zimmer bleiben. Mit diesem Umzugstrick gelingt es uns, aus f eine Bijektion $h : A \cup B \to A$ herzustellen.

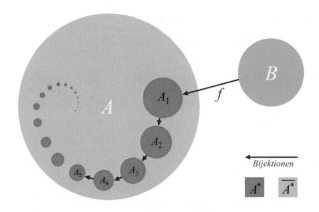

Die unendliche Kette der Umzüge

Beweis des Umzugssatzes

Wir formalisieren nun, was wir in unserer Modellierung beschrieben haben. Wir definieren eine unendliche Folge von Mengen A_n ($n \geq 1$), wobei A_n aus den Personen besteht, die im n-ten Umzugsschritt in die Zimmer der Personen der Menge $f(A_n) = A_{n+1}$ umziehen (s. Abb.).

$$A_1 = f(B)$$
$$A_{n+1} = f(A_n) \text{ für } n \geq 1$$

Die Gesamtmenge der Personen, die innerhalb des Hotels umziehen, bezeichnen wir mit A^* (die roten Mengen in der Abb.):

$$A^* = \bigcup_{n \geq 1} A_n$$

Die Hotelgäste, die *nicht* umziehen müssen, nennen wir $\overline{A^*}$ (das Komplement von A^*, also die grüne Restmenge von A in der Abb.): $\overline{A^*} = A \smallsetminus A^*$

Da f injektiv ist, sind die Einschränkungen $f: B \to f(B) = A_1$ und $f: A_n \to f(A_n) = A_{n+1}$ nach dem Lemma sämtlich *Bijektionen* (die roten Pfeile in der Abbildung). Daher ist deren Vereinigung $f: A^* \cup B \to A^*$ ebenfalls eine Bijektion. Außerdem ist die identische Abbildung $id: \overline{A^*} \to \overline{A^*}$ mit $id(x) = x$ eine Bijektion. Daher muss wegen $A \cup B = A^* \cup B \cup \overline{A^*}$ auch die folgende aus ihnen zusammengesetzte Abbildung $h: A \cup B \to A$ eine Bijektion sein:

$$h = \begin{cases} f & \text{für } A^* \cup B \\ id & \text{für } \overline{A^*} \end{cases} \quad \text{bzw. in Termschreibweise:} \quad h(x) = \begin{cases} f(x) & \text{für } x \in A^* \cup B \\ x & \text{für } x \in \overline{A^*} \end{cases}$$

Damit ist der Umzugssatz bewiesen.   ∎

Erläuterung des Beweis-Tricks ‚unendliche Umzugskette'

Wir haben im Beweis unsere Idee aus der Modellierung exakt formal umgesetzt: f bildet die Menge B bijektiv ab auf A_1, A_1 auf A_2, ... , A_n auf A_{n+1}, ... Die ganze Umzugsaktion kann nur deshalb funktionieren, weil die Folge der Mengen A_n unendlich ist. Wäre sie das nicht, dann würde es eine letzte Menge A_n von Personen geben, die noch umziehen können, aber in Zimmer, deren Bewohner ihrerseits nun nicht mehr weiterziehen könnten. Da die Folge aber unendlich ist, kann das nicht passieren. Dieser *Trick mit der unendlichen Kette von Umzügen* ist der mathematische Kern des ganzen Beweises: Da in jedem Schritt ein Umzug der ursprünglichen Bewohner möglich ist, kommen alle irgendwann unter.

Rein formal, ohne die Modellierung erklärt: Durch die bijektive Abbildung $B \to A_1$ stoßen wir eine unendliche Kette von Bijektionen $B \to A_1 \to A_2 \to \ldots \to A_n \to A_{n+1} \to \ldots$ an. Diese Bijektionen erzeugen insgesamt eine Bijektion von $A^* \cup B$ auf nur die Teilmenge $A^* \subset A$. Wir haben damit gewissermaßen denjenigen Teil der Injektion f ‚herausfilettiert', den wir für eine surjektive und daher bijektive Einschränkung von f mindestens brauchen. Der Rest ist für die angestrebte Bijektion $h: A \cup B \to A$ nutzlos, weil ganz f eben nicht surjektiv ist bzw. nicht sein muss. Dieser Rest ist die Menge $\overline{A^*}$. Um h auch für $\overline{A^*}$ zu definieren, könnten wir im Prinzip jede Bijektion von $\overline{A^*}$ auf sich selbst wählen. Da wir aber über $\overline{A^*}$ nichts wissen, ist die einzige Abbildung von $\overline{A^*}$ auf sich selbst, von der wir wissen, dass sie eine Bijektion ist, die identische Abbildung id. Zusammen mit der bijektiven Einschränkung $f: A^* \cup B \to A^*$ liefert $id: \overline{A^*} \to \overline{A^*}$ die Bijektion $h: A \cup B \to A$ (s.o.).

Die A_n müssen paarweise disjunkt sein: Da die beiden ersten Mengen B und A_1 disjunkt sind (weil A_1 Teilmenge von A ist und A, B disjunkt sind) und f injektiv ist, folgt durch Induktion, dass jede weitere Menge A_n zu jeder vorangehenden disjunkt ist.

Beachten Sie: Die Allgemeingültigkeit des Beweises wird durch unsere Modellierung nicht eingeschränkt, da wir sie ausschließlich als erläuternden *Kommentar* zum Beweis verwendet haben; sie fließt an keiner Stelle in die *Argumentation* des Beweises ein.

Übung

Führen Sie ausführlich den Beweis, dass die Mengen B, A_n ($n \geq 1$) paarweise disjunkt sind.

 Lesen Sie erst weiter, nachdem Sie hierüber eingehend nachgedacht haben.

Lösung

Wir zeigen durch Induktion: Die Mengen B und alle A_n (für $n \geq 1$) sind paarweise disjunkt. Zunächst halten wir fest, dass nach Voraussetzung A und B disjunkt sind und daher B zu jeder der A-Teilmengen A_n disjunkt ist.

Induktionsverankerung: Daher sind insbesondere B und A_1 disjunkt. Die Behauptung gilt also für $n = 1$.

Induktionsschritt (Vererbung): Wir setzen voraus, dass $B, A_1, \ldots, A_n$ paarweise disjunkt sind, und behaupten, dass dann auch A_{n+1} zu jeder dieser Mengen $B, A_1, \ldots, A_n$ disjunkt sein muss. Dies zeigen wir indirekt: Angenommen, das wäre nicht so. Da B und A_{n+1} wie eben begründet disjunkt sind, müsste es also ein A_i ($1 \leq i \leq n$) geben, das mit A_{n+1} mindestens ein Element y gemeinsam hat (d.h. $y \in A_{n+1} \cap A_i$). Nach Konstruktion der Mengen A_n wäre dann $y = f(x)$ für ein $x \in A_n$ und $y = f(x')$ für ein $x' \in A_{i-1}$ (für $1 < i \leq n$) bzw. ein $x' \in B$ (für $i = 1$). Da die Mengen $B, A_1, \ldots, A_n$ paarweise disjunkt sind, müssen x und x' verschieden sein. Dann würde aber f zwei verschiedenen Elementen dasselbe Element y zuordnen, im Widerspruch zur Injektivität von f. ∎

Beispiel: Anwendung des Umzugssatzes

Mit dem Umzugssatz lässt sich auf einfache Weise zeigen, dass es zwischen den offenen, geschlossenen bzw. halboffenen reellen Intervallen $(a;b)$, $[a;b]$, $[a;b)$, $(a;b]$ mit $a < b$ stets Bijektionen gibt. Wir führen das am Beispiel $[0;1]$ und $[0;1)$ vor:

> **Satz**
>
> Es gibt eine Bijektion zwischen dem abgeschlossenen Intervall $[0;1]$ und dem halboffenen Intervall $[0;1)$.

Beweis Wir wählen $A = [0;1)$ und $B = \{1\}$, also $A \cup B = [0;1]$. Als Injektion $f : A \cup B \to A$ wählen wir $f : [0;1] \to [0;1)$ mit $f(x) = \frac{x}{2}$ (warum ist das eine Injektion?).

Da B nur ein Element hat, bestehen auch die A_n aus nur jeweils einem Element, und zwar ist $A_n = \left\{\frac{1}{2^n}\right\}$. Daher ist

$$A^* = \bigcup_{n \geq 1} A_n = \left\{\frac{1}{2^n} \,\middle|\, n \geq 1\right\}$$

Die Bijektion $h:[0;1] \to [0;1)$ erhalten wir dann durch

$$h(x) = \begin{cases} \dfrac{1}{2^{n+1}} & \text{falls } x = \frac{1}{2^n} \text{ für ein } n \geq 0 \\ x & \text{sonst} \end{cases}$$

Wir erhalten die Bijektion h also, indem wir zunächst $1 = \dfrac{1}{2^0}$ auf $\dfrac{1}{2}$ abbilden, wodurch die unendliche Umzugskette $1 \to \dfrac{1}{2^1} \to \dfrac{1}{2^2} \to \dfrac{1}{2^3} \to \ldots \to \dfrac{1}{2^n} \to \dfrac{1}{2^{n+1}} \to \ldots$ angestoßen wird. Alle übrigen Zahlen werden auf sich selbst abgebildet. ∎

Der Satz von Cantor-Bernstein-Dedekind

Wie der Umzugssatz eine *Bijektion* $A \cup B \to A$ aus einer *Injektion* $A \cup B \to A$ konstruiert, so lässt sich eine Bijektion zwischen zwei Mengen A und B konstruieren, wenn es eine Injektion von A in B sowie eine von B in A gibt. Für *endliche* Mengen ist das klar: Wir sehen sofort, dass A und B wegen der Injektionen gleichmächtig sein müssen; die Bijektion ist hier also trivial. Für *unendliche* Mengen A, B dagegen müssen wir das noch ausführlich beweisen.

> **Satz   Satz von Cantor-Bernstein-Dedekind (Äquivalenzsatz)**
> Für beliebige Mengen A, B gilt: Gibt es Injektionen $f : A \to B$ und $g : B \to A$, dann gibt es auch eine *Bijektion* $h : A \to B$.

Beweis

Hier wollen wir den Beweis zunächst rein formal führen. Eine Modellierung an *Hilberts Hotel*, die auch hier wieder möglich ist, beschreiben wir als Vertiefung dann anschließend.

Für beliebige unendliche Mengen A, B seien zwei Injektionen $f : A \to B$ und $g : B \to A$ gegeben. Wir zeigen, dass es dann auch eine *Bijektion* $h : A \to B$ gibt. Wir gehen wie beim Beweis des Umzugssatzes vor. Wir definieren eine unendliche Folge von Teilmengen $A_n \subset A$:

$$A_0 = A \smallsetminus g(B)$$
$$A_{n+1} = gf(A_n)$$

Die Vereinigung aller A_n bezeichnen wir wieder mit A^*, die Restmenge mit $\overline{A^*}$:

$$A^* = \bigcup_{n \geq 0} A_n$$
$$\overline{A^*} = A \smallsetminus A^*$$

Die A_n sind paarweise disjunkt. Dies folgt induktiv daraus, dass die beiden ersten Mengen $A_0 = A \smallsetminus g(B)$ und $A_1 \subset g(B)$ disjunkt sind und mit f und g auch gf injektiv ist. Für den Beweis wird diese Disjunktivität nicht unbedingt benötigt; doch sie hilft unserer Vorstellung. Damit definieren wir nun die gesuchte Abbildung $h : A \to B$:

$$h(x) = \begin{cases} f(x) & \text{für } x \in A^* \\ g^{-1}(x) & \text{für } x \in \overline{A^*} \end{cases}$$

Wir müssen drei Tatsachen beweisen:

1. h ist wohldefiniert: d.h. die Terme in der Definition existieren (haben einen Wert)

2. h ist eine Abbildung: d.h. h ist linkstotal und rechtseindeutig

3. h ist eine Bijektion: d.h. h ist injektiv (linkseindeutig) und surjektiv (rechtstotal)

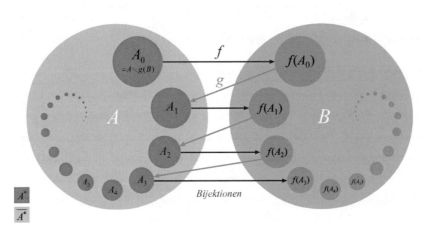

Die unendliche Kette der Umzüge

h ist wohldefiniert

Für die obere Zeile in der Definition ist das klar, weil $f(x)$ nach Voraussetzung für alle $x \in A$ definiert ist, insbesondere also auch für alle $x \in A^*$, da $A^* \subset A$. Damit dies auch für die zweite Zeile gilt, müssen wir zeigen, dass $g^{-1}(x)$ für alle $x \in \overline{A^*}$ existiert. Wie in der Vorbemerkung erläutert, ist $g^{-1} : g(B) \to B$ bijektiv, da nach Voraussetzung $g : B \to A$ injektiv und daher die Einschränkung $g : B \to g(B)$ bijektiv ist. Für die $x \in \overline{A^*}$ gilt sicher $x \notin A_0$, da $A_0 \subset A^*$. Also $x \notin A \setminus g(B)$, d.h. $x \in g(B)$. Darum existiert $g^{-1}(x)$.

h ist eine Abbildung

Da h jedem $x \in A$ einen Wert $h(x)$ zuweist, und zwar genau einen, ist h linkstotal und rechtseindeutig, also eine Abbildung.

Soweit die notwendigen, aber doch ziemlich elementaren Vorüberlegungen zum Beweis. Nun folgt der Hauptteil, der eigentliche Kern des Beweises: Wir müssen zeigen, dass h eine *Bijektion* ist, also *injektiv* (linkseindeutig) und *surjektiv* (rechtstotal).

h ist injektiv Zu zeigen ist: $h(x) = h(y) \implies x = y$ (*)

Für $x, y \in A^*$ folgt dies unmittelbar aus der Injektivität von f. Für $x, y \in \overline{A^*}$ folgt dies ebenso unmittelbar aus der Injektivität von $g^{-1} : g(B) \to B$, die wiederum aus der Injektivität von g folgt. Es bleibt noch der ‚gemischte Fall' $x \in A^*$ und $y \in \overline{A^*}$. (Da egal ist, welches Element man x und welches man y nennt, ist dies derselbe Fall wie $x \in \overline{A^*}$ und $y \in A^*$). Nach Definition von h ist dann $h(x) = f(x)$ und $h(y) = g^{-1}(y)$. Aus $h(x) = h(y)$ folgt also $f(x) = g^{-1}(y)$. Wendet man auf beiden Seiten die Abbildung g an, so erhält man $gf(x) = gg^{-1}(y) = y$. Wegen $x \in A^*$ gibt es ein $n \in \mathbb{N}$ mit $x \in A_n$. (Da die A_n paarweise disjunkt sind, gibt es *genau* ein solches n.) Also gilt $y = gf(x) \in gf(A_n) = A_{n+1}$. Also wäre $y \in A_{n+1}$ und damit $y \in A^*$, im Widerspruch zur Voraussetzung $y \in \overline{A^*}$. Im gemischten Fall ist also (*) wahr, da die Prämisse $h(x) = h(y)$ niemals erfüllt sein kann. (Eine Implikation $P \Rightarrow Q$ ist nur falsch, wenn P wahr und Q falsch ist. Das Versprechen „Wenn 4 eine Primzahl ist, schenke ich dir mein Auto", ist zwar sinnlos, aber man kann es nie brechen.) – Damit ist die Injektivität von h bewiesen.

h ist surjektiv Zu zeigen ist: *Für jedes $z \in B$ gibt es ein $y \in A$ mit $h(y) = z$*   (**)

Da $z \in B$ ist, wird z von g auf ein $x \in g(B) \subset A$ abgebildet, d.h. $x = g(z)$ bzw. $z = g^{-1}(x)$.

1. Fall: $x \in A^*$. Dann gibt es genau ein n mit $x \in A_n$, wobei $n \geq 1$ sein muss, da $x \in g(B)$ ist, d.h. $x \notin A_0 = A \smallsetminus g(B)$. Daher ist $n-1 \geq 0$, so dass die Menge A_{n-1} definiert ist. Es gilt also $x \in A_n = gf(A_{n-1})$. Das heißt: Es gibt ein $y \in A_{n-1}$ mit $x = gf(y)$. Und damit gilt: $z = g^{-1}(x) = g^{-1}gf(y) = f(y) = h(y)$. Mit diesem y ist (**) für den 1. Fall gezeigt.

2. Fall: $x \in \overline{A^*}$. Dieser Fall ist sofort gezeigt, denn dann gilt nach der Definition von h: $h(x) = g^{-1}(x) = z$, d.h. $y = x$ erfüllt bereits die Forderung von (**). – Damit ist auch die Surjektivität von h bewiesen.

Insgesamt haben wir also gezeigt, dass h eine Bijektion ist. Damit ist der Beweis des Satzes von Cantor-Bernstein-Dedekind abgeschlossen.   ∎

Modellierung an Hilberts Hotel

Im Umzugssatz haben wir die Menge B als die Menge aller Reisenden im Bus interpretiert. Hier interpretieren wir sie aber nicht als Menge von Personen, sondern als die Menge aller *Zimmer* im Hotel. A interpretieren wir als die Menge aller *Personen*, die mit dem Hotel zu tun haben: also einerseits derer, die im Hotel schon ein Zimmer haben, sowie andererseits derer, die ins Hotel einziehen wollen.

Die Injektion $g : B \to A$ interpretieren wir so, dass sie jedem Zimmer $z \in B$ die Person $g(z)$ zuordnet, die bereits darin wohnt. g beschreibt also den Zustand des Hotels *vor allen Umzügen*. Da g eine Abbildung, also linkstotal ist, gibt es für jedes Zimmer $z \in B$ eine Person $g(z)$, die es bewohnt. Das Hotel ist also voll besetzt. Da g injektiv, also linkseindeutig ist, werden zwei verschiedene Zimmer auch von verschiedenen Personen bewohnt, keine Person hat also mehrere Zimmer. Da g jedem Zimmer die darin wohnende Person zuordnet, ist $g(B)$ die Menge aller Personen, die bereits ein Zimmer haben, also bereits im Hotel wohnen. Die Personen, die erstmalig einziehen wollen, bilden folglich die Restmenge $A \smallsetminus g(B)$. Die Menge A aller Personen ist also die *disjunkte Vereinigung* dieser beiden Mengen $g(B)$ und $A \smallsetminus g(B)$.

Die Injektion $f : A \to B$ interpretieren wir so, dass sie allen Personen ein Zimmer im Hotel zuordnet, und zwar jeder Person ein eigenes Zimmer. Da f und g irgendwelche Abbildungen sind, die nichts miteinander zu tun haben müssen, liefert die Zimmerzuweisung durch f in der Regel nicht das Zimmer, in dem eine Person bereits wohnt. Das könnte allenfalls zufälligerweise einmal so sein. Da wir f dazu benutzen, um den einziehenden bzw. umziehenden Personen ihr *neues* Zimmer zuzuweisen, beschreibt f den Zustand des Hotels *nach den Umzügen*. Allerdings nur in Bezug auf die Personen und Zimmer, die vom Umzug überhaupt betroffen sind. Für alle übrigen bleibt der Zustand so, wie ihn die andere Abbildung g beschreibt.

Die Aktion beginnt damit, dass die Personen $A_0 = A \smallsetminus g(B)$ ins Hotel einziehen, wodurch wie beim Umzugssatz das Problem entsteht, dass die ihnen zugewiesenen Zimmer $f(A_0)$ wie alle im Hotel bereits belegt sind. Wie beim Umzugssatz wird dieses Problem durch eine unendliche Kette von Umzügen gelöst: Die Personen, die bislang in den Zimmern $f(A_0)$ wohnten, müssen nun alle umziehen. Sie bilden die Menge $A_1 = gf(A_0)$. Auch diesen Personen weist f ihre Zimmer zu, d.h. die Personen A_1 ziehen weiter in die Zimmer $f(A_1)$. Jeder Umzugsschritt erzwingt den nächsten: Die Personen von A_n ($n \geq 1$) ziehen in die Zimmer $f(A_n)$ um; die dort bislang untergebrachten Personen $gf(A_n) = A_{n+1}$ ziehen nun ihrerseits um, und so geht es immerfort weiter. Die Menge $A^* = A_0 \cup A_1 \cup \ldots$ besteht aus allen vom Umzug Betroffenen, die also entweder erstmalig ins Hotel einziehen (A_0) oder aus ihrem Zimmer im Hotel nur in ein neues umziehen (A_n mit $n \geq 1$).

Die Definition von h sagt nun genau, in welchem Zimmer jede Person am Ende der Aktion untergebracht ist: Die Personen $x \in A^*$ erhalten ihr Zimmer durch f, wie wir es beschrieben haben. Die übrigen, also die $x \in \overline{A^*}$, die weder ein- noch umziehen, also von der ganzen Umzugsaktion nicht betroffen sind, sollen natürlich in ihrem Zimmer verbleiben. h weist allen $x \in \overline{A^*}$ daher das Zimmer $g^{-1}(x)$ zu, das Zimmer, in dem sie bereits wohnen.

Diese ganze Umzugsaktion kann nur deshalb funktionieren, weil die Folge der A_n unendlich ist. Wäre sie das nicht, dann gäbe es eine letzte Menge A_n von Personen, die noch umziehen können, aber in Zimmer, deren Bewohner ihrerseits nun nicht mehr weiterziehen könnten. Da die Folge aber unendlich ist, kann das nicht passieren. *Dieser Trick mit der unendlichen Kette von Umzügen ist der mathematische Kern des ganzen Beweises*: Da nach jedem Schritt ein Umzug der ‚verdrängten' Bewohner möglich ist, kommen alle irgendwann unter. Alle Zimmer waren zu Beginn belegt, und das bleiben sie auch; einige erhalten nur einen neuen Bewohner. Die Umzugsaktion verschafft allen Personen (auch denen, die noch keines hatten) ein Zimmer und konstruiert so eine Bijektion zwischen den Personen und den Zimmern.

Übung

Maria wohnt noch nicht im Hotel; sie gehört zur Menge A_0. Wie wir beschrieben haben, zieht Maria in das Zimmer, das f ihr zuweist. In diesem Zimmer wohnt bislang Paul, der also umziehen muss. Sein neues Zimmer erhält er ebenfalls von f zugewiesen. So weit ist alles klar. Aber was, wenn Pauls neues Zimmer genau sein altes ist, wenn er also von f das Zimmer zugewiesen erhält, in dem er bereits wohnt? Dann funktioniert unsere ganze Umzugsaktion doch schon im ersten Schritt nicht mehr! Muss dann Maria gleich wieder umziehen? Oder Paul ein zweites Mal? Aber er wird wieder dasselbe Zimmer erhalten; denn f ändert sich ja nicht und muss einer Person daher immer dasselbe Zimmer zuweisen. Was sagen Sie dazu?

 Lesen Sie erst weiter, nachdem Sie hierüber eingehend nachgedacht haben.

Lösung

Das Problem kann überhaupt nicht auftreten. Denn wenn f Maria ihr Zimmer zuweist, dann kann f dasselbe Zimmer nicht auch noch Paul zuweisen. Nach Voraussetzung ist f ja injektiv.

Alternative Varianten

Der Satz begegnet uns in der Literatur oft in verschiedenen Formulierungen, die aber natürlich alle dasselbe aussagen:

Satz   *Alternative Formulierungen des Satzes von Cantor-Bernstein-Dedekind*

Für beliebige Mengen A und B gelten folgende äquivalente Aussagen:

1. Gibt es Injektionen $f : A \to B$ und $g : B \to A$, dann existiert auch eine *Bijektion* $h : A \to B$.

2. Ist A gleichmächtig zu einer Teilmenge von B, und ist B gleichmächtig zu einer Teilmenge von A, dann sind A und B gleichmächtig. *(Cantors Formulierung)*

3. $|A| \leq |B| \,\wedge\, |B| \leq |A| \;\Rightarrow\; |A| = |B|$

4. $A \preceq B \,\wedge\, B \preceq A \;\Rightarrow\; A \cong B$

Zur Geschichte des Satzes von Cantor-Bernstein-Dedekind

Cantor hatte bereits 1887 eine entsprechende Vermutung aufgestellt, doch erst zehn Jahre später gelang einem seiner Studenten im Rahmen eines von Cantor geleiteten Seminars ein Beweis dafür: dem damals neunzehn Jahre alten *Felix Bernstein* (1878-1956). Sein Beweis wurde 1898 in einem Buch des französischen Mathematikers (und Politikers) *Émile Borel*

(1871-1956) veröffentlicht.[5] Unabhängig von Bernstein hatte zur selben Zeit auch *Ernst Schröder* (1841-1902) einen Beweis gefunden (veröffentlicht 1896 und 1898), der aber genaugenommen keiner war. Er enthielt Fehler, die allerdings später von Bernstein in seiner Dissertation[6] korrigiert werden konnten.

Der Name des Satzes ist ein wenig problematisch. Häufig heißt er *Satz von Cantor-Bernstein-Schröder*, im englischen Sprachraum auch *Cantor-Schroder-Bernstein Theorem*. Aber ist die Nennung Schröders angesichts der Fehler in seinem Beweis wirklich angebracht? Wohl wegen dieser Zweifel wird der Satz hin und wieder auch kürzer als *Satz von Cantor-Bernstein* bezeichnet. So sinnvoll kurze Bezeichnungen für mathematische Sätze sind – fair erscheint uns diese nicht. Denn sie lässt gerade den unter den Tisch fallen, der den wirklich *ersten* korrekten Beweis gefunden hatte: Schon viel früher als Bernstein, bereits kurz nachdem Cantor den Satz formuliert hatte, fand *Richard Dedekind* (1831-1916) im Jahr 1887 einen Beweis, von dem allerdings kaum jemand etwas mitbekommen haben dürfte, weil Dedekind ihn nicht veröffentlichte (und auch Cantor nicht davon unterrichtete). Der Beweis fand sich im Nachlass und wurde erst posthum in Dedekinds Gesammelten Werken publiziert.[7]

Cantor selbst hat keinen Beweis des Satzes beigesteuert. Er konnte ihn zwar aus seiner viel stärkeren Vermutung der *Vergleichbarkeit aller Kardinalzahlen* (für alle Mengen A, B ist $A \preceq B$ oder $B \preceq A$, s. S. 186 f.) herleiten. Den immer geplanten Beweis für diese hat er selbst jedoch nie geliefert. Im Übrigen hätte der Umweg über den Vergleichbarkeitssatz auch einen Schönheitsfehler, da dieser äquivalent ist zum *Auswahlaxiom*, einem sehr mächtigen Instrument, das für den Beweis keineswegs erforderlich ist. Die Beweise von Dedekind und Bernstein wie auch der korrigierte Beweis von Schröder kommen ohne es aus.

5 Die Konstruktion der Ordinalzahlen als Mengen

Natürliche Zahlen kann man sowohl als Nummern (erstes Element, zweites Element, …) wie als Anzahlen (ein Element, zwei Elemente, …) verwenden. In der Fachsprache: Die natürlichen Zahlen sind zugleich Ordinal- und Kardinalzahlen. Cantor hat in seiner *Theorie der transfiniten Zahlen* (der Zahlen ,jenseits des Endlichen') diese Zahlkonzepte verallgemeinert, indem er unendliche Zahlen als Mengen konstruierte bzw. als „Mannigfaltigkeiten", wie er selbst sagte. Dabei ändert sich etwas Grundsätzliches: Zwar ist auch jede unendliche Kardinalzahl zugleich eine Ordinalzahl, doch umgekehrt ist nicht jede unendliche Ordinalzahl auch

---

5 É. Borel: Leçons sur la théorie des fonctions, Paris: Gauthier Villars, 1898.

6 F. Bernstein: Untersuchungen aus der Mengenlehre. Diss., Göttingen, 1901 (*Math. Ann.* 61, 1905, S. 117-155).

7 R. Dedekind: Gesammelte mathematische Werke, Braunschweig: Vieweg, 1932, Band 3, S. 447-448

eine Kardinalzahl. Wir werden gleich sehen, woran das liegt. Daher kann man Ordinal- und Kardinalzahlen nicht parallel definieren. Man muss mit den Ordinalzahlen beginnen und definiert anschließend Ordinalzahlen mit einer besonderen Eigenschaft als Kardinalzahlen.

Cantors Blick war auf die neuartigen *unendlichen* Zahlen gerichtet. Es war aber nur konsequent, dass man bald nach ihm auch die *endlichen* Ordinalzahlen, die natürlichen Zahlen, als Mengen neu konstruieren wollte. Das hört sich viel komplizierter an als es ist. Denn was macht die natürlichen Zahlen im Kern aus? Ganz einfach: dass sie einen Anfang haben, aber kein Ende, weil es zu jeder Zahl eine nächste gibt (und alle verschieden sind). Man muss also nur eine Folge verschiedener Mengen definieren, die mit einem Element beginnt, und bei der jedes Element einen *Nachfolger* hat. Und das tut man am besten so einfach wie nur möglich. Die cleverste Möglichkeit hat der ungarisch-amerikanische Mathematiker *John von Neumann* (1903-1957) gefunden (der übrigens auch Mit-Erfinder der Spieltheorie war, und nach dessen genialer Idee – genannt ‚*Von-Neumann-Architektur*' – heute fast alle Computer arbeiten.)

Die Von-Neumann-Zahlen

Seine Rekonstruktion der natürlichen Zahlen als Mengen sieht auf den ersten Blick vielleicht eigenartig aus. Aber sie ist von einer nicht zu unterbietenden Einfachheit: Von Neumann definiert *jede natürliche Zahl als die Menge ihrer Vorgänger*, beginnend bei der leeren Menge $\varnothing$, welche die Zahl 0 repräsentiert. Um das zu erreichen, muss er den Nachfolger n' von n nur als die Menge definieren, die man aus der Menge n erhält, wenn man sie um sich selbst als zusätzliches Element erweitert: $n' = n \cup \{n\}$.

Definition *Natürliche Zahlen als Mengen (Von-Neumann-Zahlen)*

Die natürlichen Zahlen werden mengentheoretisch rekursiv definiert durch

$$0 = \varnothing$$
$$n' = n \cup \{n\} = \{0, 1, 2, \dots, n\}$$

Beispiele

$$0 = \{\ \} \qquad = \varnothing$$
$$1 = \{0\} \qquad = \{\varnothing\}$$
$$2 = \{0,1\} \qquad = \{\varnothing, \{\varnothing\}\}$$
$$n \quad 3 = \{0,1,2\} \quad = \{\underbrace{\varnothing}_{0}, \underbrace{\{\varnothing\}}_{1}, \underbrace{\{\varnothing, \{\varnothing\}\}}_{2}\}$$
$$n' \quad 4 = \{0,1,2,3\} = \{\underbrace{\varnothing}_{0}, \underbrace{\{\varnothing\}}_{1}, \underbrace{\{\varnothing, \{\varnothing\}\}}_{2}, \underbrace{\{\underbrace{\varnothing}_{0}, \underbrace{\{\varnothing\}}_{1}, \underbrace{\{\varnothing, \{\varnothing\}\}}_{2}\}}_{3}\}$$

$$\underbrace{\qquad\qquad\qquad}_{n} \quad \cup \quad \underbrace{\qquad}_{\{n\}}$$

> **Satz** *Elementare Eigenschaften der Von-Neumann-Zahlen*
> 1. Jede Von-Neumann-Zahl enthält so viele Elemente wie die von ihr repräsentierte natürliche Zahl angibt.
> 2. Jede Von-Neumann-Zahl ist die Menge aller kleineren Zahlen.
> 3. Jede Von-Neumann-Zahl enthält jede kleinere Zahl auch als Teilmenge.

Beweis des Satzes

Die beiden ersten Behauptungen des Satzes folgen induktiv unmittelbar aus der Definition. Für die dritte Behauptung überlegen wir zunächst folgendes: Nach 2. ist eine Von-Neumann-Zahl genau dann kleiner als eine andere, wenn sie Element der anderen ist. *Für Von-Neumann-Zahlen ist also $k < n$ äquivalent zu $k \in n$*. Da die Relation $<$ für alle Zahlen *transitiv* ist (d.h. $x < y \land y < z \Rightarrow x < z$), müsste für Von-Neumann-Zahlen die Element-Relation $\in$ ebenfalls transitiv sein. Wäre sie das nicht, würde also die Transitivität für die Von-Neumann-Zahlen nicht mehr gelten, dann wären sie keine vernünftige Rekonstruktion der natürlichen Zahlen, für die ja die lineare Ordnung eine zentrale Eigenschaft ist. Ohne Transitivität gibt es aber keine lineare Ordnung. Wir müssen also zeigen, dass für Von-Neumann-Zahlen x, y, z gilt: $x \in y \land y \in z \Rightarrow x \in z$. Dies ist aber äquivalent zur Aussage $y \in z \Rightarrow y \subset z$, ausformuliert: *Jedes Element von z ist zugleich auch Teilmenge von z*. Eine Menge z mit dieser Eigenschaft nennt man *transitive Menge*. Wir sehen: Die dritte Behauptung des Satzes ist genau die Transitivität der Von-Neumann-Zahlen. Wir zeigen sie durch Induktion:

1. *Verankerung:* Weil die leere Menge $\varnothing$ überhaupt keine Elemente enthält, enthält sie auch keine Elemente x, y, bei denen die Regel der Transitivität verletzt sein könnte. Also ist $\varnothing$ eine transitive Menge.

2. *Vererbung:* Zunächst stellen wir fest, dass die Aussage $x \in y \land y \in z \Rightarrow x \in z$ äquivalent ist zur Aussage $y \in z \Rightarrow y \subset z$ (das ist genau die 3. Aussage im Satz oben). Wir zeigen, dass sich die Transitivität von z auf $z' = z \cup \{z\}$ vererbt. Das müssen wir aber nur noch für das neue Element $z \in z'$ zeigen, weil es für die anderen Elemente von z', die schon in z liegen, bereits sicher ist, da z nach Voraussetzung transitiv ist. Dass z in z' sowohl als Element wie auch als Teilmenge enthalten ist, können wir aber unmittelbar am Term $z \cup \{z\}$ ablesen: Das ‚vordere z' zeigt, dass z Teilmenge von $z \cup \{z\}$ ist; das ‚hintere z' in der Mengenklammer zeigt, dass z Element von $z \cup \{z\}$ ist. ∎

Wie die ersten beiden Behauptungen folgt also auch die dritte unmittelbar aus von Neumanns Definition des Nachfolgers.

Mengen ohne Urelemente

Dass die Konstruktion der Von-Neumann-Zahlen so eigenartig aussieht, hat sicher auch damit zu tun, dass diesen Mengen etwas fehlt, an das wir gewöhnt sind. Wenn wir sonst mit Mengen umgehen, dann liegt unser Augenmerk auf deren Elementen, auf ihren gewissermaßen ‚konkreten Inhalten'. Solche Elemente, die nicht selbst wieder Mengen sind, nennt man *Urelemente*. Bei den Mengen von Neumanns gibt es jedoch keine Urelemente. Ihre Elemente sind stets selbst wieder Mengen, Mengen von Mengen und so fort, immer wildere Verschachtelungen von Mengen. Mit einer Ausnahme: Eine einzige unter all diesen Mengen enthält nicht selbst wieder Mengen, aber das auch nur, weil sie überhaupt nichts enthält – die leere Menge. Doch diese Abwesenheit von Urelementen ist genau der Punkt: Eine Menge mit einem Urelement kann niemals transitiv sein. Transitive Mengen enthalten nur Elemente, die zugleich ihre Teilmengen sind, und Teilmengen sind nun einmal Mengen. Transitive Mengen enthalten also entweder nichts oder Mengen.

Der Schritt ins Unendliche

Die Von-Neumann-Zahlen sollen von nun an *die* natürlichen Zahlen für uns sein. Sie sind die ersten Ordinalzahlen, die wir als Mengen neu konstruiert haben. Jede ist die Menge aller ihrer Vorgänger (damit meinen wir nicht den unmittelbaren Vorgänger, sondern alle kleineren Zahlen). Wenn wir dieses Prinzip für *alle* Ordinalzahlen beibehalten, dann können wir nun die *erste unendliche Ordinalzahl* konstruieren: Da ihre Vorgänger alle *endlichen* Ordinalzahlen sind, muss sie deren Menge sein, also die Menge $\mathbb{N}$ der natürlichen Zahlen. Um ihre Rolle als Ordinalzahl zu betonen, führt man für sie ein neues Symbol ein: Die erste unendliche Ordinalzahl schreiben wir als ω, auch wenn es sich um dieselbe Menge wie $\mathbb{N}$ handelt. (Beachten Sie die Symbolik: ω, Omega, ist der letzte Buchstabe des griechischen Alphabets.) – Auch die Definition des Nachfolgers wollen wir für *alle* Ordinalzahlen verwenden: Zu jeder Ordinalzahl α ist $\alpha' = \alpha \cup \{\alpha\}$ ihr Nachfolger. Dadurch ist (mit demselben Beweis wie eben) gesichert, dass α' *transitiv ist, wenn α transitiv ist*. Außerdem ist klar: α' *ist die kleinste Ordinalzahl, die größer als α ist*. Denn α' ist ja die unmittelbar nächste Ordinalzahl nach α, dazwischen gibt es nichts. Das ist gerade der Sinn des Begriffs ‚Nachfolger'.

Da ω alle endlichen Zahlen enthält, ist ω größer als alle diese, also unendlich. Damit haben wir eine einfache Definition des Begriffs ‚unendliche Zahl': Unendlich sind alle Ordinalzahlen ab ω. Andererseits ist ω auch die *kleinste* der unendlichen Ordinalzahlen. Denn kleiner als ω sind nur die Ordinalzahlen, die ω als Elemente enthält; und diese sind alle endlich.

Jede Ordinalzahl *hat* einen Nachfolger, aber nicht jede *ist* ein Nachfolger. Natürlich ist 0 nicht Nachfolger einer Zahl, weil 0 die erste von allen ist. Aber das Gleiche gilt auch für die Zahl

ω; sie ist die erste Ordinalzahl, die keine *Nachfolgerzahl* ist. Sie könnte ja nur der Nachfolger einer kleineren Zahl sein, also einer natürlichen. Der Nachfolger einer natürlichen Zahl ist aber ebenfalls eine natürliche Zahl, also ein Element von ω und nicht ω selbst.

Ordinalzahlen wie ω nennt man *Limeszahlen*. Diese Limeszahlen sind das wirklich Neue, das bei unendlichen Ordinalzahlen entsteht, sie sind die eigentlich interessanten unter ihnen. Man kann sie durch eine einfache Charakterisierung beschreiben, die genau auf sie zutrifft: *Eine Ordinalzahl ist eine Limeszahl, wenn sie eine Ordinalzahl genau dann enthält, wenn sie auch deren Nachfolger enthält.* Für Nachfolgerzahlen gilt das nicht: Da α' die Zahl α enthält, müsste α' damit auch deren Nachfolger, also sich selbst als Element enthalten. Eine Menge kann sich aber nie selbst als Element enthalten (das würde zu einem Widerspruch führen).

Wie die endlichen Ordinalzahlen ist auch ω eine transitive Menge. *Jede Ordinalzahl ist eine transitive Menge.* Für ω können wir das leicht sehen: Ist n ein Element von ω, dann ist n eine natürliche Zahl, die die Menge aller natürlichen Zahlen $k < n$ ist. Da ω sämtliche natürlichen Zahlen enthält, enthält ω auch diese Zahlen k, deren Menge n ist also eine Teilmenge von ω. Daher ist jedes Element n zugleich Teilmenge von ω. Also ist ω transitiv.

Die nächsten Schritte im Unendlichen

Was kommt nach ω? Unmittelbar auf ω folgen der Nachfolger $\omega' = \omega \cup \{\omega\}$ sowie der Nachfolger des Nachfolgers usw.: $\omega'' = \omega' \cup \{\omega'\}$, $\omega''' = \omega'' \cup \{\omega''\}, \ldots$. Wir können hierfür eine vertrautere Schreibweise wählen: $\omega' = \omega + 1, \omega'' = \omega + 2, \omega''' = \omega + 3, \ldots$. In ausführlicher Darstellung sind das folgende Mengen:

$$\omega = \{0,1,2,3,\ldots\}$$
$$\omega+1 = \omega \cup \{\omega\} = \{0,1,2,3,\ldots,\omega\}$$
$$= \{0,1,2,3,\ldots,\{0,1,2,3,\ldots\}\}$$
$$\omega+2 = (\omega+1) \cup \{\omega+1\} = \{0,1,2,3,\ldots,\omega,\omega+1\}$$
$$= \{0,1,2,3,\ldots,\{0,1,2,3,\ldots\},\{0,1,2,3,\ldots,\{0,1,2,3,\ldots\}\}\}$$
$$\omega+3 = (\omega+2) \cup \{\omega+2\} = \{0,1,2,3,\ldots,\omega,\omega+1,\omega+2\}$$
$$= \{0,1,2,3,\ldots,\{0,1,2,3,\ldots\},\{0,1,2,3,\ldots,\{0,1,2,3,\ldots\}\},\{0,1,2,3,\ldots,\{0,1,2,3,\ldots\}\}\}$$

Was kommt aber nach all diesen Nachfolgerzahlen? Nun, dann folgt die nächste Limeszahl $\omega + \omega$, die Menge aller kleineren Zahlen, oder was dasselbe ist: die Vereinigung sämtlicher kleineren Zahlen:

$$\omega + \omega = \bigcup_{n \in \mathbb{N}} (\omega + n)$$

Obwohl sie in dieser Vereinigung nicht explizit aufgeführt sind, sind darin auch die natürlichen Zahlen enthalten, da sie die Elemente der Menge $\omega + 0 = \omega$ sind.

Die Konstruktion der Ordinalzahlen im Überblick

Hier ein Überblick über die mengentheoretische Konstruktion der Ordinalzahlen. Es gibt noch weitere zentrale Konzepte beim Aufbau der Ordinalzahlen (Wohlordnungen, Kumulierungen etc.), die wir hier aber weglassen, weil sie den Rahmen dieses Buchs sprengen würden. Sie sind in die folgenden Definitionen eingearbeitet, die dadurch erheblich einfacher werden.

Definition   *Transitive Mengen*

Eine Menge z heißt *transitiv*, wenn jedes Element von z zugleich Teilmenge von z ist.

$$\text{Formal: } y \in z \Rightarrow y \subset z$$

Satz   *Eigenschaften transitiver Mengen*

1. Für jede transitive Menge z sind auch $z \cup \{z\}$ und die Potenzmenge $\mathcal{P}(z)$ transitiv.
2. Durchschnitt und Vereinigung transitiver Mengen sind ebenfalls transitiv.

Definition   *Ordinalzahlen*

1. Jede transitive Menge, die durch $\in$ wohlgeordnet ist (d.h. jede ihrer Teilmengen hat bzgl. $\in$ ein kleinstes Element), heißt *Ordinalzahl*.
2. Zu jeder Ordinalzahl α heißt die Ordinalzahl $\alpha' = \alpha \cup \{\alpha\}$ der *Nachfolger* von α.
3. Eine Ordinalzahl heißt *Nachfolgerzahl*, wenn sie der Nachfolger einer Ordinalzahl ist, im anderen Fall heißt sie *Limeszahl* (sofern sie nicht 0 ist).
4. Eine Ordinalzahl α heißt *kleiner* als eine Ordinalzahl β ($\alpha < \beta$), wenn $\alpha \in \beta$.

Satz   *Eigenschaften von Ordinalzahlen*

1. Jede Ordinalzahl ist die Menge aller kleineren Ordinalzahlen.
2. Der Nachfolger von α ist die kleinste Ordinalzahl, die größer als α ist.
3. Eine Limeszahl enthält eine Ordinalzahl genau dann, wenn sie deren Nachfolger enthält. (Diese Eigenschaft haben nur die Limeszahlen.)
4. Für alle Ordinalzahlen α, β gilt:
   a. $\alpha < \beta \Leftrightarrow \alpha \in \beta \Leftrightarrow \alpha \subset \beta$ b. $\alpha \leq \beta \Leftrightarrow (\alpha \in \beta \vee \alpha = \beta) \Leftrightarrow \alpha \subseteq \beta$
   c. $\alpha < \beta$ oder $\alpha = \beta$ oder $\beta < \alpha$ (*Trichotomie*-Eigenschaft)
5. In jeder nichtleeren Klasse von Ordinalzahlen gibt es eine kleinste Ordinalzahl.

Definition   *Rechenoperationen für Ordinalzahlen*

Für Ordinalzahlen werden Addition, Multiplikation und Potenzierung auf folgende Weise rekursiv definiert (α, β beliebige Ordinalzahlen, ε Limeszahl):

Addition	*Multiplikation*	*Potenzierung*
$\alpha + 0 = \alpha$	$\alpha \cdot 0 = 0$	$\alpha^0 = 1$
$\alpha + \beta' = (\alpha + \beta)'$	$\alpha \cdot \beta' = (\alpha \cdot \beta) + \alpha$	$\alpha^{\beta'} = \alpha^\beta \cdot \alpha$
$\alpha + \varepsilon = \bigcup_{\beta < \varepsilon}(\alpha + \beta)$	$\alpha \cdot \varepsilon = \bigcup_{\beta < \varepsilon}(\alpha \cdot \beta)$	$\alpha^\varepsilon = \bigcup_{\beta < \varepsilon} \alpha^\beta$

Satz *Eigenschaften der Rechenoperationen*

1. Addition und Multiplikation sind *nicht kommutativ*.
2. Es gilt *nur* das Distributivgesetz $\alpha \cdot (\beta + \gamma) = \alpha \cdot \beta + \alpha \cdot \gamma$.
3. Unter der Voraussetzung $\alpha > 0; \beta; \gamma$ gelten die Potenzgesetze

$$\alpha^{\beta+\gamma} = \alpha^{\beta} \cdot \alpha^{\gamma} \text{ und } \left(\alpha^{\beta}\right)^{\gamma} = \alpha^{\beta \cdot \gamma}$$

Für unendliche Ordinalzahlen gelten also bei den Grundrechenarten einige Gesetze nicht mehr, die wir von endlichen Zahlen gewohnt sind. Und im nächsten Abschnitt werden wir sehen, dass die meisten unendlichen Ordinalzahlen auch keine Kardinalzahlen mehr sind.

Die ‚Menge aller Ordinalzahlen‘ gibt es nicht

Jede Ordinalzahl ist die Menge aller kleineren Ordinalzahlen. Die endlichen Ordinalzahlen sind nach von Neumanns Idee genau so konstruiert, dass dies zutrifft. Diese Idee half uns auch, die erste unendliche Ordinalzahl ω zu konstruieren, indem wir sie einfach als die Menge $\mathbb{N}$ aller endlichen Ordinalzahlen definierten. Und sie ist auch allgemein die Methode, mit der wir die Limeszahlen bilden. Das legt eine einfache Frage nahe: *Was erhalten wir, wenn wir die Menge aller Ordinalzahlen bilden?*

Muss diese Menge nicht selbst wieder eine Ordinalzahl sein? Ja, das müsste sie, und das ist genau das Problem. Dann müsste sie sich selbst als Element enthalten, also größer als sie selbst sein. Sie müsste auch ihren Nachfolger und alle weiteren Nachfolger enthalten und darum größer sein als alle.

Diesen Widerspruch hat 1897 der italienische Mathematiker *Cesare Burali-Forti* (1861-1931) entdeckt. Es war die erste einer Reihe von Antinomien, die beim Aufbau der Mengenlehre zutage traten, und die dazu führten, dass man die Mengenlehre durch strenge Axiomensysteme formalisierte. Eines dieser Axiome ist das *Fundierungsaxiom*, das die Existenz von Mengen, die sich selbst als Element enthalten, ausschließt.

Aber natürlich will und kann man sich die Vorstellung von einer ‚Gesamtheit aller Mengen‘ nicht verbieten. Nur muss man dann eine schlichte Einsicht akzeptieren: Es gibt Zusammenfassungen mathematischer Objekte, die keine Mengen sind. Man hat daher ‚über den Mengen‘ noch eine übergeordnete Kategorie eingeführt, für die andere Gesetze gelten als für Mengen. Dies ist die Kategorie der *Klassen*. So gibt es keine ‚Menge aller Mengen‘, aber dafür die Klasse aller Mengen. Und ebenso gibt es keine ‚Menge aller Ordinalzahlen‘, aber die Klasse aller Ordinalzahlen. Mit diesem Ansatz ist die Mengenlehre innerhalb einer Theorie der Klassen widerspruchsfrei konstruierbar. Jede Menge ist eine Klasse. Aber nicht jede Klasse ist eine Menge.

Der Zahlenstrahl der Ordinalzahlen

Wenn wir einen Eindruck von der Ordnung der Ordinalzahlen gewinnen wollen, dann interessiert uns weniger der unmittelbare ‚Bereich nach ω' mit den Zahlen $\omega + n$ (mit $n \in \mathbb{N}$). Aufschlussreicher sind Ordinalzahlen, die besonders groß sind. Mit Hilfe der Grundrechenarten können wir von ω ausgehend immer größere Limeszahlen konstruieren (die Pünktchen stehen für Nachfolgerzahlen):

- $\omega \cdot 2 = \omega + \omega = \bigcup_{n \in \mathbb{N}} (\omega + n) = \{0, 1, \ldots, \omega, \omega + 1, \ldots\}$

- $\omega \cdot 3 = \omega + \omega + \omega = \omega \cdot 2 + \omega = \{0, 1, \ldots, \omega, \omega + 1, \ldots, \omega \cdot 2, \omega \cdot 2 + 1, \ldots\}$

- $\omega^2 = \omega \cdot \omega = \bigcup_{n \in \mathbb{N}} (\omega \cdot n)$

- $\omega^\omega = \bigcup_{n \in \mathbb{N}} \omega^n$

Wenn wir so weitermachen, ω fortlaufend mit sich selbst potenzieren und einen ‚Potenzen-Turm' mit ω-vielen Stufen errichten, erhalten wir die Zahl ε_0. Sie ist der Grenzwert der Folge $0, 1, \omega, \omega^\omega, \omega^{\omega^\omega}, \ldots$. So riesig sie auch erscheinen mag, sie ist doch immer noch *abzählbar*. ε_0 ist die kleinste Lösung der Gleichung $\omega^\alpha = \alpha$.

$$\varepsilon_0 = \omega^{\omega^{\omega^{\cdot^{\cdot^{\cdot}}}}} \left. \right\} \omega\text{-viele Stufen}$$

$$\omega^{\varepsilon_0} = \varepsilon_0$$

(Die nächsten Lösungen nennt man $\varepsilon_1, \varepsilon_2, \ldots$; diese ‚Epsilonzahlen' spielen eine Rolle in der Beweistheorie). Wir können uns nun ein ungefähres Bild von der Ordnung der Ordinalzahlen machen. Allerdings zeigt die folgende (nicht proportionale) Abbildung nur ein sehr kleines Anfangsstück des Zahlenstrahls – die darin bezeichneten Zahlen sind alle noch abzählbar!

Anfang des Ordinalzahlenstrahls

Reflexion

Wir haben zu Beginn dieses Kapitels den berühmt-berüchtigten Ausspruch Leopold Kroneckers zitiert, die (positiven) ganzen Zahlen habe „der liebe Gott gemacht", alles andere in der Mathematik sei „Menschenwerk". John von Neumanns Konstruktion der natürlichen Zahlen als Mengen ist der konkrete Gegenbeweis zu Kroneckers Statement. Die Vorstellung, die natürlichen Zahlen seien *das* eine Urkonzept der Mathematik, das nicht auf einem noch tiefer liegenden Konzept aufbaue, ein ‚fertiges Ganzes', das im Gegensatz zu allen anderen mathematischen Objekten von Mathematikern nicht konstruierbar, allenfalls erforschbar sei – diese Vorstellung ist schlicht Unsinn.

Auch die natürlichen Zahlen lassen sich mathematisch konstruieren, auf dem Fundament des von Cantor entwickelten Konzepts der Mengen. Und diese Konstruktion liefert ganz konkrete

Objekte: Wir können präzise angeben, wie die Ordinalzahlen ‚aussehen‘, was sie mathematisch sind, seien sie nun unendlich oder endlich. Auch die natürlichen Zahlen sind nichts irgendwie ‚Gottgegebenes‘, ‚Unhinterfragbares‘, als das Kronecker sie sah, sondern Objekte wie alle anderen mathematischen Objekte auch. Das Werkzeug zu ihrer Konstruktion, Cantors Mengenbegriff – eine der weitreichendsten und genialsten Ideen der Mathematikgeschichte –, ist Menschenwerk. Die ganze Mathematik ist Menschenwerk.

6 Kardinalzahlen als spezielle Ordinalzahlen

Die *endlichen* Ordinalzahlen, also die natürlichen Zahlen, sind alle zugleich auch Kardinalzahlen. Warum sollte das bei *unendlichen* Zahlen anders sein? Können wir das nicht einfach so definieren? Gegenfrage: Verwenden wir Ordinal- und Kardinalzahlen auf die gleiche Weise, benutzen wir sie für dieselbe Aufgabe? Nein, das tun wir nicht. Und darum können wir das nicht ‚einfach so definieren‘. Aber wie benutzen wir diese Zahlen denn?

Warum wir Ordinalzahlen und Kardinalzahlen unterscheiden müssen

Wir können die natürlichen Zahlen dazu benutzen, die Häuser in einer Straße oder die Plätze einer Sitzreihe im Kino durchzunummerieren. Dann verwenden wir sie als Ordnungsnummern – also als *Ordinalzahlen*. Sie geben den Platz in einer Abfolge an; sie beantworten also die Frage nach dem ‚*wievielten* Element‘. Nach dem Platz Nr. 10 kommt Platz Nr. 11. Die Nummer macht einen Unterschied.

Wir können natürliche Zahlen aber auch als Antwort auf die Frage verwenden ‚*Wie viele* Elemente sind es?‘ Das ist eine ganz andere Frage, hier benutzen wir die Zahlen nicht als Platznummern, sondern als Anzahlen von etwas; mathematisch gesagt: als *Mächtigkeiten* von Mengen – also als *Kardinalzahlen*. Wenn wir 11 Brötchen kaufen, dann ist das eines mehr als 10. Eine Menge mit 11 Elementen kann nicht bijektiv auf eine mit nur 10 abgebildet werden. Auch hier macht die Zahl einen Unterschied. Jede endliche Zahl unterscheidet sich sowohl als Ordinalzahl wie auch als Kardinalzahl von allen anderen Zahlen. Ist das auch bei unendlichen Zahlen so?

Für unendliche *Ordinalzahlen* ändert sich nichts: Der Platz Nr. $\omega + 11$ kommt wieder nach dem Platz Nr. $\omega + 10$, weil seine Nummer der Nachfolger der anderen Nummer ist. Unendliche Ordinalzahlen funktionieren genau so wie endliche. Aber bei den *Kardinalzahlen* ändert sich im unendlichen Fall etwas Entscheidendes. Denn eine Menge mit $\omega + 11$ Elementen kann sehr wohl auf eine Menge mit ‚nur‘ $\omega + 10$ Elementen bijektiv abgebildet werden. Das ist uns seit Hilberts Hotel klar. *Beide Mengen haben dieselbe Mächtigkeit.* Und dieselbe Mächtigkeit hat auch eine Menge mit $\omega + \omega$ Elementen. Denn $\omega + \omega$ ist die Anzahl der Busfahrgäste plus die der bereits im Hotel wohnenden Gäste, und alle zusammen passen ja ebenfalls in Hilberts Hotel. Daher hat $\omega + \omega$ dieselbe Mächtigkeit wie ω. Ebenso $\omega \cdot \omega$, die Anzahl der Passagiere der Fähre, denn auch sie passen alle ins Hotel. $\omega + \omega$, $\omega \cdot \omega$, ja sogar ω^{ω} und ε_0 sind zwar als Ordinalzahlen verschieden, haben aber alle dieselbe Mächtigkeit und wären als *Kardinalzahlen* daher identisch, nämlich gleich ω. Ist das wirklich praktisch? Sehen wir etwas genauer hin.

Was ist eine Kardinalzahl?

Kardinalzahlen geben eine Antwort auf die Frage ‚Wie viele Elemente sind es?'. Wenn wir z.B. sagen ‚Die Menge $\{a,b,c,d\}$ hat 4 Elemente', dann verwenden wir die Zahl 4 als Kardinalzahl. Als Von-Neumann-Zahl ist 4 die 4-elementige Menge $\{0,1,2,3\}$. Wir drücken also die Mächtigkeit einer *endlichen* Menge durch die Kardinalzahl aus, die selbst genau dieselbe Mächtigkeit hat. Das wollen wir bei *unendlichen* Mächtigkeiten ebenso machen. Doch Vorsicht. Wenn wir z.B. sagen ‚die Menge der geraden Zahlen hat die Mächtigkeit ω', dann stimmt das zwar. Wie wir eben gesehen haben, könnten wir aber ebenso gut sagen, dass sie die Mächtigkeit $\omega + 10$ oder $\omega + 11$ hat, oder $\omega + \omega$, oder $\omega \cdot \omega$, oder ω^{ω}, oder ε_0 – und so weiter ohne Ende. Denn diese Zahlen sind ja alle gleichmächtig. Das wäre allgemein so: Wir könnten jede unendliche Mächtigkeit jeweils durch unendlich viele verschiedene Zahlen ausdrücken. Genauer: durch alle Ordinalzahlen mit derselben Mächtigkeit. Ist das vernünftig? Nein, wir wollen natürlich Eindeutigkeit. Wir wollen, dass *jede Mächtigkeit nur durch genau eine Kardinalzahl* bezeichnet wird. Wie das ja auch bei *endlichen* Kardinalzahlen der Fall ist.

Dieses Problem können wir leicht umgehen: Von allen gleichmächtigen Ordinalzahlen zeichnen wir jeweils *nur eine einzige* als Kardinalzahl aus. Aber welche? Die letzte? Die gibt es nicht. Die elfte? Warum gerade die? Nein, wir nehmen natürlich die einzige, die wirklich ausgezeichnet ist, und die es sicher immer gibt, nämlich die allererste, die kleinste.

> ### Definition *Kardinalzahlen*
> Eine Ordinalzahl κ heißt *Kardinalzahl*, wenn sie die kleinste Ordinalzahl dieser Mächtigkeit ist (d.h. ihre Mächtigkeit ist größer als die aller Ordinalzahlen davor).
>
> ### Folgerung
> Unendliche Kardinalzahlen sind stets Limeszahlen (d.h. sie haben keinen unmittelbaren Vorgänger).

Die Folgerung können wir uns leicht klarmachen: Wenn eine Kardinalzahl die *kleinste* Ordinalzahl einer bestimmten Mächtigkeit sein soll, kann eine *unendliche* keine Nachfolgerzahl sein. Denn dann hätte sie einen unmittelbaren Vorgänger. Und da dieser nur ein Element weniger hat, sind beide, da sie unendlich sind, gleichmächtig. D.h. der Vorgänger wäre eine noch kleinere Ordinalzahl derselben Mächtigkeit – Widerspruch! Unendliche Kardinalzahlen können daher nur Limeszahlen sein. Aber natürlich sind bei weitem nicht alle Limeszahlen auch Kardinalzahlen. Das zeigen Limeszahlen wie ω^n, ω^ω, ε_0, die ja alle abzählbar unendlich, also gleichmächtig sind. Nur die *kleinste* dieser Ordinalzahlen, ω, ist eine Kardinalzahl.

Die erste unendliche Kardinalzahl ist also ω. Die zweite unendliche Kardinalzahl muss dann die *erste überabzählbare* Ordinalzahl sein. Damit ist aber keineswegs gesagt, dass dies die Kardinalzahl von $\mathbb{R}$ sein muss. Denn es könnte ja eine überabzählbare Menge geben, deren Kardinalzahl echt kleiner als die von $\mathbb{R}$ ist. Was meinen Sie: Gibt es die wohl? (Vgl. S. 192)

Ordnung nach Mächtigkeit: Die Ordnung der Kardinalzahlen

Ist Ihnen aufgefallen, dass in unserer Definition eben *zwei verschiedene Ordnungen* im Spiel waren? Die ‚kleinste Ordinalzahl' bezieht sich auf die Ordnung $<$ der Ordinalzahlen, die wir schon definiert haben. Aber ‚ihre Mächtigkeit ist größer' bezieht sich auf eine *Ordnung nach Mächtigkeit*. Weil aber eine größere Ordinalzahl oft dieselbe Mächtigkeit hat wie eine kleinere, kann die Ordnung nach Mächtigkeit nicht dasselbe sein wie die Ordinalzahlordnung $<$.

Gleiche Mächtigkeit haben Mengen genau dann, wenn es eine Bijektion zwischen ihnen gibt. Daher macht es Sinn, wenn wir sagen: Eine Menge hat *höchstens dieselbe Mächtigkeit* wie eine andere, wenn es eine Bijektion zwischen ihr und einer *Teilmenge* der anderen gibt. (Darin ist der Fall enthalten, dass die Teilmenge die ganze andere Menge ist, dass beide also dieselbe Mächtigkeit haben.) Eine Bijektion auf eine Teilmenge ist aber dasselbe wie eine *Injektion* auf die ganze Menge (vgl. Übersicht *Abbildungen*, S. 151). Die folgende Definition gilt für beliebige Mengen, also auch für Ordinal- und Kardinalzahlen, die ja Mengen sind:

> **Definition** *Ordnung nach Mächtigkeit*
> Für beliebige Mengen A, B definieren wir die Relation $\preceq$ durch:
> $A \preceq B \quad \Leftrightarrow \quad A$ lässt sich *bijektiv* auf eine Teilmenge von B abbilden.
> $ \quad \Leftrightarrow \quad A$ lässt sich *injektiv* auf B abbilden.

$A \preceq B$ können wir lesen als ‚A ist höchstens so mächtig wie B'. Diese Relation ist eine *lineare Ordnung (Totalordnung)*, denn sie erfüllt die vier Kriterien einer solchen Ordnung: Für alle Mengen A, B, C gilt (das Symbol $\cong$ bezeichnet die Gleichmächtigkeit):

- Reflexivität: $A \preceq A$
- Antisymmetrie: $A \preceq B \,\wedge\, B \preceq A \,\Rightarrow\, A \cong B$
- Transitivität: $A \preceq B \,\wedge\, B \preceq C \,\Rightarrow\, A \preceq C$
- Totalität: $A \preceq B \,\vee\, B \preceq A$

Während Reflexivität und Transitivität von $\preceq$ leicht zu zeigen sind, erfordern Antisymmetrie und Totalität anspruchsvollere Beweise. Die Totalität ist die Aussage des sogenannten *Vergleichbarkeitssatzes* (den wir hier nicht beweisen). Die Antisymmetrie besagt, dass es eine Bijektion zwischen zwei Mengen bereits dann gibt, wenn sich beide wechselseitig injektiv ineinander abbilden lassen. Und das ist ja genau die Aussage des *Satzes von Cantor-Bernstein-Dedekind*, den wir im vorigen Abschnitt bewiesen haben.

Die *strenge* Mächtigkeitsordnung $\prec$ ('weniger mächtig als') schließt Gleichmächtigkeit aus: $A \prec B \Leftrightarrow A \preceq B \wedge A \npreceq B$. Mit ihr können wir Kardinalzahlen auch so definieren:

> **Definition** *Kardinalzahlen (alternative Formulierung)*
> Eine Ordinalzahl κ heißt *Kardinalzahl*, wenn gilt:
> $$\alpha < \kappa \Rightarrow \alpha \prec \kappa \text{ (für jede Ordinalzahl } \alpha)$$

Für zwei natürliche Zahlen $n < k$ ist klar, dass sich jede n-Menge zwar auf eine Teilmenge jeder k-Menge bijektiv abbilden lässt, aber nur auf eine echte Teilmenge, nicht auf die ganze k-Menge. Formal ausgedrückt gilt für natürliche Zahlen also: $n < k \Rightarrow n \prec k$. Sie erfüllen daher die Bedingung der Definition, d.h. natürliche Zahlen (endliche Ordinalzahlen) bleiben auch nach dieser Definition Kardinalzahlen.

Wir haben nun also zwei streng lineare Ordnungen für Ordinalzahlen: Erstens die durch die Elementrelation $\in$ definierte Ordnung $<$; sowie zweitens die Mächtigkeitsordnung $\prec$. Eine naheliegende Frage ist, ob es eine Beziehung zwischen diesen Ordnungen gibt.

Die gibt es in der Tat, und zwar eine besonders bequeme – allerdings gilt sie nur für Kardinalzahlen. Man kann nämlich zeigen, dass beide Ordnungen für Kardinalzahlen *genau übereinstimmen*. D.h. zwei Kardinalzahlen stehen genau dann in der einen Relation, wenn sie auch in der anderen stehen.

Für Ordinalzahlen, die keine Kardinalzahlen sind, muss das nicht gelten, da wie gesagt bei zwei Ordinalzahlen die kleinere durchaus dieselbe Mächtigkeit haben kann wie die größere. Formal: Aus $\alpha < \beta$ folgt für Ordinalzahlen nicht automatisch $\alpha \prec \beta$. Umgekehrt gilt aber, was wir auch anschaulich vermuten würden: *Wenn eine Ordinalzahl kleinere Mächtigkeit hat als eine andere, dann muss sie auch die kleinere Ordinalzahl von beiden sein.* Formal:

> **Satz**
> Für alle Ordinalzahlen α, β gilt: $\alpha \prec \beta \Rightarrow \alpha < \beta$

Den Beweis dafür kann man wieder mit dem Satz von Cantor-Bernstein-Dedekind führen – was erneut seine Bedeutung für die Mengenlehre unterstreicht.

Da für Kardinalzahlen nach ihrer Definition umgekehrt auch immer $\alpha < \kappa \Rightarrow \alpha \prec \kappa$ gilt, folgt *für Kardinalzahlen die Äquivalenz von $<$ und $\prec$*:

> **Satz**
>
> Für alle Kardinalzahlen κ, λ gilt: $\kappa \prec \lambda \Leftrightarrow \kappa < \lambda$

Aus diesem Satz und der *Trichotomie* (griech. ‚Dreiteilung‘, s. S. 181) der Ordinalzahlen, die besagt, dass zwei verschiedene Ordinalzahlen bzgl. $<$ stets vergleichbar sind, folgt nun, dass wir unser Ziel bei der Definition von Kardinalzahlen, ihre *Eindeutigkeit*, wirklich erreicht haben: *Es gibt keine zwei verschiedenen Kardinalzahlen mit derselben Mächtigkeit.*

> **Satz**
>
> Für alle Kardinalzahlen κ, λ gilt: $\kappa \cong \lambda \Leftrightarrow \kappa = \lambda$

Es gibt keine größte Kardinalzahl

Dass es zu jeder Ordinalzahl immer eine noch größere gibt, ist klar, weil jede einen Nachfolger hat. Aber wie steht es mit den Kardinalzahlen? Wer sagt uns, dass es zu jeder noch so großen Menge immer eine mit noch größerer Mächtigkeit geben muss? Intuitiv würde man das ja vermuten, aber wie *beweist* man das? Durch bloßes Hinzufügen weiterer Elemente wächst die Mächtigkeit bei unendlichen Mengen ja nicht unbedingt.

Auch Cantor hat sich mit diesem Problem natürlich beschäftigt. Immerhin hatte er mit seinem zweiten Diagonalverfahren eine Methode gefunden, mit der er zeigen konnte, dass es eine größere Mächtigkeit als die von $\mathbb{N}$ gibt, nämlich die von $\mathbb{R}$. Konnte man damit nicht zeigen, dass auch mit der Mächtigkeit von $\mathbb{R}$ noch nicht Schluss ist? Aber welche Menge könnte das sein, die noch mächtiger als $\mathbb{R}$ ist? Die Diagonalisierung konstruiert zu jeder angeblichen Bijektion ein ‚Widerlegungselement‘ in der mächtigeren Menge, das von dieser Bijektion nicht erfasst wird. Dazu muss man aber diese Menge und die mathematischen Eigenschaften ihrer Elemente genau kennen. Ohne hinreichende Informationen kann man das Widerlegungselement nicht konstruieren.

Aber halt: Es gibt zu jeder Menge eine Menge, über die man alles weiß, wenn man die Menge kennt – die *Potenzmenge*! Endliche Mengen der Mächtigkeit n haben Potenzmengen der sehr viel größeren Mächtigkeit 2^n; das haben wir zu Beginn von Kapitel 5 gezeigt. Könnte etwas Ähnliches nicht auch für unendliche Mengen gelten? Vielleicht lässt sich ja ganz allgemein zeigen, dass die Potenzmenge einer Menge *immer* eine größere Mächtigkeit hat als die Menge? Damit wäre auch sofort bewiesen, dass es keine größte Kardinalzahl gibt. Denn dann müssten eine unendliche Menge, deren Potenzmenge, die Potenzmenge dieser Potenzmenge usw. Mächtigkeiten haben, die eine nicht endende Folge immer größerer unendlicher Kardinalzahlen bilden. Cantor hat nach seinem zweiten Diagonalverfahren immerhin noch 13 Jahre gebraucht, bis er dies durch eine Variante von dessen Beweis-Trick tatsächlich zeigen konnte: [8]

> **Satz** *Satz von Cantor (1890)*
> Die Potenzmenge einer Menge hat stets eine größere Mächtigkeit als die Menge.

Beweis

1. Die Potenzmenge $\mathcal{P}(M)$ einer Menge M muss *mindestens* die Mächtigkeit von M haben. D.h. jede Menge hat mindestens so viele Teilmengen wie Elemente. Dies folgt unmittelbar daraus, dass es für jedes Element $x \in M$ die einelementige Teilmenge $\{x\} \in \mathcal{P}(M)$ gibt.

2. Wenn nun die Aussage des Satzes *falsch* wäre, so könnte die Mächtigkeit von $\mathcal{P}(M)$ folglich nur noch *gleich* der Mächtigkeit von M sein. Dann müsste es also eine Bijektion $f : M \to \mathcal{P}(M)$ geben. Cantor zeigt aber, dass es eine solche Bijektion nicht geben kann; und zwar, indem er zeigt, dass keine Abbildung $f : M \to \mathcal{P}(M)$ rechtstotal sein kann; dass es also keine Abbildung geben kann, die *jede Teilmenge* von M *einem Element* von M zuordnet. Er wandelt dazu den Trick ab, den er in seinem zweiten Diagonalverfahren beim Beweis der Überabzählbarkeit von $\mathbb{R}$ verwendet hatte: Wie er dort zu jeder angeblich vollständigen Auflistung der reellen Zahlen eine spezielle reelle Zahl $\overline{x}$ konstruierte, die in dieser Auflistung nicht vorkommen kann, so konstruiert er nun zu jeder angeblichen Bijektion f eine spezielle Teilmenge $\overline{M} \in \mathcal{P}(M)$, auf die f keines der Elemente von M abbilden kann.

3. Diese Teilmenge $\overline{M}$ definiert er als die Menge der Elemente $x \in M$, die selbst *nicht* in der Teilmenge $f(x)$ enthalten sind, auf die sie von f abgebildet werden (eine geniale Idee!):

$$\overline{M} = \{x \in M \mid x \notin f(x)\} \quad (1)$$

Wäre f wirklich eine Bijektion, dann müsste es auch für $\overline{M}$ ein Element $\overline{x} \in M$ geben, das von f darauf abgebildet wird: $\qquad f(\overline{x}) = \overline{M} \quad (2)$

Aus (1) und (2) ergibt sich sofort der Widerspruch, der diesen indirekten Beweis abschließt:

$$\overline{x} \in \overline{M} \quad \overset{(1)}{\Leftrightarrow} \quad \overline{x} \notin f(\overline{x}) \quad \overset{(2)}{\Leftrightarrow} \quad \overline{x} \notin \overline{M} \qquad \blacksquare$$

Parallele zum Barbier-Paradoxon

Wenn Sie schon einmal von der *Russellschen Antinomie* gehört haben, vielleicht in der Einkleidung des ‚*Barbier-Paradoxons*‘, dann dürfte Ihnen Cantors Idee mit der Menge $\overline{M}$

---

8 G. Cantor: Über eine elementare Frage der Mannigfaltigkeitslehre, Jahresbericht der Deutschen Mathematiker-Vereinigung, 1, 1891, S. 75-78

bekannt vorkommen. Die berühmte Geschichte geht so: Weil ihm die vielen ungepflegten Männer in seinem Dorf missfallen, ordnet der Bürgermeister an, dass der Dorfbarbier alle Männer rasieren soll, auf Kosten der Dorfkasse. Da er aber ein sparsamer Bürgermeister ist, schränkt er ein, der Barbier dürfe *nur die rasieren, die sich nicht selbst rasieren.* Doppelte Rasur ist ja unnötig. Jetzt hat der arme Barbier ein Problem: Sobald er sich rasiert, gehört er zu denen, die er gar nicht rasieren *darf.* Wenn er sich aber nicht rasiert, gehört er zu denen, die er rasieren *muss.* Wie er sich auch verhält, er macht es falsch!

In dieser Geschichte aus dem Jahr 1918 modellierte der britische Mathematiker und Philosoph *Bertrand Russell* (1872-1970) eine 15 Jahre zuvor von ihm und dem bereits erwähnten *Ernst Zermelo* entdeckte Antinomie in der ‚naiven‘ (noch nicht axiomatisierten) Mengenlehre. Bei dieser waren die Menge aller Mengen und Mengen, die sich selbst als Element enthalten, noch nicht ausgeschlossen. Die Antinomie hat Ähnlichkeit mit Cantors Beweisidee: der Menge $\bar{M}$, die aus allen Elementen der Gesamtmenge besteht, die selbst nicht in der Menge enthalten sind, auf die sie abgebildet werden. Eigentlich hätte bereits Cantor die Russellsche Antinomie entdecken können …

Eine präzise Definition von ‚Mächtigkeit‘

Zu jeder Menge M gibt es Ordinalzahlen, die auf diese Menge bijektiv abgebildet werden können, die also zu M gleichmächtig sind:

> **Satz**
> Zu jeder Menge gibt es (mindestens) eine Ordinalzahl gleicher Mächtigkeit.

Und in jeder nichtleeren Klasse von Ordinalzahlen gibt es immer eine bezüglich der Ordinalzahlordnung < *kleinste* Ordinalzahl. (Beides müssten wir beweisen, aber wir verzichten hier darauf, um den Rahmen dieser Einführung nicht zu sprengen.) Daher gibt es auch in der Klasse der zu M gleichmächtigen Ordinalzahlen eine kleinste Ordinalzahl, die dann zugleich eine Kardinalzahl sein muss. Diese eindeutig bestimmte Kardinalzahl nennen wir die *Mächtigkeit* oder *Kardinalität* der Menge M.

> **Definition** *Mächtigkeit*
> Die *Mächtigkeit* $|M|$ einer Menge M ist diejenige Kardinalzahl, die von allen Ordinalzahlen, die auf M bijektiv abgebildet werden können, die kleinste ist.

Bislang konnten wir zwar präzise formulieren, *dass* zwei Mengen dieselbe Mächtigkeit haben (genau dann nämlich, wenn es eine Bijektion zwischen ihnen gibt). *Was* diese Mächtigkeit aber mathematisch genau ist, war bislang noch unklar. Durch die letzte Definition haben wir nun auch präzisiert, welches mathematische Objekt die Mächtigkeit $|M|$ einer Menge M ist (nämlich eine genau definierte Kardinalzahl). Etwas fehlt aber immer noch.

Für jede *natürliche* Zahl haben wir einen Namen, eine eigene ganz konkrete Bezeichnung – nämlich die Notation im Stellenwertsystem: 0, 1, 2, 3, … 10, 11, … 100, 101, … Für unendliche *Ordinalzahlen* haben wir schon etwas ganz Ähnliches, wie uns ein Blick auf den Ordinalzahlenstrahl zeigt. Da aber im Unendlichen nicht jede Ordinalzahl auch eine Kardinalzahl ist, fehlt uns eine ähnliche Notation eigens für unendliche Kardinalzahlen, an der wir z.B. unmittelbar ablesen können, die wievielte Kardinalzahl es ist. Eine solche Notation für die unendlichen *(transfiniten)* Kardinalzahlen hat Cantor mit der *Aleph-Funktion* eingeführt.

Cantors Aleph-Funktion

Diese Kardinalzahl-Notation heißt so, weil Cantor für sie den ersten Buchstaben Aleph ($\aleph$) des hebräischen Alphabets verwendet. Dabei handelt es sich um eine *Funktion*, die jeder Ordinalzahl α eine eindeutig bestimmte Kardinalzahl $\aleph_\alpha$ (‚Aleph alpha‘) zuordnet, und zwar nach wachsender Größe, d.h. Mächtigkeit, geordnet. Man kann die $\aleph_\alpha$ auch als eine streng monoton wachsende Folge auffassen, da die Indizes α als Ordinalzahlen linear geordnet sind und damit auch die Folgenglieder $\aleph_\alpha$ linear geordnet werden. Diese Folge ist im Gegensatz zu einer mit natürlichen Zahlen indizierten Folge *überabzählbar*. (Solche mit allen endlichen und unendlichen Ordinalzahlen indizierten Folgen heißen *transfinite Folgen*.)

Wir haben mit dem Satz von Cantor gezeigt, dass es keine größte Kardinalzahl gibt. Für jede Kardinalzahl κ ist also die Klasse der Kardinalzahlen, die größer sind als κ, nicht leer. Wie in jeder nichtleeren Klasse von Ordinalzahlen gibt es darin also eine bezüglich < kleinste. Diese kleinste Kardinalzahl größer als κ nennen wir den *Kardinalzahl-Nachfolger* von κ und bezeichnen ihn mit κ^*. Damit können wir die Aleph-Funktion Cantors definieren:

Definition *Aleph-Funktion*

Die Aleph-Funktion wird auf folgende Weise rekursiv definiert (α, β beliebige Ordinalzahlen, ε Limeszahl):

$$\aleph_0 = \omega$$
$$\aleph_{\alpha+1} = \aleph_\alpha^*$$
$$\aleph_\varepsilon = \bigcup_{\beta < \varepsilon} \aleph_\beta$$

Satz *Eigenschaften der Aleph-Funktion*

1. Für jede Ordinalzahl α ist $\aleph_\alpha$ eine Kardinalzahl.
2. Für jede Kardinalzahl κ gibt es eine Ordinalzahl α mit $\kappa = \aleph_\alpha$.
3. Für jede Ordinalzahl α gilt: $\alpha \leq \aleph_\alpha$.
4. Für alle Ordinalzahlen α, β gilt: $\alpha < \beta \iff \aleph_\alpha < \aleph_\beta \iff \aleph_\alpha \prec \aleph_\beta$.

Erläuterung der Definition

- Da mit ω die Mächtigkeit der natürlichen Zahlen bezeichnet wird, ist nach der ersten Zeile der Definition $\aleph_0$ die Mächtigkeit von $\mathbb{N}$ und damit abzählbar.

- $\aleph_1 = \aleph_0^*$ ist der Kardinalzahl-Nachfolger davon, also nicht mehr abzählbar.

- Alle $\aleph_\alpha$ mit $\alpha \geq 1$ sind also überabzählbar.

Erläuterung des Satzes

- Die Punkte 1 und 2 zeigen, dass Cantors Aleph-Funktion genau das tut, was sie soll: Erstens sind alle Werte dieser Funktion tatsächlich Kardinalzahlen. Und zweitens muss jede unendliche Kardinalzahl irgendwo unter Cantors 'Aleph-Zahlen' $\aleph_\alpha$ vorkommen.

- Punkt 3 besagt anschaulich, dass $\aleph_\alpha$ auf dem Ordinalzahlenstrahl nie links von ihrer Indexzahl α liegt.

- Punkt 4 drückt aus, dass die Aleph-Funktion streng monoton wächst, sowohl hinsichtlich der Ordinalzahlordnung $<$ als auch der Ordnung nach Mächtigkeit $\prec$.

Unentscheidbarkeit: Die Grenzen des Beweisens

Die Mächtigkeit von $\mathbb{N}$ ist also die erste der Aleph-Zahlen. Aber wo in deren Folge steht die Mächtigkeit von $\mathbb{R}$? Es wäre ja vielleicht 'schön' (bequem zu denken), wenn sie 'direkt das nächste Aleph' wäre, also $\aleph_1$. Aber warum sollte das so sein? Es könnte doch z.B. eine Teilmenge reeller Zahlen geben, deren Mächtigkeit größer als die von $\mathbb{N}$, aber kleiner als die von $\mathbb{R}$ ist. Die also wie $\mathbb{R}$ überabzählbar ist, aber nicht bijektiv auf $\mathbb{R}$ abgebildet werden kann. Diese Teilmenge hätte dann die Mächtigkeit $\aleph_1$ oder mehr, so dass die von $\mathbb{R}$ mindestens $\aleph_2$ sein müsste.

Aber es muss keine Teilmenge von $\mathbb{R}$ sein; die Art ihrer Elemente spielt keine Rolle, sondern allein ihre Mächtigkeit. Und es könnten ja auch noch weitere, vielleicht sehr viele, verschiedene überabzählbare Mächtigkeiten vor der von $\mathbb{R}$ liegen. Welches 'Aleph' ist nun also die Mächtigkeit von $\mathbb{R}$?

Diese Frage hat sich natürlich auch Cantor gestellt. Er war bald überzeugt, dass wirklich der 'schöne' Fall gilt und die Kardinalzahl von $\mathbb{R}$ direkt nach der von $\mathbb{N}$ kommt, also $\aleph_1$ ist. Doch solange das nicht bewiesen ist, handelt es sich nur um eine Hypothese. Eine Hypothese über die Mächtigkeit von $\mathbb{R}$, dem Kontinuum; daher hat sie ihren Namen.

Vermutung *Kontinuumshypothese (Cantor 1878)*

Es gibt keine Menge, deren Mächtigkeit größer als die Mächtigkeit von $\mathbb{N}$ und kleiner als die Mächtigkeit von $\mathbb{R}$ ist. *Kurz*: Die Mächtigkeit von $\mathbb{R}$ ist $\aleph_1$.

Ein Beweis der Hypothese erwies sich als außergewöhnliche Herausforderung. Die Bemühungen darum blieben über Jahrzehnte erfolglos, offenbar reichten Standardmethoden nicht aus. In der Tat lag das Problem so tief, dass es nur einer völlig neuartigen Beweismethode, einer genialen Idee zugänglich war.

Für keinen Geringeren als David Hilbert stellte die offene Frage der Kontinuumshypothese das drängendste mathematische Problem seiner Zeit dar: In seiner berühmten Liste von 23 ungelösten Problemen, die er im Jahr 1900 unter großer Beachtung auf dem Internationalen Mathematiker-Kongress in Paris vorstellte, platzierte er einen Beweis der Kontinuumshypothese auf Rang eins.

Die Zermelo-Fraenkel-Mengenlehre: Die Axiomensysteme ZF und ZFC

Da die Kontinuumshypothese von Mengen handelt, muss ein Beweis für sie im Rahmen der Mengenlehre erfolgen. Natürlich nicht in der anschauungsbasierten und daher antinomie-anfälligen naiven Mengenlehre, sondern in einer axiomatisierten. Wie alle formalen mathematischen Theorien wird auch eine solche Mengenlehre allein durch die Axiome festgelegt, die man für sie auswählt. Welche das sind und wie sie genau formuliert sind, bestimmt, welche Mengenlehre man erhält. Niemand schreibt uns die Axiome vor, doch es gibt nicht allzu viele Möglichkeiten, wenn das Axiomensystem wirklich eine Theorie liefern soll, die zu unserem anschaulichen Konzept vom Begriff ‚Menge' passt. *Axiome sind immer formalisierte Anschauung.*

Da wir z. B. wollen, dass zwei Mengen genau dann gleich sind, wenn sie dieselben Elemente enthalten, müssen wir ein Axiom formulieren, das genau dies aussagt:

$$\text{\textit{Extensionalitätsaxiom}:} \quad \forall x, y \left(x = y \Leftrightarrow \forall z \left(z \in x \Leftrightarrow z \in y \right) \right)$$

($\forall x, y$ ist der sogenannte Allquantor: ‚für alle x, y gilt …'.) Auch dass es eine Menge ohne Elemente gibt, die leere Menge, und zu jeder Menge deren Potenzmenge, legen wir durch spezielle Axiome fest.

Diese und noch einige (weitaus subtilere) mehr bilden das Axiomensystem der *Zermelo-Fraenkel-Mengenlehre* (die wir bereits im Abschnitt über Antinomien erwähnt haben, vgl. S. 140). Sie ist eine seit langem allgemein akzeptierte Axiomatisierung und stellt heute gewissermaßen *die* Mengenlehre dar. Ihr Axiomensystem wird mit ZF abgekürzt.

Zermelo hatte zusätzlich noch ein weiteres Axiom formuliert, das *Auswahlaxiom*. Es besagt, dass es zu jeder Menge von nichtleeren Mengen stets eine Funktion gibt, die aus jeder dieser nichtleeren Mengen ein Element auswählt. Oder äquivalent, dass jede Menge *wohlgeordnet* werden kann; d.h. so linear geordnet, dass jede nichtleere Teilmenge bzgl. dieser Ordnung ein kleinstes Element enthält. Für endliche Mengen ist die Aussage des Auswahlaxioms trivial, für unendliche aber keineswegs. Aus der Möglichkeit der Wohlordnung beliebiger, also auch überabzählbarer Mengen folgen nämlich einige weitere recht kühn anmutende Aussagen; wie etwa, dass das Prinzip der vollständigen Induktion, das für den abzählbaren Laufbereich $\mathbb{N}$ gilt, auch auf überabzählbare Laufbereiche wie $\mathbb{R}$ verallgemeinert werden kann (,transfinite Induktion'). Allein aus den Axiomen von ZF lässt sich dies nicht herleiten. Erweitert man ZF um das Auswahlaxiom, so erhält man daher ein erheblich stärkeres Axiomensystem für die Mengenlehre, in dem man viel mehr beweisen kann als in ZF. Man bezeichnet es mit ZFC (die englische Bezeichnung des Axioms ist ,Axiom of choice', daher das C). Meist verwendet man heute dieses Axiomensystem ZFC, die ,Zermelo-Fraenkel-Mengenlehre plus Auswahl-axiom'.

Beim Aufbau eines Axiomensystems muss man einerseits sorgfältig darauf achten, kein notwendiges Axiom zu übersehen. Andererseits muss man aber auch sicher sein, dass ein neues Axiom, das man hinzunehmen möchte, nicht im Widerspruch zu den übrigen steht. Dass man also nicht etwa aus diesem und den übrigen Axiomen durch korrektes Anwenden der logischen Schlussregeln einen Widerspruch ableiten kann, eine Aussage der Form $A \wedge \overline{A}$. Denn anschließend könnte man daraus jede Aussage, auch jede falsche, formal korrekt herleiten, weil $A \wedge \overline{A} \Rightarrow B$ immer wahr ist (eine Implikation $P \Rightarrow Q$ ist nur in einem Fall falsch: wenn P wahr, Q aber falsch ist; vgl. S. 173 oben). Sobald also in einem Axiomen-system ein Widerspruch ableitbar ist, ist es mathematisch völlig wertlos, weil man darin alles, auch jeden Unsinn ableiten kann.

Gödel bewies 1938, dass das Auswahlaxiom zu den Axiomen von ZF nicht im Widerspruch steht. (Er zeigte: Wäre ZFC widerspruchsvoll, dann müsste bereits ZF widerspruchsvoll sein.) Also kann ZF um das Auswahlaxiom zu ZFC erweitert werden. Wenn über die Kontinuums-hypothese etwas gezeigt werden kann, dann am ehesten im stärkeren Axiomensystem ZFC.

Die Unentscheidbarkeit der Kontinuumshypothese

Im Kontext seines Beweises zum Auswahlaxiom erzielte Gödel noch ein weiteres bedeu-tendes Resultat, den ersten großen Fortschritt bei der Klärung der Kontinuumshypothese:

> **Satz**   *Unwiderlegbarkeitssatz (Gödel 1938)*
>
> Die Kontinuumshypothese kann in ZFC nicht *widerlegt* werden.

Genauer zeigte er, dass die *Negation* der Kontinuumshypothese nicht aus den Axiomen von ZFC hergeleitet werden kann. Wenn eine *Widerlegung* der Hypothese also unmöglich war, wurde die Suche nach einem *Beweis* natürlich mit neuer Hoffnung befeuert. Das ging so ein Vierteljahrhundert, bis ein 29-jähriger Mathematiker der Universität von Stanford mit einem

ebenso genialen Beweis wie dem Gödelschen zeigen konnte, dass man jede weitere Bemü-
hung um einen Beweis der Kontinuumshypothese einstellen konnte (wofür er 1966 mit der
Fields-Medaille ausgezeichnet wurde).

Dies war *Paul Cohen* (1934-2007), der zu Beginn der 1960er Jahre eine neue Beweismethode
entwickelt hatte, die er *Forcing* (Erzwingungsmethode) nannte, und die seither das stärkste
Verfahren zum Nachweis formaler Unbeweisbarkeit in der Mengenlehre ist. Im April 1963
schickte Cohen zwei Briefe über ein damit erzieltes Resultat an Gödel:

> **Satz**   *Unbeweisbarkeitssatz (Cohen 1963)*
>
> Die Kontinuumshypothese kann in ZFC nicht *bewiesen* werden.

Die Kontinuumshypothese kann in ZFC also weder widerlegt (Gödel) noch bewiesen werden
(Cohen)! Eine völlig unerwartete Patt-Situation; eine Enttäuschung für viele, die mit dem
Thema auch nur halbwegs vertraut waren, ja geradezu ein Schock. Nicht so für Gödel.

Er, der selbst viele Jahre vergeblich nach einer Lösung gesucht hatte, antwortete Cohen mit
ehrlicher Begeisterung. „Ich denke, dass Sie unter allen wesentlichen Aspekten den best-
möglichen Beweis geliefert haben." Gödels Freude über Cohens Leistung war aufrichtig und
hätte offenbar kaum größer sein können, wäre diese ihm selbst geglückt. „Sie haben den
wichtigsten Fortschritt in der Mengenlehre seit ihrer Axiomatisierung vollbracht."

Gödels Unvollständigkeitssatz

Dass es zu jedem Axiomensystem Aussagen gibt, die sich darin weder beweisen noch widerlegen lassen, die darin also wie man sagt *formal unentscheidbar* sind, hatte Gödel bereits
1931 in seinem berühmten (ersten) *Unvollständigkeitssatz* bewiesen.[9] (Dies gilt, sofern das
Axiomensystem widerspruchsfrei ist und mindestens so aussagestark, dass es die Arithmetik
umfasst, also die elementaren Rechengesetze und Eigenschaften der natürlichen Zahlen.)
‚Beweisbar' heißt: allein aus den Axiomen durch Anwenden formallogischer Schlussregeln
ableitbar (also ohne Verwendung z. B. von Argumenten, die auf anschaulichen Vorstellungen
beruhen).

Gödel zeigte dies mit einem genialen Beweis, der auf trickreiche Weise Gebrauch von jener
Methode machte, die man später *Gödelisierung* nannte (wir haben sie im Umfeld von Hilberts
Hotel kennengelernt). Die Idee ist, stark vereinfacht formuliert, etwa folgende: Indem man
jede Aussage der Arithmetik durch ihre Gödelnummer codiert, kann man Aussagen über

---

9 K. Gödel: Über formal unentscheidbare Sätze der Principia Mathematica und verwandter Systeme I. In: Mo-
natshefte für Mathematik und Physik 38, 1931, S. 173-198

Aussagen („ist beweisbar') als Aussagen über Zahlen formulieren. So lässt sich zeigen, dass es innerhalb des Axiomensystems, in der Sprache der Arithmetik, eine Aussage der Form ‚Die Aussage mit meiner Gödelnummer ist nicht beweisbar' geben muss; die also soviel besagt wie *‚Ich bin nicht beweisbar'*. In diesem sogenannten *Gödelsatz* ist das berühmte Lügnerparadoxon als Aussage über natürliche Zahlen formuliert.

Es gibt nun zwei Möglichkeiten: 1. Fall: Der Gödelsatz kann wirklich nicht bewiesen werden. Dann ist seine Aussage korrekt; er ist also unbeweisbar, aber wahr. 2. Fall: Er kann doch bewiesen werden. Dann ist seine Aussage unwahr, seine Negation also wahr. Diese ist aber unbeweisbar, denn wegen der Widerspruchsfreiheit des Axiomensystems (Voraussetzung) kann neben dem Satz nicht auch noch seine Negation ableitbar sein. Die Negation ist also unbeweisbar, aber wahr. In beiden Fällen gib es einen *unbeweisbaren, aber wahren Satz*.

Nicht alles, was wahr ist, lässt sich also aus Axiomen ableiten! Gödels Beweis bedeutete das Ende von Hilberts großem Traum von einer vollständig axiomatisierten Mathematik, von einem Axiomensystem, in dem alle wahren mathematischen Sätze (und nur diese) formal beweisbar sind.

Manche werden nach Gödels Beweis angenommen (oder gehofft) haben, dass unter den formal unentscheidbaren Aussagen keine wirklich relevanten sein würden, nichts ‚mathematisch irgendwie Interessantes'. Denn der Satz *‚Ich bin nicht beweisbar'*, so entscheidend er für den Beweis ist, enthält keine darüber hinausgehende mathematisch relevante Aussage. (Er wird auch nicht konkret konstruiert; es wird lediglich gezeigt, dass es einen Satz dieser Form geben muss). Da Gödels Beweis nichts darüber verrät, wie (un)wahrscheinlich die Existenz formal unentscheidbarer und zugleich mathematisch interessanter Aussagen ist, war die Annahme bzw. Hoffnung recht naiv.

Und sie stellte sich bei der Kontinuumshypothese ja schließlich auch als großer Irrtum heraus. Obschon inzwischen weitere Beispiele gefunden wurden, bleibt die Kontinuumshypothese bis heute das prominenteste Beispiel einer mathematisch (höchst) relevanten, aber formal unentscheidbaren Aussage. Resümee: Dass die Menge der reellen Zahlen die Mächtigkeit $\aleph_1$ hat, kann man glauben oder nicht glauben. Formal widerlegen lässt sich die Aussage nicht. Und beweisen auch nicht. (Wir könnten sie also durchaus als weiteres Axiom in ZFC integrieren. Wir könnten stattdessen aber ebenso gut ihre Negation hinzufügen. Mit welchem Schritt wir die ‚richtigere' Mengenlehre erhalten würden, wissen wir nicht.)

Reflexion

Mit der Definition der Aleph-Funktion hat Cantor die Begriffskonstruktion seiner Theorie der *transfiniten Kardinalzahlen* – einfacher gesagt: der unendlichen Mächtigkeiten – abgeschlos-

sen. Er hat damit das Geraune über das angeblich nur als etwas ‚irgendwie Potentielles' denk-
bare Unendliche, das in keinem mathematischen Objekt jemals als Fertiges, Abgeschlossenes
vorliegen könne, durch präzise mathematische Begriffe widerlegt und ersetzt. Mit seinem
Konzept der unendlichen Mengen ist es Cantor gelungen, einen Komplex diffuser Vorstellungen zu entwirren und zu entmystifizieren, die über Jahrhunderte die Behandlung eines
grundlegenden mathematischen Themas verhindert hatten. Die geistesgeschichtliche Bedeutung von Cantors Theorie, ihr wissenschaftlicher Rang ist eminent. Ein Rang, den auf dem
Feld von Mathematik und Naturwissenschaften vielleicht nur noch die großen physikalischen
Theorien von Albert Einstein und Max Planck mit ihr teilen.

Und es ist schon ein wunderbarer Witz der Geschichte, dass diese Theorie, die Cantors Kollegen so vehement bekämpft und als Humbug diffamiert hatten, in ihren Grundgedanken heute
von Schulkindern klar und einfach nachvollzogen werden kann, wie der Autor immer wieder
erlebt hat (dazu müssen ihre Lehrerinnen und Lehrer nur einmal Urlaub in Infinitalien
machen).

Die bedeutenden Resultate von Gödel und Cohen mögen manche als Fiasko wahrnehmen.
Doch sie lehren uns etwas Wichtiges, Bescheidenheit. Die Bescheidenheit, von der Mathematik nicht mehr zu erwarten, als Denken zu leisten vermag.

Die folgenden Aufgaben sollen Ihnen – ergänzend zu den Übungen im Text – Gelegenheit zum Training geben. Bei den früheren hatten Sie stets einen Vorteil, der nicht zu unterschätzen ist: Sie kannten immer das thematische Umfeld des Problems, und hatten daher immer schon die ein oder andere Idee für einen Lösungsansatz. Bei einer Übung im Kapitel *Urnenmodell* zum Beispiel ist es natürlich naheliegend, das gestellte Problem irgendwie als Auswahl ,k aus n' zu modellieren. Diesen oft ganz entscheidenden Vorteil wollen die hier folgenden Übungen Ihnen jedoch ganz bewusst nicht bieten – nicht um Sie zu ärgern natürlich, sondern damit Sie Ihre Kompetenz trainieren können, ein gestelltes Problem zunächst einmal in den richtigen Kontext zu stellen. Eine ganz zentrale Kompetenz beim Problemlösen – nicht nur in der Kombinatorik und nicht nur in der Mathematik.

Die Aufgaben hier sind also nicht Stoffbereichen geordnet. Die Frage ,Wohin gehört dieses Problem, mit welcher Methode könnte ich hier also Erfolg haben?' müssen Sie selbst beantworten. Zum Ausgleich sind die Probleme von eher elementarem Schwierigkeitsgrad. Sie werden sehen: Sie gewinnen rasch Routine bei der ,Kontextualisierung' und dem Finden von Lösungsansätzen. Und eigentlich sind ja Probleme, bei denen Sie nicht sofort wissen, wie Sie sie knacken können, die wirklich spannenden. Gute Knobelaufgaben müssen nun mal vertrackt sein, sonst machen sie keinen Spaß. Und den sollten Sie sich gönnen.

Im nächsten Kapitel folgen Lösungshinweise; wo das sinnvoll schien, auch relativ ausführliche. Aber bitte denken Sie daran, nicht nur, wenn Sie Lehrerin oder Lehrer sind bzw. werden wollen: *Der Weg ist das Ziel*. Beim Lernen von Mathematik steht *niemals das Ergebnis* im Mittelpunkt, sondern *immer der Lösungsprozess!* Gutes Mathematik-Lernen ist nicht *ergebnisorientiert*, sondern stets *prozessorientiert*. Daher wäre es schlicht Unsinn, zu früh in den Lösungshinweisen nachzuschauen. Außerdem: Es gibt immer mehrere Lösungswege. Finden Sie erst einmal Ihren eigenen, bevor Sie den hier vorgeschlagenen nachlesen. Vielleicht ist Ihrer ja besser.

Und noch etwas (man kann es nicht oft genug sagen): Probieren Sie nicht einfach irgendeine ,vielleicht passende' Formel aus. Wenn Sie Glück haben, ist es die richtige. Doch selbst dann würden Sie auf diese Weise nur denselben Lernerfolg erzielen wie beim Griff nach der falschen Formel – keinen. Denken Sie stattdessen genügend lange genügend intensiv nach! Das Ziel unseres Trainings in Kombinatorik ist nicht ,Formeln anwenden können', sondern

P. Berger, *Kombinatorik*, https://doi.org/10.1007/978-3-662-67396-6_10

‚kombinatorisch denken können'. Falls Ihnen glückliche Zufälle einen Kick versetzen, dann spielen Sie nicht ‚Formeln raten' – spielen Sie lieber Roulette. Da kommt die Kombinatorik schließlich her …

Aufgabe 1

Von den Bewohner:innen eines Studentenwohnheims studieren 12 Biologie (A), 20 Mathematik (B), 20 Deutsch (C), 8 Chemie (D). 5 haben sowohl A als auch B gewählt, 7 A und C, 4 A und D, 16 B und C, 4 B und D, 3 C und D. 3 wählten A, B und C; 2 A, B und D; 2 B, C und D; 3 A, C und D; 2 haben alle vier Fächer gewählt. 71 haben keines der vier Fächer belegt. Wie viele Bewohner:innen hat das Wohnheim?

Aufgabe 2

Sie wollen Ihre Schatztruhe sichern. Was ist sicherer: Zwei dreistellige Zahlenschlösser oder ein sechsstelliges?

Aufgabe 3

In einer Gruppe mit n Leuten begrüßen sich alle per Handschlag. Wie viele Handschläge gibt es?

Aufgabe 4

Wenn Sie eine Teilmenge einer n-elementigen Menge auswählen sollen, können Sie so vorgehen, dass Sie für jedes einzelne der n Elemente entscheiden, ob Sie es wählen wollen oder nicht. Sie treffen also n-mal eine Ja-Nein-Entscheidung. Wie viele verschiedene Teilmengen hat eine n-Menge also?

Aufgabe 5

Wie viele Wörter kann man aus den Buchstaben des Wortes RHEIN bilden? Wie viele aus den Buchstaben ELBE? Wie viele aus MISSISSIPPI? (Wörter sind hier irgendwelche Buchstabenfolgen, ob sinnvoll oder nicht.)

Aufgabe 6

Bei einem Schachturnier spielen n Leute nach dem Prinzip *jeder gegen jeden*. Wie viele Partien werden gespielt?

Aufgabe 7

Auf wie viele Arten können sich n Leute an der Kinokasse anstellen? Wie viele Sitzordnungen für n Leute gibt es an einem runden Tisch?

Aufgabe 8

Eine Gruppe von 5 Mädchen und 3 Jungen will eine Delegation aus je zwei Mädchen und Jungen bestimmen. Wie viele Delegationen sind möglich?

Aufgabe 9

Zeigen Sie: Es gibt mindestens zwei Menschen, die exakt dieselbe Zahl von Haaren auf dem Kopf haben. Natürlich ist das für Leute, die eine Glatze haben, sofort erfüllt. Um diesen mathematisch uninteressanten Fall auszuschließen, wollen wir hier nur Menschen mit mindestens 100 Haaren betrachten; auch unter diesen muss es mindestens zwei mit genau derselben Haarzahl geben.

Aufgabe 10

An einem Ball nehmen 100 Ehepaare teil. Den Eröffnungswalzer soll ein Paar aus einer Dame und einem Herrn tanzen, die nicht miteinander verheiratet sind. Wie viele solcher Paarungen sind möglich?

Aufgabe 11

Bestimmen Sie die Anzahlen aller zweistelligen (natürlichen) Zahlen, die (a) gerade, (b) ungerade, (c) ungerade mit verschiedenen Ziffern, (d) gerade mit verschiedenen Ziffern sind.

Aufgabe 12

Lösen Sie die letzte Aufgabe für dreistellige Zahlen.

Aufgabe 13

Wie viele Passwörter aus einem Großbuchstaben (ohne Umlaute), gefolgt von zwei oder drei Ziffern gibt es? Wie viele davon haben lauter verschiedene Zeichen?

Aufgabe 14

Mit wie vielen Nullen endet die Fakultät von 100?

Aufgabe 15

Ein *Palindrom* ist eine Zeichenfolge, die von vorn und von hinten gelesen gleich lautet – z.B. ANNA, 37673, Lagerregal. (Bei Buchstaben wird zumeist akzeptiert, dass Groß- bzw. Kleinschreibung keinen Unterschied macht.) Wie viele 8-stellige Zahlen gibt es, die Palindrome sind und keine Ziffer mehr als zweimal enthalten?

Aufgabe 16

Lösen Sie die letzte Aufgabe für 7-stellige Zahlen.

Aufgabe 17

Bestimmen Sie die Anzahl aller Teiler der Zahl 900.

Aufgabe 18

Bestimmen Sie die Teilerzahl einer Zahl mit der Primfaktorzerlegung $p_1^{n_1} \cdot p_2^{n_2} \cdot \ldots \cdot p_k^{n_k}$.

Aufgabe 19

Auf wie viele Arten kann man 6 Chemie-, 5 Physik- und 4 Biologiebücher so nebeneinander aufstellen, dass die Bücher eines Fachgebiets jeweils nebeneinander stehen? (Die 15 Bücher sind alle unterscheidbar.)

Aufgabe 20

Auf wie viele Arten kann man 8 ununterscheidbare Figuren auf ein Schachbrett stellen, wenn

a)   in jeder Zeile und jeder Spalte eine Figur stehen soll,

b)   in jeder Zeile mindestens eine Figur stehen soll,

c)   in jeder Zeile genau eine Figur stehen soll,

d)   keinerlei Einschränkungen gelten?

Verallgemeinern Sie. (Natürlich soll jede Figur jeweils auf einem eigenen Feld stehen.)

Aufgabe 21

Hier sehen Sie zwei Taxiwege (in einer Stadt mit ‚Manhattan-Struktur‘). Wie viele Taxiwege von A nach B gibt es insgesamt? *Hinweis:* Taxiwege müssen immer ‚umwegfrei‘ sein. Präzisieren Sie zunächst diesen Begriff. Codieren Sie anschließend jeden Weg als Wort aus den Buchstaben O (nach oben) und R (nach rechts).

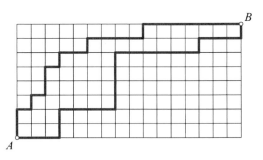

Wie wäre es, wenn die Straßenstruktur nicht quadratisch wäre, sondern rechteckig oder parallelogrammförmig oder sogar verzerrt? Zeichnen Sie verschiedenartige Modelle von Stadtplänen. Bedeutet ‚umwegfreier Weg‘ in allen Fällen dasselbe wie ‚kürzester Weg‘?

Aufgabe 22

Paul hat 12 schwarze, 8 rote und 14 blaue Socken in einer Schublade im Schlafzimmer. Mitten in der Nacht muss er sich anziehen, aber leider geht das Licht im Schlafzimmer nicht. Wie viele Socken müsste Paul blind herausnehmen, wenn er darunter mit Sicherheit

a) mindestens zwei gleichfarbige Socken,

b) mindestens zwei blaue Socken,

c) mindestens zwei Socken von jeder Farbe

d) mindestens je zwei Socken von mindestens zwei Farben

erwischen will? Begründen Sie anschließend Ihre Antworten noch einmal neu, indem Sie ausschließlich mit dem Schubfachprinzip argumentieren.

Aufgabe 23

Wie viele natürliche Zahlen von 1000 bis 2000 (einschließlich) ohne die Ziffern 7,8,9 gibt es?

Aufgabe 24

Wie viele neunstellige Zahlen mit 2 Zweien, 3 Dreien und 4 Vieren gibt es?

Aufgabe 25

Wie viele Wörter (=Zeichenfolgen) der Länge 4 über dem Alphabet $\{a,b,c,d,e,f,g\}$ gibt es, die mit a beginnen?

Aufgabe 26

Ein Fußballspiel, das mit 2:1 endet, kann zum Beispiel die Torfolge 0:0, 1:0, 2:0, 2:1 gehabt haben. Wie viele Torfolgen führen zum Endstand 4:3? Verallgemeinern Sie.

Aufgabe 27

Auf wie viele Arten kann man 10 (nicht unterscheidbare) Tischtennisbälle auf 4 verschiedenfarbige (also unterscheidbare) Schachteln verteilen, wenn

a) Schachteln auch leer bleiben dürfen,

b) jede Schachtel mindestens einen Tischtennisball enthalten soll?

Verallgemeinern Sie.

Aufgabe 1

Von den Bewohner:innen eines Studentenwohnheims studieren 12 Biologie (A), 20 Mathematik (B), 20 Deutsch (C), 8 Chemie (D). 5 haben sowohl A als auch B gewählt, 7 A und C, 4 A und D, 16 B und C, 4 B und D, 3 C und D. 3 wählten A, B und C; 2 A, B und D; 2 B, C und D; 3 A, C und D; 2 haben alle vier Fächer gewählt. 71 haben keines der vier Fächer belegt. Wie viele Bewohner:innen hat das Wohnheim?

Lösung

Nach der Inklusion-Exklusion-Regel gilt:

$$|A \cup B \cup C \cup D| = (12 + 20 + 20 + 8) - (5 + 7 + 4 + 16 + 4 + 3) + (3 + 2 + 2 + 3) - 2 = 29$$

Also ist die Bewohnerzahl insgesamt $29 + 71 = 100$.

Aufgabe 2

Sie wollen Ihre Schatztruhe sichern. Was ist sicherer: Zwei dreistellige Zahlenschlösser oder ein sechsstelliges?

Lösung

Zwei dreistellige Zahlenschlösser haben insgesamt $1000 + 1000 = 2000$ Einstellmöglichkeiten, ein sechsstelliges Zahlenschloss hat 1 Million Einstellmöglichkeiten. (Das sechsstellige ist also 500-mal so sicher wie die beiden dreistelligen zusammen!)

Wie überlegt man das? Am besten wie immer enaktiv oder wenigstens *quasi-enaktiv*, d.h. indem man sich Handeln möglichst konkret vorstellt:

Was ist der schlechteste Fall, der mir begegnen kann, wenn ich ein sechsstelliges Schloss knacken will? Ich muss für jede mögliche Zahlenkombinationen prüfen, ob sich das Schloss bei dieser Einstellung öffnet; im schlechtesten Fall brauche ich dafür 1 Million Versuche. Bei dreistelligen Schlössern brauche ich im schlechtesten Fall jeweils 1000 Versuche, beim ersten 1000 und beim zweiten 1000. Die beiden Zahlen müssen also addiert werden – und nicht etwa multipliziert, wie man vielleicht meinen könnte. Wer hier multipliziert, kommt zum falschen Ergebnis, beide Möglichkeiten wären gleich sicher; das sind sie aber bei weitem nicht.

Aufgabe 3

In einer Gruppe mit *n* Leuten begrüßen sich alle per Handschlag. Wie viele Handschläge gibt es?

P. Berger, *Kombinatorik*, https://doi.org/10.1007/978-3-662-67396-6_11

Lösung

Jeder gibt allen *anderen* die Hand. Jede der n Personen schüttelt also $n-1$ Hände. Das sind zusammen $n(n-1)$ ‚Handreichungen' (zum Handschlag ausgestreckte Hände). Da jeder Handschlag aus zwei solchen Handreichungen besteht, ist die Gesamtzahl aller Handschläge halb so groß, also $\frac{1}{2}n(n-1)$.

Aufgabe 4

Wenn Sie eine Teilmenge einer n-elementigen Menge auswählen sollen, können Sie so vorgehen, dass Sie für jedes einzelne der n Elemente entscheiden, ob Sie es wählen wollen oder nicht. Sie treffen also n-mal eine Ja-Nein-Entscheidung. Wie viele verschiedene Teilmengen hat eine n-Menge also?

Lösung

Da ich bei jedem der n Elemente völlig frei in der Entscheidung bin (nehme ich dieses Element zur Teilmenge hinzu oder nicht?), habe ich n-mal die freie Wahl zwischen zwei Möglichkeiten. Nach der Multiplikationsregel ist die Zahl der Möglichkeiten (d.h. Teilmengen) insgesamt $\underbrace{2 \cdot 2 \cdot 2 \cdot \ldots \cdot 2}_{n-mal} = 2^n$.

Aufgabe 5

Wie viele Wörter kann man aus den Buchstaben des Wortes RHEIN bilden? Wie viele aus den Buchstaben ELBE? Wie viele aus MISSISSIPPI? (Wörter sind hier irgendwelche Buchstabenfolgen, ob sinnvoll oder nicht.)

Lösung

In dem zu bildenden Wort steht für die 1. Position jeder der 5 Buchstaben von RHEIN zur Verfügung; für die 2. Position dann nur noch 4, da ein Buchstabe bereits verbraucht ist; für die 3. Position nur noch 3; und so geht es weiter, für die letzte Position steht dann nur noch der letzte verbliebene Buchstabe zur Verfügung. Insgesamt gibt es nach der Multiplikationsregel also $5 \cdot 4 \cdot 3 \cdot 2 \cdot 1 = 5! = 120$ Möglichkeiten.

Mit ELBE müsste es dann wohl $4 \cdot 3 \cdot 2 \cdot 1 = 4! = 24$ Wörter geben, oder? Für ELBA würde das zutreffen. Bei ELBE sind aber zwei Buchstaben gleich, was zur Folge hat, dass verschiedene Kombinationen dieser Buchstaben zu demselben Wort führen können. Wenn wir die beiden Es unterscheidbar machen, etwa indem wir sie nummerieren (E_1LBE_2), dann gibt es tatsächlich 4! verschiedene Buchstabenkombinationen. Allerdings ergeben die beiden verschiedenen Kombinationen BLE_1E_2 und BLE_2E_1 dasselbe Wort BLEE. Die Zahl 4! zählt hier also alle möglichen Kombinationen, ist aber größer als die Anzahl aller möglichen Wörter. Die erhalten wir, wenn wir folgendes überlegen: In jeder Kombination kommen die beiden Es hintereinander vor, entweder zuerst E_1 oder zuerst E_2, jeweils zwei Kombinationen ergeben also immer dasselbe Wort. Die Anzahl 4! der möglichen Kombinationen ist mithin *doppelt* so groß wie die Anzahl der möglichen Wörter. Die ist demnach $\frac{1}{2} \cdot 4! = 12$.

Wie ist es bei MISSISSIPPI? Wären diese 11 Buchstaben alle verschieden, so gäbe es 11! Kombinationen und ebenso viele Wörter. Die Buchstaben sind jedoch nicht verschieden. Um aber erst einmal mit der Formel 11! beginnen zu können, wenden wir den *Indizierungstrick* an: Wir machen die Buchstaben durch Indizes unterscheidbar: Wir fügen an jeden mehrfach vorkommenden Buchstaben eine Zahl an, die angibt, zum wievielten Mal er gerade im Wort auftritt.

Betrachten wir das Beispiel MIISIIPSPSS. Aus wie vielen Kombinationen kann dieses Wort entstanden sein? Z.B. aus $MI_1I_2S_1I_3I_4P_1S_2P_2S_3S_4$, oder auch aus $MI_2I_1S_3I_3I_4P_2S_2P_1S_1S_4$, aber auch aus sehr vielen anderen – aus *wie* vielen Kombinationen genau?

Nun, aus 4! 4! 2! Kombinationen. Das können wir uns so klar machen: Die 4 Is können wir in 4! verschiedene Reihenfolgen bringen, ohne dass sich das resultierende Wort ändert; es ändern sich ja nur die Nummern an den Is, nicht aber die Buchstaben. Für die S gibt es ebenfalls 4! Reihenfolgen, und für die Ps sind es 2!. Und da man die Reihenfolgen der Is, der S und der Ps frei miteinander kombinieren kann, sind es nach der Multiplikationsregel insgesamt 4! 4! 2! Reihenfolgen, die alle zum selben Wort MIISIIPSPSS führen, weil sie zwar die Nummern ändern, aber nicht die Buchstaben.

Aber das gilt natürlich nicht nur speziell für dieses Wort, sondern für alle entsprechenden Wörter; jedes kann aus 4! 4! 2! verschiedenen Kombinationen entstehen. Die Zahl 11! der Kombinationen muss daher das 4! 4! 2!-fache der Wortanzahl sein. Die Anzahl der Wörter ist also $\frac{11!}{4! \, 4! \, 2!}$.

Aufgabe 6

Bei einem Schachturnier spielen *n* Leute nach dem Prinzip *jeder gegen jeden*. Wie viele Partien werden gespielt?

Lösung

Netter Versuch, aber darauf fallen Sie natürlich nicht rein. Das ist noch einmal die Aufgabe mit den Handschlägen, nur etwas anders ‚verpackt'. Es werden also $\frac{1}{2}n(n-1)$ Partien gespielt.

Aufgabe 7

Auf wie viele Arten können sich *n* Leute an der Kinokasse anstellen? Wie viele Sitzordnungen für *n* Leute gibt es an einem runden Tisch?

Lösung

Wir haben diese Fragen schon einmal beantwortet, finden Sie die Stelle im Buch? Der Autor hat bei ihrer Beantwortung aber schon so viele kluge Leute ‚aussteigen' sehen (aus dieser Aufgabe, aus der Kombinatorik oder auch gleich aus der ganzen Mathematik), dass es ihm lohnend erscheint, sie hier noch einmal zu betrachten: Wir sollten unbedingt erkennen, wie einfach und klar das Ganze ist.

An der Kinokasse gibt es $n!$ verschiedene Anstellmöglichkeiten. Wie bei der Überlegung zu den Wörtern, die man aus den Buchstaben von RHEIN bilden kann.

Bei den Sitzordnungen am runden Tisch wäre es das Gleiche, wenn die Sitze durchnummeriert wären (in der Kinoschlange hat ja auch jede Position eine Nummer). Da das aber meist nicht der Fall ist, geht es nicht darum, auf welchem Platz ich sitze und wo jeweils die andern; vielmehr allein darum, ob z.B. Maria direkt links oder rechts neben mir sitzt oder drei Plätze weiter. Wenn ich alle n Plätze unterscheide, gibt es $n!$ Sitzordnungen. Wenn aber die Plätze nicht zu unterscheiden sind, dann ist es egal, auf welchem Stuhl der erste sitzt; es geht nur darum, wie die anderen relativ zu ihm sitzen; die Sitzordnung Adam, Berta, Christian, Doris, Emil im Uhrzeigersinn bleibt die gleiche, auch wenn alle um einen Stuhl weiterrücken.

Je n Sitzordnungen, die bei unterscheidbaren Sitzen als verschieden gezählt werden müssen, fallen zu einer Sitzordnung zusammen, wenn die Sitze ununterscheidbar sind. D.h. die Zahl $n!$, die für unterscheidbare Sitze gilt, ist für ununterscheidbare Sitze am runden Tisch um den Faktor n zu groß. Es gibt also $(n-1)!$ verschiedene Sitzordnungen am runden Tisch.

Zu kompliziert geworden? OK – dann können wir auch anders überlegen: Wo ich sitze, ist egal; für den 1. rechts von mir gibt es dann $n-1$ mögliche Personen, für den 2. noch $n-2$, und so weiter. Auch so ergibt sich $(n-1)!$. Wobei wir hier Sitzordnungen *rechts herum* von Sitzordnungen *links herum* unterscheiden, also jeweils einzeln zählen; was aber auch der Alltagsvorstellung entsprechen dürfte. Wer sie nicht unterscheiden möchte, muss die Zahl $(n-1)!$ noch halbieren.

Aufgabe 8

Eine Gruppe von 5 Mädchen und 3 Jungen will eine Delegation aus je zwei Mädchen und Jungen bestimmen. Wie viele Delegationen sind möglich?

Lösung

Wir müssen 2 aus 5 Mädchen wählen, dafür gibt es $\binom{5}{2}$ Möglichkeiten; außerdem 2 aus 3 Jungen, dafür gibt es $\binom{3}{2}$ Möglichkeiten. Da alle Mädchen- und Jungen-Auswahlen frei kombinierbar sind, gibt es nach der Multiplikationsregel $\binom{5}{2} \cdot \binom{3}{2}$ mögliche Delegationen.

Aufgabe 9

Zeigen Sie: Es gibt mindestens zwei Menschen, die exakt dieselbe Zahl von Haaren auf dem Kopf haben. Natürlich ist das für Leute, die eine Glatze haben, sofort erfüllt. Um diesen mathematisch uninteressanten Fall auszuschließen, wollen wir hier nur Menschen mit mindestens 100 Haaren betrachten; auch unter diesen muss es mindestens zwei mit genau derselben Haarzahl geben.

Lösung

Die Anzahl der Haare eines Menschen kann laut Wikipedia 100.000, allenfalls 150.000 betragen; wir sagen mal großzügig: weniger als eine Million. Wenn alle Menschen verschiedene Haarzahlen (≥ 100) hätten, müsste es also auf jeden Fall weniger als eine Million Menschen geben (Schubfachprinzip). Es gibt bekanntlich aber sehr viel mehr. Es können also nicht alle Menschen (mit mindestens 100 Haaren) verschiedene Haarzahlen haben.

Aufgabe 10

An einem Ball nehmen 100 Ehepaare teil. Den Eröffnungswalzer soll ein Paar aus einer Dame und einem Herrn tanzen, die nicht miteinander verheiratet sind. Wie viele solcher Paarungen sind möglich?

Lösung

Man kann jede der 100 Damen mit einem von 99 Herren kombinieren. Es gibt also $100 \cdot 99$ Paarungen.

Aufgabe 11

Bestimmen Sie die Anzahlen aller zweistelligen (natürlichen) Zahlen, die **(a)** gerade, **(b)** ungerade, **(c)** ungerade mit verschiedenen Ziffern, **(d)** gerade mit verschiedenen Ziffern sind.

Lösungen

a) Der Einer kann auf 5 Arten ($0, 2, 4, 6$ oder 8) gewählt werden, der Zehner auf 9 Arten ($1, 2, 3, 4, 5, 6, 7, 8$ oder 9). Insgesamt gibt es nach der Multiplikationsregel also $9 \cdot 5 = 45$ Möglichkeiten.

b) Einer $1, 3, 5, 7$ oder 9; Zehner wie eben. Also ebenfalls 45 Möglichkeiten

c) Einer wieder $1, 3, 5, 7$ oder 9. Für den Zehner gibt es jeweils nur 8 Möglichkeiten, weil die 0 sowie die Einerziffer (die ungleich 0 ist!) wegfallen. Insgesamt also 40 Möglichkeiten.

d) Nicht das gleiche wie (c), denn der Einer kann $2, 4, 6, 8$ oder auch 0 sein. Bei den ersten 4 Fällen gibt es für den Zehner wieder jeweils 8 Möglichkeiten. Ist der Einer aber 0, sind für den Zehner alle Ziffern von 1 bis 9 möglich. Also insgesamt $4 \cdot 8 + 9 = 41$ Möglichkeiten.

Aufgabe 12

Lösen Sie die letzte Aufgabe für dreistellige Zahlen.

Lösung

Pardon, aber das ist eine Fleißaufgabe …

Aufgabe 13

Wie viele Passwörter aus einem Großbuchstaben (ohne Umlaute), gefolgt von zwei oder drei Ziffern gibt es? Wie viele davon haben lauter verschiedene Zeichen?

Lösung

Es gibt 26 Großbuchstaben ohne Umlaute. Von Passwörtern der Form Z99 bzw. Z999 gibt es also nach der Multiplikationsregel $26 \cdot 10^2$ bzw. $26 \cdot 10^3$; insgesamt also 28600.

Sollen alle Zeichen verschieden sein, müssen die Ziffern verschieden sein; dann gibt es $26 \cdot 10 \cdot 9$ bzw. $26 \cdot 10 \cdot 9 \cdot 8$ Möglichkeiten. Insgesamt also (rechnen Sie möglichst geschickt) $26 \cdot 10 \cdot 9 + 26 \cdot 10 \cdot 9 \cdot 8 = 26 \cdot 10 \cdot 9 \cdot 1 + 26 \cdot 10 \cdot 9 \cdot 8 = 26 \cdot 10 \cdot 9 \cdot (1+8) = 26 \cdot 10 \cdot 9 \cdot 9 = 21060$.

Aufgabe 14

Mit wie vielen Nullen endet die Fakultät von 100?

Lösung

Jede Null am Ende von $n!$ bedeutet einen Teiler 10. Dieser kommt dadurch zustande, dass unter den gesamten Primfaktoren der Faktoren 1 bis n mindestens eine 2 und eine 5 vorkommt. Jedes solche 2-5-Paar ergibt eine Endnull. Da der Primfaktor 5 seltener auftritt als der Primfaktor 2, kann es nur so viele Endnullen geben, wie der Primfaktor 5 insgesamt auftritt. Wir müssen also unter den Zahlen von 1 bis n alle 5er-Vielfachen zählen. Aber auch alle 25er-Vielfachen, alle 125er-Vielfachen usw. Allgemein müssen wir unter den Zahlen von 1 bis n alle 5er-Potenzen zählen und zwar jeweils so oft, wie ihr Exponent zählt (denn $125 = 5^3$ z. B. enthält den Faktor 5 dreimal, liefert also 3 Endnullen).

Von 1 bis 100 gibt es 20 5er-Vielfache und 4 25er-Vielfache (die nächste 5er-Potenz wäre 125, die ist aber zu groß). 100! endet also mit 24 Nullen.

Ein weiteres Beispiel: 4711! hat $\left\lfloor \frac{4711}{5} \right\rfloor + \left\lfloor \frac{4711}{25} \right\rfloor + \left\lfloor \frac{4711}{125} \right\rfloor + \left\lfloor \frac{4711}{625} \right\rfloor + \left\lfloor \frac{4711}{3125} \right\rfloor$ Endnullen. Ausgerechnet sind das $5.653 + 188 + 37 + 7 + 1 = 5.886$ Endnullen.

Aufgabe 15

Ein *Palindrom* ist eine Zeichenfolge, die von vorn und von hinten gelesen gleich lautet – z.B. ANNA, 37673, Lagerregal. (Bei Buchstaben wird zumeist akzeptiert, dass Groß- bzw. Kleinschreibung keinen Unterschied macht.) Wie viele 8-stellige Zahlen gibt es, die Palindrome sind und keine Ziffer mehr als zweimal enthalten?

Lösung

Ein 8-stelliges Palindrom ist durch seine ersten 4 Zeichen vollständig bestimmt. Damit auf den 8 Stellen keine Ziffer mehr als zweimal vorkommt, ist es notwendig und hinreichend, dass in den 4 Anfangsstellen keine Ziffer doppelt vorkommt. Die erste Ziffer kann 1 bis 9 sein, jedoch nicht 0 (9 Möglichkeiten); die zweite Ziffer kann auch 0 sein, jedoch nicht gleich der ersten Ziffer (also ebenfalls 9 Möglichkeiten); für die dritte Ziffer gibt es dann 8 Möglichkeiten, für jede folgende 1 weniger. Mithin gibt es von solchen 4-stelligen Zahlen aus lauter verschiedenen Ziffern $9 \cdot 9 \cdot 8 \cdot 7 = 4.536$ verschiedene. Dies ist dann auch die Anzahl der gesuchten 8-stelligen Palindrome, die keine Ziffer mehr als zweimal enthalten.

Aufgabe 16

Lösen Sie die letzte Aufgabe für 7-stellige Zahlen.

Lösung

Ein 7-stelliges Palindrom ist vollständig bestimmt, wenn man seine ersten 4 Stellen kennt. Allgemein ist ein n-stelliges Palindrom bereits durch die ersten $\lfloor (n+1)/2 \rfloor$ Stellen festgelegt. Es gelten die gleichen Überlegungen und Rechnungen wie bei der vorigen Aufgabe. Es gibt also auch von den 7-stelligen Palindromen, die keine Ziffer mehr als zweimal enthalten, 4.536 Stück.

Aufgabe 17

Bestimmen Sie die Anzahl aller Teiler der Zahl 900.

Lösung

900 hat die folgenden 27 Teiler (25 echte und 2 unechte): 1, 2, 3, 4, 5, 6, 9, 10, 12, 15, 18, 20, 25, 30, 36, 45, 50, 60, 75, 90, 100, 150, 180, 225, 300, 450, 900.

Weniger umständlich geht es über die Primfaktorzerlegung: $900 = 2^2 \cdot 3^2 \cdot 5^2$. Hieran kann man unmittelbar ablesen, dass 900 $3 \cdot 3 \cdot 3 = 27$ Teiler hat. (Warum?)

Aufgabe 18

Bestimmen Sie die Teilerzahl einer Zahl mit der Primfaktorzerlegung $p_1^{n_1} \cdot p_2^{n_2} \cdot \ldots \cdot p_k^{n_k}$.

Lösung

Eine Zahl T ist genau dann Teiler der Zahl N, wenn jeder Primfaktor von T auch Primfaktor von N ist, und zwar höchstens mit der Häufigkeit wie in N. Wir können also sämtliche Teiler von N konstruieren, indem wir von der Primfaktorzerlegung $N = p_1^{n_1} \cdot p_2^{n_2} \cdot \ldots \cdot p_k^{n_k}$ ausgehen und jeden Exponenten n_i entweder so lassen oder verringern (bis kleinstenfalls auf 0, so dass also dieser Primfaktor im Teiler nicht mehr vorkommt). Für jeden einzelnen Primfaktor p_i können wir als Exponenten also eine der Zahlen $0, 1, 2, \ldots, n_i$ wählen, das sind $n_i + 1$ verschiedene Möglichkeiten. Insgesamt haben wir nach der Multiplikationsregel also

$$\left(n_1 + 1\right) \cdot \left(n_2 + 1\right) \cdot \ldots \cdot \left(n_k + 1\right)$$

verschiedene Kombinationsmöglichkeiten, d.h. verschiedene Möglichkeiten, einen Teiler festzulegen.

Aufgabe 19

Auf wie viele Arten kann man 6 Chemie-, 5 Physik- und 4 Biologiebücher so nebeneinander aufstellen, dass die Bücher eines Fachgebiets jeweils nebeneinander stehen? (Die 15 Bücher sind alle unterscheidbar.)

Lösung

Wir könnten uns zum Beispiel zunächst für die Reihenfolge der 3 Fächer entscheiden; dafür gibt es 3! Möglichkeiten. Anschließend für die Reihenfolge innerhalb der einzelnen Fachgruppen: Hier gibt es 6! (Chemie), 5! (Physik) bzw. 4! (Biologie) Möglichkeiten. Nach der Produktregel gibt es insgesamt also 3!·4!·5!·6! Möglichkeiten.

Aufgabe 20

Auf wie viele Arten kann man 8 ununterscheidbare Figuren auf ein Schachbrett stellen, wenn

a) in jeder Zeile und jeder Spalte eine Figur stehen soll,

b) in jeder Zeile mindestens eine Figur stehen soll,

c) in jeder Zeile genau eine Figur stehen soll,

d) keinerlei Einschränkungen gelten?

Verallgemeinern Sie. (Natürlich soll jede Figur jeweils auf einem eigenen Feld stehen.)

Lösung

Diese Aufgabe trainiert drei der vier Fälle des Urnenmodells.

a) Wir stellen zunächst eine allgemeine Überlegung an: Wenn n Objekte auf *dieselbe Anzahl n* Schubfächer verteilt werden, dann können Schubfächer auch leer bleiben, andere dafür mehr als ein Objekt erhalten. Wenn aber jedes Schubfach *mindestens* ein Objekt erhalten soll, dann bedeutet das bei gleicher Anzahl automatisch, dass jedes Schubfach *genau* ein Objekt erhält. Also können wir die

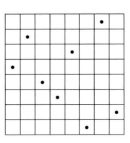

Fragestellung sofort präzisieren: In jeder Zeile und jeder Spalte muss jeweils *genau eine* Figur steht. – Nun können wir eine Figurenkonstellation dadurch codieren, dass wir für jede der 8 Spalten (von links nach rechts) nacheinander notieren, in welcher Zeile (von oben nach unten) die Figur dieser Spalte steht. Zum Beispiel wird die abgebildete Konstellation codiert durch das 8-Tupel $(4,2,5,6,3,8,1,7)$. Da keine Zeile mehrfach besetzt werden kann, sind diese Code-Tupel alle ohne Wiederholung. Jedes Code-Tupel ist also eine Permutation der Zeilennummern 1 bis 8. Davon gibt es $8! = 40.320$.

b) Auch hier wissen wir sofort: In jeder *Zeile* muss *genau* eine Figur stehen. Da aber über die Figurenzahl in den *Spalten* nichts vorausgesetzt wird, können Spalten jetzt auch mehrere Figuren enthalten oder ganz leer sein. Wir können also jede mögliche Figuren-Konstellation codieren, indem wir für jede der Zeilen 1 bis 8 (von oben) die Spaltennummer notieren, wobei nun auch Wiederholungen möglich sind. Die abgebildete Konstellation wird z.B. codiert durch

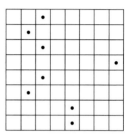

$(3,2,3,8,3,2,5,5)$. Die Anzahl der 8-Tupel über der Menge $\{1,2,3,4,5,6,7,8\}$ mit Wiederholungsmöglichkeit ist $8^8 = 16.777.216$.

c) Wieder mal ein netter Versuch, aber wir haben bereits erkannt: Beim Verteilen von n Objekten auf n Fächer bedeutet ‚jedes Fach erhält *mindestens ein* Objekt‘ dasselbe wie ‚jedes Fach erhält *genau ein* Objekt‘. Diese Aufgabe ist also identisch mit der vorigen.

d) Wenn keinerlei Einschränkungen gelten, können wir aus den insgesamt 64 Feldern irgendeine Teilmenge von 8 Feldern für die Figuren auswählen. Dafür gibt es ‚8 aus 64‘, also $\binom{64}{8} = 4.426.165.368$ Möglichkeiten.

Aufgabe 21

Hier sehen Sie zwei Taxiwege (in einer Stadt mit ‚Manhattan-Struktur‘). Wie viele Taxiwege von A nach B gibt es insgesamt? *Hinweis:* Taxiwege müssen immer ‚umwegfrei‘ sein. Präzisieren Sie zunächst diesen Begriff. Codieren Sie anschließend jeden Weg als Wort aus den Buchstaben O (nach oben) und R (nach rechts).

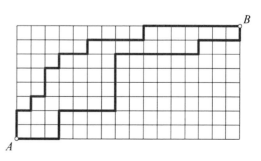

Wie wäre es, wenn die Straßenstruktur nicht quadratisch wäre, sondern rechteckig oder parallelogrammförmig oder sogar verzerrt? Zeichnen Sie verschiedenartige Modelle von Stadtplänen. Bedeutet ‚umwegfreier Weg‘ in allen Fällen dasselbe wie ‚kürzester Weg‘?

Lösung

In einer Manhattan-Struktur ist ein Weg genau dann umwegfrei, wenn er eine Zielkreuzung rechts oben von der Startkreuzung ausschließlich über Wegstrecken nach rechts oder nach oben erreicht (analog für Ziele rechts unten, links unten, links oben).

Jeder solche umwegfreie Weg führt 16-mal nach oben und 8-mal nach rechts. Die Codewörter kürzester Wege sind also genau die Wörter aus einer beliebigen Anordnung von 16 *O*s und 8 *R*s. Wir suchen also die Anzahl der Möglichkeiten, in einem 24-stelligen Wort 16 Positionen für die *O*s (bzw. 8 Positionen für die *R*s) auszuwählen. Diese Anzahl ist folglich ‚16 aus 24‘ gleich ‚8 aus 24‘.

(Machen Sie sich klar, dass wir hier die Gleichheitsregel anwenden: ‚Codieren‘ bedeutet, dass wir eine Bijektion zwischen der Menge der kürzesten Taxiwege einerseits und der Menge aller Wörter mit 16 *O*s und 8 *R*s andererseits herstellen. Wir zählen die unübersichtliche Menge der Wege dadurch ab, dass wir die Menge der Codewörter abzählen, was viel leichter und übersichtlicher geht.)

Eine rechteckige oder parallelogrammförmige Veränderung der quadratischen Straßenstruktur ändert die Längen und Richtungen der Teilstrecken und die Abbiegewinkel, also die *geometrische Struktur* des Straßennetzes. Sie ändert jedoch nicht die *topologische* (‚gummi-geometrische‘) und demzufolge auch nicht die *kombinatorische Struktur* des Straßennetzes. In einer verzerrten (gekrümmten) Struktur muss ein umwegfreier Weg nicht unbedingt ein kürzester Weg von *A* nach *B* sein; in einer parallelogrammförmigen Straßenstruktur sind aber umwegfreie Wege stets sogar auch kürzeste Wege.

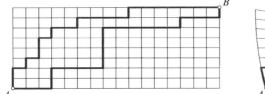 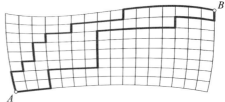

Aufgabe 22

Paul hat 12 schwarze, 8 rote und 14 blaue Socken in einer Schublade im Schlafzimmer. Mitten in der Nacht muss er sich anziehen, aber leider geht das Licht im Schlafzimmer nicht. Wie viele Socken müsste Paul blind herausnehmen, wenn er darunter mit Sicherheit

a) mindestens zwei gleichfarbige Socken,

b) mindestens zwei blaue Socken,

c) mindestens zwei Socken von jeder Farbe

d) mindestens je zwei Socken von mindestens zwei Farben

erwischen will? Begründen Sie anschließend Ihre Antworten noch einmal neu, indem Sie ausschließlich mit dem Schubfachprinzip argumentieren.

Lösung

a) Es gibt nur drei Farben. Nimmt man drei Socken, dann können sie also alle unterschiedliche Farbe haben. Nimmt man vier Socken, dann müssen mindestens zwei die gleiche Farbe haben. – (In der Sprache des Schubfachprinzips: Es gibt drei Schachteln, eine für schwarze, eine für rote, eine für blaue Socken. Zieht Paul vier Socken, dann können wir sie auf die drei Schachteln verteilen, wobei in mindestens einer Schachtel mehr als eine Socke landen muss. In dieser Schachtel liegen dann also mindestens zwei gleichfarbige Socken.)

b) Eine gute Lösungsstrategie für solche Probleme (und viele andere) ist das *Worst-Case-Szenario*: Was wäre der dümmste Fall? Nun, hier wäre das sicher der Fall, dass Paul zunächst lauter Socken greift, die *nicht von der gewünschten Sorte* sind. Wie oft kann das passieren? Er kann 20-mal eine Socke ziehen, die nicht blau ist. Jede weitere muss blau sein. Nur wenn er also 22 Socken zieht, kann er sicher sein, darunter mindestens zwei blaue zu haben.

c) Der *dümmste Fall* wäre hier, dass Paul nacheinander möglichst viele Socken von nur zwei verschiedenen Farben zieht. Die längste Pechsträhne hat er, wenn er zunächst lauter Socken der *beiden häufigsten* Farben zieht, also $(12+14)$-mal schwarze oder blaue (egal in welcher Reihenfolge). Erst wenn er zwei mehr zieht, kann er sicher sein, von jeder Farbe mindestens zwei zu haben. Paul muss also 28 Socken ziehen.

d) Der *worst case* wäre hier, dass Paul zunächst möglichst lang nur eine Farbe zieht (also 14-mal nur blaue Socken). Zieht er danach noch zwei Socken, dann können die im dümmsten Fall verschiedenfarbig sein (schwarz und rot). Erst bei der nächsten Socke kann er sicher sein, nun auch von der zweiten Farbe ein Paar zusammen zu haben. Paul muss also $14+2+1=17$ Socken ziehen.

Aufgabe 23

Wie viele natürliche Zahlen von 1000 bis 2000 (einschließlich) ohne die Ziffern 7,8,9 gibt es?

Lösung

Die erste Ziffer ist entweder eine 1 oder eine 2. Vom letzteren Typ gibt es nur die Zahl 2000. Die Zahlen vom ersten Typ haben die Form 1*abc*, wobei *a*, *b* und *c* jeweils die Ziffern 0 bis 6 sein können (also jeweils 7 Möglichkeiten). Nach der Produktregel gibt es vom Typ also $7^3 = 343$ Zahlen. Von beiden Typen gibt es insgesamt also 344 Zahlen.

Aufgabe 24

Wie viele neunstellige Zahlen mit 2 Zweien, 3 Dreien und 4 Vieren gibt es?

Lösung

Wir könnten ebenso fragen: Wie viele Wörter kann man aus den ‚Buchstaben' des Wortes 223334444 bilden? Das ist die MISSISSIPPI-Frage. Es gibt also $\frac{(2+3+4)!}{2!\cdot 3!\cdot 4!} = 1260$ davon.

Aufgabe 25

Wie viele Wörter (=Zeichenfolgen) der Länge 4 über dem Alphabet $\{a,b,c,d,e,f,g\}$ gibt es, die mit a beginnen?

Lösung

Wir könnten ebenso fragen: Wie viele 4-stellige Wörter über dem Alphabet $\{0,1,2,3,4,5,6\}$ beginnen mit 1? Oder auch: Wie viele natürliche Zahlen von 1000 bis ausschließlich 2000 ohne die Ziffern 7,8,9 gibt es? Das wissen wir schon: 343.

Aufgabe 26

Ein Fußballspiel, das mit 2:1 endet, kann zum Beispiel die Torfolge 0:0, 1:0, 2:0, 2:1 gehabt haben. Wie viele Torfolgen führen zum Endstand 4:3? Verallgemeinern Sie.

Lösung

Bleiben wir kurz beim Beispiel 2:1. Statt die Torfolge durch die jeweiligen Spielstände (also 0:0, 1:0, 2:0, 2:1) anzugeben, können wir ebenso gut, aber etwas einfacher notieren, welche Mannschaft (A oder B) das aktuelle Tor schießt; hier also: AAB.

Beim Endstand 4:3 fallen insgesamt 7 Tore, 4 davon für A und 3 für B. Also können wir hier jede Torfolge durch ein A-B-Wort der Länge 7 mit 4 As und 3 Bs codieren. Davon gibt es so viele, wie es Möglichkeiten gibt, 4 der 7 Positionen für die As (oder gleichbedeutend 3 für die Bs) auszuwählen. Das sind natürlich ‚4 aus 7' gleich ‚3 aus 7', also 35.

Allgemein: Zum Endstand $n:m$ führen $\binom{n+m}{n} = \binom{n+m}{m}$ verschiedene Torfolgen.

Aufgabe 27

Auf wie viele Arten kann man 10 (nicht unterscheidbare) Tischtennisbälle auf 4 verschiedenfarbige (also unterscheidbare) Schachteln verteilen, wenn

a) Schachteln auch leer bleiben dürfen,

b) jede Schachtel mindestens einen Tischtennisball enthalten soll?

Verallgemeinern Sie.

Lösung

a) Wir können die Fragestellung *im Urnenmodell modellieren*: Da es vier unterscheidbare Schachteln gibt, können wir uns vorstellen, dass jede eine der Nummern 1,2,3,4 erhält. Eine spezielle Verteilung der 10 Tischtennisbälle auf die vier Schachteln modellieren wir, indem wir 10-mal nacheinander aus einer Urne mit den vier Zahlen (Kugeln) 1,2,3,4 die Zahl der Schachtel ziehen, in die wir den jeweiligen Ball legen wollen. Und zwar ziehen wir *mit Zurücklegen*, da ja Bälle auch wiederholt in dieselbe Schachtel gelegt werden können. Formal ist jede Verteilung der 10 Bälle auf die vier Schachteln also eine *10-aus-4-Kombination mit Wiederholung*. Davon gibt es $\binom{10+4-1}{10} = \binom{13}{10} = \binom{13}{3} = 286$.

Hier haben wir bereits eine ‚fertige Formel' verwendet. Wir können die Lösung aber auch ohne diese Formel herleiten, wenn wir direkt das *Trennstrichmodell* verwenden, das wir zum Beweis der Formel benutzt haben (s. Abb. unten). Machen wir es zum Training noch einmal:

Dass die 4 Schachteln unterscheidbar sind, können wir dadurch modellieren, dass wir sie nebeneinander zeichnen (1. von links, 2. von links …).

Da die 10 Kugeln nicht unterscheidbar sind, kommt es nicht darauf an, *welche* Kugeln in der jeweiligen Schachtel liegen, sondern nur darauf, *wie viele* das jeweils sind. Wir zeichnen dazu einfach eine entsprechende Zahl gleicher Symbole (Kugeln, Nullen, …) in die Schachteln.

Wir können unsere Zeichnung schrittweise vereinfachen (abstrahieren), indem wir alles weglassen, was nicht unbedingt nötig ist. Genauer: Alles weglassen, was bei jeder Verteilung konstant bleibt. Das sind zum Beispiel die Striche, die bei den Schachteln den Boden andeuten. Aber auch die Striche ganz außen, die den Beginn der ersten und das Ende der letzten Schachtel andeuten. Übrig bleiben nur die Striche zwischen den Schachteln (Trennstriche), da es ohne sie nicht möglich wäre, zu erkennen, wie viele Kugeln jeweils in welcher Schachtel liegen. Nur das ist kombinatorisch wichtig, nur das benötigen wir, um zwei verschiedene Verteilungen voneinander unterscheiden zu können.

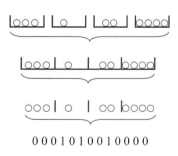

Natürlich sind auch die Abstände zwischen Kugeln und Strichen unerheblich. Um das ganz deutlich zu machen, können wir als letzten Abstraktionsschritt die Zeichnung durch ein einfaches Wort aus 10 Nullen und 3 Einsen darstellen: Die Nullen repräsentieren die Kugeln, allgemein die ununterscheidbaren Objekte; die Einsen repräsentieren die Trennstriche zwischen den Schachteln, allgemein zwischen den unterscheidbaren Klassen oder Sorten.

Wir sehen sofort die Verallgemeinerung: Wenn wir n nicht unterscheidbare Objekte auf k unterscheidbare Schachteln verteilen (bzw. aus k unterscheidbaren Klassen oder Sorten auswählen, also eine Auswahl ‚k aus n' mit Wiederholung konstruieren), dann können wir jede dieser Verteilungen bijektiv durch ein Wort aus k Nullen und $n-1$ Einsen codieren.

Deren Anzahl ist

$$\binom{k+n-1}{k} = \binom{k+n-1}{n-1}.$$

Die Formel durchschauen und behalten Sie leicht, wenn Sie immer an die einfache Idee des *Trennstrichmodells* denken: *Es gibt so viele Nullen wie Objekte und einen Strich weniger als Schachteln.* Jedes Codewort hat demnach die Länge *Objektzahl + Schachtelzahl −1*. Der Binomialkoeffizient lautet also:

$$\binom{Objektzahl + Schachtelzahl - 1}{Objektzahl} = \binom{Objektzahl + Schachtelzahl - 1}{Schachtelzahl - 1}.$$

b) Diese Aufgabe können wir gleich auf der allgemeinen Ebene durchdenken. Zunächst ist klar: Wenn keine Schachtel leer bleiben soll, muss es mindestens so viele Objekte geben wie Schachteln, und natürlich muss es mindestens eine Schachtel und mindestens ein Objekt geben; also ist $k \geq n \geq 1$. Dass keine Schachtel leer bleibt, erreichen wir dadurch, dass wir als erstes in jede der n Schachteln ein Objekt legen. Da die Objekte nicht unterscheidbar sind, ist es völlig egal, welche Objekte wir dazu verwenden. Das heißt kombinatorisch: Es gibt nur eine einzige Möglichkeit, das zu tun. Wenn wir das erledigt haben, sind von den ursprünglich k Objekten nur noch $k - n$ übrig. Diese Objekte können wir auf die n Schachteln verteilen, wie wir es täten, wenn wir von vornherein nur $k - n$ gehabt hätten. Die Anzahl der Möglichkeiten dafür ist natürlich:

$$\binom{Objektzahl + Sortenzahl - 1}{Objektzahl} = \binom{(k-n)+n-1}{k-n} = \binom{k-1}{k-n} =$$

$$\binom{Objektzahl + Sortenzahl - 1}{Sortenzahl - 1} = \binom{(k-n)+n-1}{n-1} = \binom{k-1}{n-1}$$

(Denken Sie daran, dass $k \geq n \geq 1$ gilt.)

Wir halten fest: Für die Verteilung von k ununterscheidbaren Objekten auf n unterscheidbare Schachteln, wobei keine leer bleiben darf, gibt es genau so viele Möglichkeiten wie für die Verteilung von $k - n$ ununterscheidbaren Objekten auf n unterscheidbare Schachteln, wobei Schachteln auch leer bleiben dürfen.

Namen- und Sachverzeichnis

© Der/die Herausgeber bzw. der/die Autor(en), exklusiv lizenziert an
Springer-Verlag GmbH, DE, ein Teil von Springer Nature 2023
P. Berger, *Kombinatorik*, https://doi.org/10.1007/978-3-662-67396-6

Printed in the United States
by Baker & Taylor Publisher Services